Teubner Studienbücher

Mechanik

Becker: **Technische Strömungslehre.** 6. Aufl. DM 26,80

Becker: **Technische Thermodynamik.** DM 29,80

Becker/Bürger: **Kontinuumsmechanik.** DM 36,– (LAMM)

Becker/Piltz: **Übungen zur Technischen Strömungslehre.** 4. Aufl. DM 23,80

Bishop: **Schwingungen in Natur und Technik.** DM 26,80

Böhme: **Strömungsmechanik nicht-newtonscher Fluide.** DM 36,– (LAMM)

Bremer: **Dynamik und Regelung mechanischer Systeme.** DM 36,– (LAMM)

Hagedorn: **Aufgabensammlung Technische Mechanik.** DM 22,80

Hahn: **Bruchmechanik.** DM 36,– (LAMM)

Magnus: **Schwingungen.** 4. Aufl. DM 32,– (LAMM)

Magnus/Müller: **Grundlagen der Technischen Mechanik.** 6. Aufl. DM 36,– (LAMM)

Müller/Magnus: **Übungen zur Technischen Mechanik.** 3. Aufl. DM 36,– (LAMM)

Pfeiffer: **Einführung in die Dynamik.** DM 29,80

Pfeiffer/Reithmeier: **Roboterdynamik.** DM 34,–

Schiehlen: **Technische Dynamik.** DM 34,– (LAMM)

Unger: **Konvektionsströmungen.** DM 42,–

Preisänderungen vorbehalten

B. G. Teubner Stuttgart

Übungen zur Technischen Strömungslehre

Von Prof. Dr. rer. nat. Ernst Becker

und Prof. Dr.-Ing. Eckart Piltz
Fachhochschule Coburg

4., überarbeitete Auflage
Mit 177 Figuren

B.G. Teubner Stuttgart 1991

Prof. Dr. rer. nat. Ernst Becker †

1929 geboren in Darmstadt. 1947 bis 1951 Studium der Physik an der Technischen Hochschule Darmstadt und der Universität Göttingen. 1951 bis 1954 Max-Planck-Institut für Strömungsforschung Göttingen. 1954 Promotion an der Universität Göttingen. 1954 bis 1959 Aerodynamische Versuchsanstalt Göttingen. 1959 bis 1962 Institut für Angewandte Mathematik und Mechanik der Deutschen Versuchsanstalt für Luft- und Raumfahrt, Freiburg i. Br. 1960 Habilitation für Angewandte Mathematik und Mechanik an der Universität Freiburg. 1962 bis 1963 Associate Professor, Yale-University. Ab 1963 ord. Professor der Mechanik an der Technischen Hochschule Darmstadt. 1974 Präsident der Gesellschaft für Angewandte Mathematik und Mechanik. 1976 Mitglied der Deutschen Akademie der Naturforscher Leopoldina zu Halle. 1984 gestorben in Darmstadt.

Prof. Dr.-Ing. Eckart Piltz

1939 geboren in Dresden. 1960 Abitur in Frankfurt/M. 1961 bis 1967 Maschinenbaustudium an der Technischen Hochschule Darmstadt. 1967 bis 1972 Wissenschaftlicher Assistent am Lehrstuhl für Technische Strömungslehre der Technischen Hochschule Darmstadt. 1971 Promotion. 1972 bis 1975 Leitende Industrietätigkeit im Strömungsmaschinenbau (Anton Piller KG in Osterode/Harz). 1975 bis 1978 Dozent für Technische Mechanik und Strömungslehre im Fachbereich Versorgungstechnik der Fachhochschule Braunschweig-Wolfenbüttel in Wolfenbüttel. 1978 bis 1981 Technischer Direktor der Stäfa Ventilator AG, Stäfa/Schweiz. Seit 1981 Professor an der Fachhochschule Coburg, Fachbereich Maschinenbau.

CIP-Titelaufnahme der Deutschen Bibliothek

Becker, Ernst:
Übungen zur Technischen Strömungslehre /
von Ernst Becker u. Eckart Piltz. – 4., überarb. Aufl.
Stuttgart : Teubner, 1991
   (Teubner Studienbücher : Mechanik)

NE: Piltz, Eckart:
ISBN 978-3-519-33024-0   ISBN 978-3-322-91794-2 (eBook)
DOI 10.1007/978-3-322-91794-2

Satz: Elsner & Behrens GmbH, Oftersheim
Umschlaggestaltung: W. Koch, Sindelfingen

Vorwort zur 4. Auflage

Der rasche Absatz der ersten drei Auflagen dieses Übungsbuches sowie der inzwischen
in sechster Auflage als Teubner Studienbuch erschienenen ,,Technischen Strömungslehre'' von Ernst Becker, die seit dessen Tod von mir bearbeitet wird, und die überwiegend freundliche Kritik, die diese Bücher in Kreisen der Technischen Universitäten
und Fachhochschulen gefunden haben, zeigen, daß viele eine Darstellung der Technischen Strömungslehre und deren Einübung auf diesem Niveau und in der gewählten
Ausführlichkeit für nützlich halten. Deshalb wurde das bisherige Konzept dieses Buches
unverändert beibehalten. Gegenüber der dritten Auflage wurde lediglich verschiedene
Aufgaben ausgetauscht. Hierbei wurde insbesondere praxisnäheren Fragestellungen der
Vorzug gegenüber eher akademischen Problemen gegeben. Dadurch gewinnt das Buch
noch mehr an Wert für die Verwendung im Studium an Fachhochschulen, ohne daß
der Nutzen für Studenten an Technischen Universitäten geschmälert wird.

Die 130 Aufgaben dieses Buches lassen sich allein mit den in der ,,Technischen Strömungslehre'' gegebenen Hilfsmitteln lösen. Hierdurch soll dem Lernenden Gelegenheit gegeben werden, Routine in der Lösung einfacher strömungsmechanischer Probleme zu bekommen. Zugleich erscheinen uns gewisse Ergänzungen des in der ,,Tech-
nischen Strömungslehre'' behandelten Stoffs angebracht, die sich zwanglos mit verschiedenen Aufgaben verbinden lassen. Wie die ,,Technische Strömungslehre'' be-
schränken sich die Aufgaben dieses Buches ganz überwiegend auf die Strömung dichtebeständiger Fluide, wenn man von einigen Hydrostatikaufgaben für Gase und den
Aufgaben des letzten Abschnittes absieht.

Die im Vorwort zur ,,Technischen Strömungslehre'' geäußerten Ansichten über die
Rolle von Theorie, Experiment und ingenieurmäßiger Betrachtungsweise haben uns
auch bei der Abfassung dieses Buches geleitet. Viele der Aufgaben, insbesondere der in
dieser Auflage hinzugekommenen, sind schon mehrfach in Übungskursen, verschie-
dentlich auch in Prüfungsklausuren an der Technischen Hochschule Darmstadt und den
Fachhochschulen Coburg und Braunschweig-Wolfenbüttel gestellt und behandelt worden.
Ihre endgültige Formulierung ist ein Ergebnis der dabei gesammelten Erfahrungen. Die
Aufgaben erfordern zu ihrer Lösung keine mathematischen Hilfsmittel, die nicht auch
an den meisten Fachhochschulen gelehrt werden, so daß dieses Übungsbuch wie auch
die ,,Technische Strömungslehre'' sowohl Studierenden an Technischen Universitäten als
auch Studierenden an Fachhochschulen dienen kann.

Coburg, im Herbst 1990   Eckart Piltz

Inhalt
(in Klammern sind die Aufgabennummern angegeben)

1 Einleitung

Die sichere Beherrschung der einfachen Grundlagen der Strömungsmechanik ist unerläßliche Voraussetzung für die erfolgreiche Behandlung einer Vielzahl von technischen Problemen in den verschiedenen Gebieten, von der Aerodynamik und dem Flugzeugbau über den Strömungsmaschinenbau, den Wasserbau und die Hydraulik bis zur Verfahrenstechnik, zur Kunststofftechnologie und vielen Randgebieten, die hier nicht aufgezählt werden können. Obwohl Strömungsvorgänge in all diesen Gebieten eine wichtige, oft entscheidende Rolle spielen, hapert es bei vielen Ingenieuren an fundiertem Wissen in der Strömungslehre, und unsystematische Empirie und Gefühl müssen als meistens unzulänglicher Ersatz für systematische und quantitative Lösungen der technisch relevanten Probleme herhalten. Dies liegt sicher in der großen Vielfalt und scheinbaren Unübersichtlichkeit der meisten Strömungsvorgänge begründet. Bei sorgfältiger Trennung der für eine bestimmte Fragestellung wesentlichen von den unwesentlichen Aspekten eines Strömungsvorgangs kann man diesen aber sehr oft mit einfachen Hilfsmitteln aufgrund einfacher Modellvorstellungen auch quantitativ verstehen. Es ist in der Tat bemerkenswert, wie viele Strömungsvorgänge man auch ohne großen theoretischen Apparat erfassen kann, wenn man sich nur über die mechanischen Grundlagen im klaren ist. Diese Grundlagen und einfachen Hilfsmittel – erwähnt seien nur die Stichworte Bernoullische Gleichung und Impulssatz – sind in dem Teubner Studienbuch „Technische Strömungslehre" (im folgenden kurz „Textband" genannt) hergeleitet und an Hand von technisch wichtigen Beispielen erläutert worden. Vertrautheit mit diesen Hilfsmitteln, Sicherheit in ihrer Handhabung und Urteilsvermögen hinsichtlich ihrer Anwendbarkeit setzen aber mehr als passives Aufnehmen voraus, sie können nur durch Übung erworben werden.

Die in diesem Band zusammengestellten 130 Aufgaben geben Gelegenheit zur Übung in der Lösung einfacher strömungstechnischer Probleme. Sämtliche Aufgaben können mit den Hilfsmitteln vollständig gelöst werden, die im Textband bereitgestellt sind. Um jedoch dieses Übungsbuch möglichst unabhängig vom Textband zu machen, sind zu Beginn eines jeden Abschnitts die wichtigsten Formeln und Prinzipien zusammengefaßt, die zur Lösung der in dem Abschnitt enthaltenen Aufgaben gebraucht werden. Die Einteilung in Abschnitte folgt übrigens im wesentlichen der Einteilung im Textband und soll dem Benutzer des Buches die Übersicht über die Art des in den Aufgaben behandelten Stoffes und das zur Lösung notwendige Handwerkszeug erleichtern. Innerhalb der einzelnen Abschnitte und Unterabschnitte sind die Aufgaben, soweit möglich, so angeordnet, daß zunächst diejenigen Aufgaben kommen, die weniger Hilfsmittel, dann diejenigen, die mehr Hilfsmittel erfordern.

Die Aufgaben sind von verschiedener Art. Sie unterscheiden sich u.a. durch ihren Schwierigkeitsgrad. Dabei ist es nicht so, daß die leichteren Aufgaben sich alle in den ersten, die schwereren in den letzten Abschnitten finden. Der Schwierigkeitsgrad ist ohnehin nur ein subjektives Maß für eine Aufgabe. Was dem einen schwerfällt, mag für den anderen leicht sein, und umgekehrt. Um dem Benutzer über Klippen hinwegzuhelfen, an denen er u.U. stranden könnte, weil er sie wegen mangelnder Routine nicht rechtzeitig erkennt, sind vielen Aufgaben „Hinweise" zur Lösung beigegeben. Demselben Zweck dient auch die Zusammenstellung der gegebenen Größen am Ende jedes Aufgabentextes. Mag diese Zusammenstellung auch manchmal überflüssig wirken, weil sie nur Information wiederholt, die der Text schon enthält, trägt sie erfahrungsgemäß doch oft zur Klärung der Aufgabenstellung bei. Klarheit über die gegebenen Größen lenkt schon in die Richtung, in der die Lösung zu suchen ist.

Verschiedener Schwierigkeitsgrad der Aufgaben ist u.a. auch dadurch bedingt, daß die zur Lösung erforderlichen Hilfsmittel von unterschiedlichem mathematischen Niveau sind. Wer sich in der Lösung einfacher Differentialgleichungen nicht auskennt, wird manche Aufgaben nicht vollständig lösen können. Für diejenigen Benutzer des Buches, die keine Kenntnisse in der Lösung von Differentialgleichungen haben, sind die Aufgabenteile, deren vollständige Lösung solche Kenntnisse erfordert, mit Stern (*) gekennzeichnet. Aber auch wer sich in Differentialgleichungen nicht auskennt, wird fast immer imstande sein, die der Lösung dieser Aufgabenteile zugrundeliegende Differentialgleichung wenigstens herzuleiten.

Nicht nur durch ihren Schwierigkeitsgrad und selbstverständlich durch die Art des in ihnen behandelten Stoffes unterscheiden sich die Aufgaben, sondern auch in Folgendem: Manche Aufgaben dienen allein zur Einübung der Anwendung der grundlegenden strömungsmechanischen Gesetzmäßigkeiten an Hand von Beispielen, für die soweit wie möglich eine Einkleidung in ein technisch relevantes Problem gesucht wurde. Andere Aufgaben sind dagegen echte Ergänzungen zum Textband in dem Sinne, daß sich der Leser des Übungsbuches an Hand dieser Aufgaben in begrenzte Teilgebiete und Spezialprobleme der Technischen Strömungslehre einarbeiten kann, die im Textband nur kurz oder gar nicht gestreift werden. Diesem Zweck dienen auch die „Anmerkungen", die — anders als die nur zur Erleichterung der Lösung gegebenen „Hinweise" — die weiterführende Bedeutung der Aufgabe oder ihren Zusammenhang mit anderen Aufgaben und Teilgebieten der Technischen Strömungslehre beleuchten. Einige Beispiele für solche Ergänzungen des Textbandes sind die Behandlung der Gaszentrifuge (Aufgabe 25), die Aufgabengruppe über Strömung in offenen Gerinnen (Aufgaben 46—48) und die Abschnitte über Strömungsmaschinen (Abschn. 5 und 7.3). Hierin wird die Strömung durch Schaufelgitter unter anderen Aspekten als im Textband erörtert und auch das Zusammenwirken der Strömungsmaschine mit der ganzen Anlage, in die sie eingebaut ist, näher studiert. Weitere Beispiele für Ergänzungen des Textbandes wird der Leser finden.

Die Mischung von reinen Übungsaufgaben mit Aufgaben zur Ergänzung und Weiterführung des Textes soll diesen Band zu einem Arbeitsbuch machen, das dem Benutzer nicht nur Routine in der Lösung von Standardaufgaben gibt, sondern ihm auch neue Einsichten vermittelt und vor allem sein Vertrauen weckt, daß er sich selbständig in einfachere strömungstechnische Fragenkreise einarbeiten kann.

Zur Selbstkontrolle dient der Lösungsteil, in dem sich die Antworten auf alle Fragen und teilweise auch Zwischenergebnisse finden. Der Lösungsteil enthält in vielen Fällen auch charakteristische Zahlenwerte, mit denen die Aufgaben durchgerechnet werden können. Fast jedes technische Problem führt schließlich auf eine Zahlenrechnung, und der Ingenieur muß Übung in der Handhabung dimensionsbehafteter Zahlenwerte haben. Trotzdem ist es sehr wichtig, der Versuchung zu widerstehen, frühzeitig bei der Lösung einer Aufgabe Zahlenwerte einzusetzen; man sollte eine Aufgabe soweit es nur geht formelmäßig lösen. Dies hat verschiedene Vorteile: Selbst mit bescheidenem mathematischem Verständnis kann man einer Lösungsformel oft leicht ansehen, welchen Einfluß die Variation von verschiedenen, das Problem kennzeichnenden Parametern (d.h. „gegebenen Größen") auf das Endergebnis hat. Man kann also „Trends" gut erkennen. Will man diese Trends quantitativ erfassen, muß man nur im Endergebnis verschiedene Zahlenwerte für die Parameter einsetzen, ohne die ganze Rechnung jeweils von Anfang an zu wiederholen, wie es notwendig ist, wenn man von vornherein mit Zahlenwerten rechnet. Hierbei ist es oft zweckmäßig, die Resultate graphisch aufzutragen; im Lösungsteil sind für verschiedene Aufgaben solche graphischen Darstellungen zur Veranschaulichung der Lösung angegeben.

Die formelmäßige Lösung ist aber nicht nur viel übersichtlicher und ökonomischer als die Zahlenrechnung, sie erlaubt auch besser eine Dimensionskontrolle auf ihre Richtigkeit. Wenn die Lösungsformel nicht dimensionshomogen ist, wenn also z.B. in ihr eine Länge zu einer Geschwindigkeit addiert wird, dann ist sie sicher nicht richtig. In diesem Fall muß man die ganze Herleitung nochmals prüfen, wobei eine Dimensionskontrolle bei jedem Schritt oft schnell zu dem Fehler führt. Bei Zahlenrechnungen besteht die Gefahr, daß man die Dimensionen der verschiedenen Größen in dem Zahlenwust aus den Augen verliert. Trotzdem ist es wichtig, auch einmal Zahlenwerte in die Lösungsformeln einzusetzen, denn die Größenordnung eines Effektes erkennt man oft nur hierbei. Zuweilen ist man verblüfft, wie groß oder klein ein Effekt ist, dessen quantitativer Einfluß nur schwer aus einer Formel abzulesen ist.

Schließlich noch ein Rat: Man lasse sich durch Fehlschläge nicht zu rasch entmutigen. Man soll sich andererseits auch nicht zu sehr in eine Aufgabe festbeißen, deren Lösung man nicht findet. Oft hilft es hier, wenn man sich zunächst einer anderen, aber verwandten Aufgabe zuwendet, denn dabei kommen nicht selten Gedanken, die auch zur Lösung der ursprünglichen Aufgabe dienlich sind. Jeder muß hier den seinem Temperament und seinen Fähigkeiten angemessenen Weg finden, es gibt kein Rezept, das für alle richtig wäre. Ohne ernsthafte und anhaltende Bemühung wird allerdings kaum jemand über das Stadium des Ratens und Stümperns hinauskommen!

2 Hydrostatik

2.1 Druckverteilung in einer schweren Flüssigkeit

Zur Lösung der Aufgaben 1–7 bedenkt man, daß in einer schweren Flüssigkeit der Druck nur von der Höhe in der Flüssigkeit abhängt. Bei einer Flüssigkeit konstanter Dichte ist der Druck in der Höhe z gegeben durch

$$p(z) = p_0 - \rho g z \tag{1}$$

wobei p_0 der Druck in der Höhe z = 0 ist. Das Nullniveau, von dem aus die Höhe z gezählt wird, wählt man beliebig, aber zweckentsprechend. Die Trennfläche zwischen zwei Flüssigkeiten verschiedener Dichte ist horizontal; der Druck in der einen Flüssigkeit stimmt mit demjenigen in der anderen unmittelbar an der Trennfläche überein. Das gilt sinngemäß auch, wenn Flüssigkeiten an Gase (z. B. atmosphärische Luft) grenzen. Der Druck in Gasen hängt zwar auch von der Höhe ab, jedoch kann man diese Abhängigkeit praktisch immer vernachlässigen, weil die Gasdichten gewöhnlich 2–3 Zehnerpotenzen kleiner als die Dichten der konkurrierenden Flüssigkeiten sind.

Aufgabe 1 (Fig. 1). In den beiden Schenkeln eines U-Rohres ist über eine Flüssigkeit der Dichte ρ_b eine Flüssigkeit der Dichte $\rho_a < \rho_b$ geschichtet. Die Schichthöhen sind h_1 und h_2. — Wie groß sind die Differenzen Δh_a und Δh_b in den Höhen der Flüssigkeitsmenisken? — Gegeben: h_1, h_2, ρ_a, ρ_b.

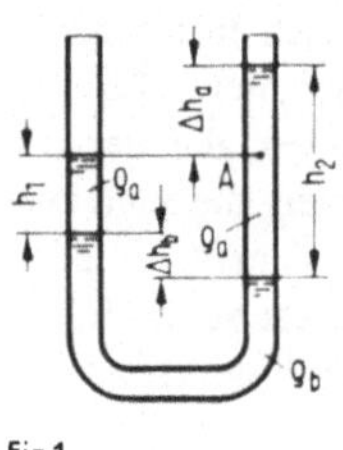

Fig.1

A n m e r k u n g: Man kann aus dieser Aufgabe u.a. lernen, daß man sich vor der unkritischen Anwendung des Satzes „in gleicher Höhe herrscht gleicher Druck" zu hüten hat. Offenkundig herrscht ja hier in der Flüssigkeit „a" in den verschiedenen Schenkeln in gleicher Höhe verschiedener Druck: z. B. ist der Druck im rechten Schenkel in der Höhe des Meniskus links, d.h. an der Stelle „A" größer als im linken Schenkel in dieser Höhe, und zwar um den Betrag $\rho_a g \Delta h_a$. Man sieht dies sofort ein, wenn man bedenkt, daß an der freien Oberfläche der Flüssigkeit „a" in beiden Schenkeln derselbe Druck, nämlich Atmosphärendruck herrscht. Der scheinbare Widerspruch zu dem oben zitierten Satz klärt sich bei präziser Formulierung dieses Satzes auf: „In gleicher Höhe herrscht in einer z u s a m m e n h ä n g e n d e n Flüssigkeitsmenge gleicher Druck." Die Flüssigkeit „a" im rechten Schenkel hängt hier nicht mit der Flüssigkeit „a" im linken Schenkel zusammen, sondern ist von ihr durch die Flüssigkeit „b" getrennt. In der zusammenhängenden Flüssigkeitsmenge „b" stellt sich dagegen in allen Punkten gleicher Höhe gleicher Druck ein, also auch in Punkten, die in verschiedenen Schenkeln aber auf gleicher Höhe liegen.

Aufgabe 2 (Fig. 2). Zwei mit Flüssigkeit der Dichten ρ_a bzw. ρ_b gefüllte Behälter sind in der skizzierten Weise über ein U-Rohr-Manometer verbunden; die Dichte der Manometerflüssigkeit ist ρ_c. — Wie groß ist die Druckdifferenz $p_1 - p_2$ in Abhängigkeit vom Manometerausschlag Δh? — Gegeben: $h_1, h_2, \Delta h, \rho_a, \rho_b, \rho_c$.

Aufgabe 3 (Fig. 3). In einer Gasleitung wird der Gasdruck p_G mit Hilfe eines unten angeschlossenen U-Rohr-Manometers gemessen. Über dem gasseitigen Meniskus der Meßflüssigkeit (Quecksilber mit der Dichte ρ_Q) steht eine Wassersäule der Höhe h_2 und der Dichte ρ_W). – a) Welcher Unterdruck Δp_u herrscht in der Leitung gegenüber dem Außendruck p_0? – b) Wie groß ist der absolute Gasdruck p_G? – c) Auf welchen Wert $p_{G\,min}$ darf der Gasdruck höchstens absinken, wenn bei dieser Anordnung kein Wasser in die Leitung gesaugt werden soll? – Gegeben: h_1, h_2, Δh, ρ_Q, ρ_W, p_0.

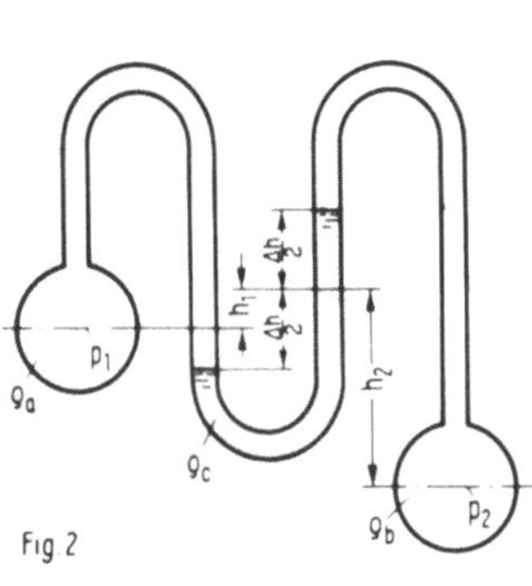

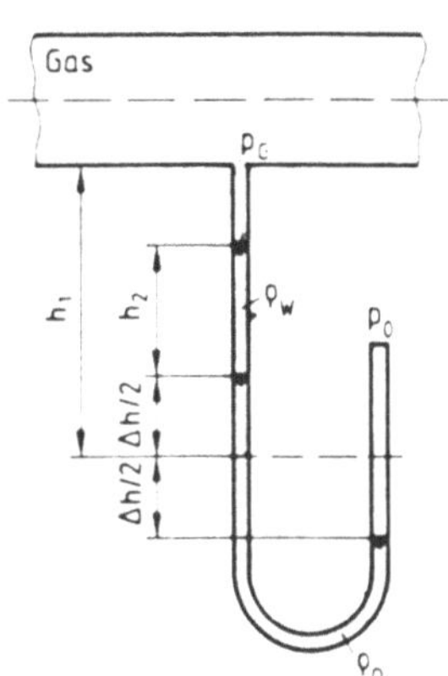

Fig. 3

Aufgabe 4 (Fig. 4). Die skizzierte Anordnung ermöglicht die Bestimmung der Dichte ρ einer Flüssigkeit. Hierzu wird Druckluft langsam durch zwei mit einstellbaren Drosselventilen versehene Röhrchen in die Flüssigkeit gedrückt, wobei sich die Eintauchtiefen der Röhrchenenden um die Höhe h unterscheiden. Die Meßflüssigkeit der Dichte ρ_M erfährt einen Meniskusausschlag Δh. – Man bestimme die Dichte ρ der Flüssigkeit im Behälter in Abhängigkeit von den gegebenen Größen. – Gegeben: h, Δh, ρ_M.

H i n w e i s (sinngemäß auch für Aufgabe 5): Durch die *langsame* Druckluftzufuhr wird alle Flüssiekeit aus den beiden Röhrchen hinausgedrückt. Der Spiegel verharrt näherungsweise in Höhe der Röhrchenenden, wobei die Luft in kleine Bläschen durch die Flüssigkeit nach oben entweicht. Die hydrostatische Druckverteilung in der Flüssigkeit wird hierdurch praktisch nicht beeinflußt.

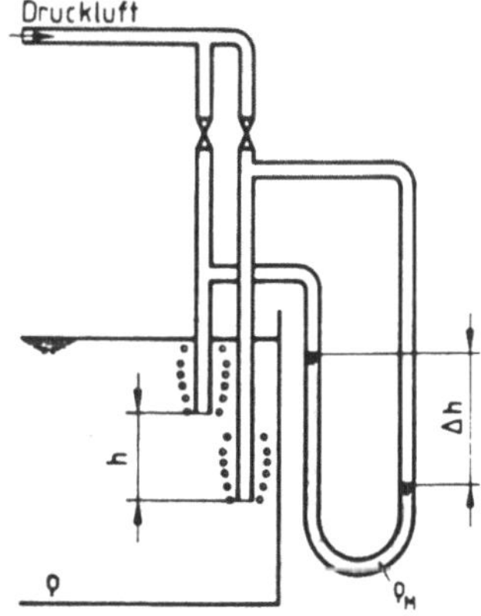

Fig. 4

Aufgabe 5 (Fig. 5). In der skizzierten Anlage wird ein Gas (vernachlässigbarer Dichte) dadurch gereinigt, daß man es langsam durch drei verschiedene Flüssigkeiten strömen läßt. – a) Wie groß muß der Zulaufdruck p_1 mindestens sein, damit Gas durch die Anlage strömen kann? – b) Nach Abschluß der Gasreinigung wird der Druck p_1 auf den Ablaufdruck (Außendruck) p_0 vermindert. In welcher Höhe h_0 muß der horizontale Zulauf mindestens über dem Flüssigkeitsspiegel im ersten Behälter liegen, damit unter diesen Umständen keine Flüssigkeit in den Zulauf gelangen kann? Bei Beantwortung dieser Frage darf man annehmen, daß die Gasdrücke in den Behältern bei Verminderung des Druckes im Zulauf auf den Wert p_0 unverändert bleiben und daß der Spiegel im Zulaufrohr die neue Gleichgewichtslage so langsam erreicht, daß kein Überschwingen auftritt (vgl. Aufgabe 60). – Gegeben: $h_1, h_2, h_3, \rho_1, \rho_2, \rho_3$.

H i n w e i s : Zur Beantwortung der Frage a) rechnet man zweckmäßig vom Behälter 3 aus „rückwärts" zum Behälter 1.

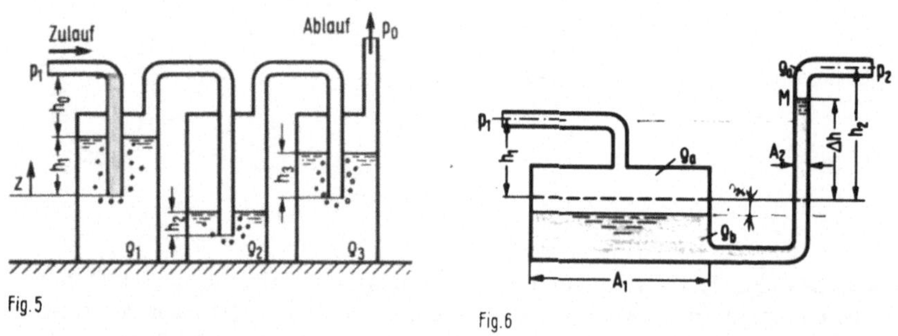

Aufgabe 6 (Fig. 6). Wie hängt in der skizzierten Anordnung die Verschiebung Δh des Meniskus „M" von den Drücken p_1 und p_2 ab? Δh wird von dem Niveau aus gemessen, das der Meniskus „M" einnimmt, wenn die Flüssigkeit „b" im Topf genauso hoch steht wie im Steigrohr. – Gegeben: $h_1, h_2, A_1, A_2, p_1 - p_2, \rho_a, \rho_b$.

A n m e r k u n g : Die skizzierte Anordnung ist im Prinzip ein Prandtl-Manometer. Im Textband wurde bei der Erörterung des Prandtl-Manometers (Abschn. 2.2.) die Dichte ρ_a der Flüssigkeit „a" vernachlässigt. Setzt man im Ergebnis der Aufgabe $\rho_a = 0$, so erhält man – bis auf die etwas veränderte Bezeichnungsweise – das dort angeführte Ergebnis.

Aufgabe 7 (Fig. 7). Eine zylindrische Tauchglocke vom Radius r_0 und der Höhe h_1 ist ursprünglich ganz mit Luft unter Atmosphärendruck p_0 gefüllt. Bei geschlossenem Ventil wird sie bis zur Tiefe h_2 im Wasser (Dichte ρ) abgesenkt. Die Luft in der Glocke wird hierbei zusammengepreßt und ein Teil des Glockenvolumens wird durch eindringendes Wasser ausgefüllt; die Eindringhöhe des Wassers werde mit Δh bezeichnet. Wir nehmen

an, daß die Luft beim Zusammenpressen ihre Temperatur beibehält (isotherme Zustands-
änderung). — a) Wie hängt die Eintauchtiefe h_2 von der Eindringhöhe Δh ab? — b) Welche Luftmenge muß man nachträglich in die Glocke einpumpen, um alles Wasser aus ihr
zu verdrängen? Als Maß für die einzupumpende Luftmenge gebe man das Volumen V_0
an, das sie unter Atmosphärendruck p_0 einnehmen würde. — Gegeben. h_1, Δh, r_0, p_0, ρ.

H i n w e i s : Zur Lösung dieser Aufgabe benötigt man das Boyle-Mariottesche Gesetz.
Es besagt, daß bei ein und derselben Temperatur das Produkt aus Druck p und Volumen V einer bestimmten Gasmasse stets denselben Wert hat:

$$p \cdot V = \text{const} \tag{2}$$

(Dividiert man diese Gleichung durch die Masse m des Gases und berücksichtigt man,
daß $m/V = \rho$ die Dichte des Gases bedeutet, so erhält man übrigens $p/\rho = \text{const}$. Nach
dem Gesetz vom Gay-Lussac ist die Konstante in dieser Gleichung proportional zur ab-
soluten Temperatur T des Gases, so daß man schreiben
kann: $p = RT\rho$, mit der Proportionalitätskonstanten R, der
„spezifischen Gaskonstanten".)

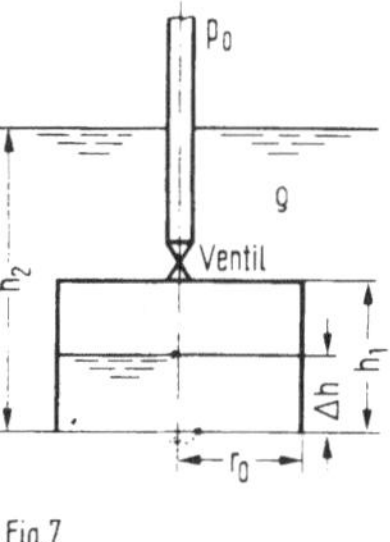

Fig.7

2.2 Kraft auf ebene Wände

In den Aufgaben 8—10 wird nach den Kraftwirkungen einer schweren Flüssigkeit mit
freier Oberfläche auf ebene Behälterwände gefragt. Die auf eine vollständig benetzte
Fläche vom Inhalt A von einer Flüssigkeit der Dichte ρ ausgeübte Kraft hat den Betrag

$$F_{fl} = \rho g t_c A = \rho g \sin\alpha\, S_x \tag{3}$$

Hierbei sind t_c die Tiefe des Flächenschwerpunktes unter dem Flüssigkeitsspiegel, α
der Neigungswinkel der Flächenebene gegen die Horizontalebene und S_x das statische
Moment der Fläche um die x-Achse, das ist die Schnittlinie der Flächenebene mit dem
Flüssigkeitsspiegel. Die Lage des Kraftangriffspunktes oder „Druckmittelpunktes"
unter dem Flüssigkeitsspiegel ist gegeben durch

$$y_D = \frac{I_x}{S_x} = y_c + \frac{I_{xc}}{y_c A} \tag{4}$$

I_x und I_{xc} sind die Flächenträgheitsmomente um die x-Achse bzw. um die hierzu paralle-
le Schwerachse von A; y_c ist die y-Koordinate des Flächenschwerpunktes. Es sei daran

erinnert, daß es sich bei der nach diesen Formeln berechneten Kraft nur um den von
der Flüssigkeitsschwere verursachten Kraftanteil handelt. Zusätzlich erzeugt auch der
Umgebungsdruck (Atmosphärendruck) eine Kraft auf die betrachtete Fläche, der aber
meistens durch eine entsprechende Kraft auf der Flächenrückseite kompensiert wird
(vgl. Textband, Abschn. 2.2).

Aufgabe 8 (Fig. 8). Die beiden vertikalen rechteckigen Tore einer Schleuse sind in geschlossenem Zustand um den Winkel α gegen die Schleusenachse geneigt. Die Wasser-
höhen zu beiden Seiten der Tore betragen h_1 und h_2 ($< h_1$). – a) Welche resultierende
Kraft F übt der Wasserdruck auf jedes Tor aus? – b) In welcher Höhe h_D über dem
Schleusenboden greift F an? – c) Mit welcher Kraft F_A werden die Tore in der Mitte
zusammengepreßt, und welche Kräfte F_B müssen die beiden seitlichen Torgelenke aufnehmen? – Gegeben: $b, h_1, h_2, \alpha, \rho$.

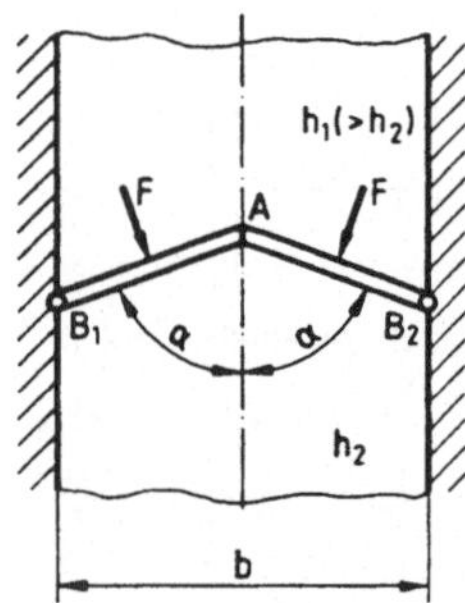

Fig.8 (Draufsicht)

H i n w e i s: Die Frage c) beinhaltet kein hydrostatisches
Problem sondern ist allein mit elementaren Kenntnissen
der Statik starrer Körper zu beantworten.

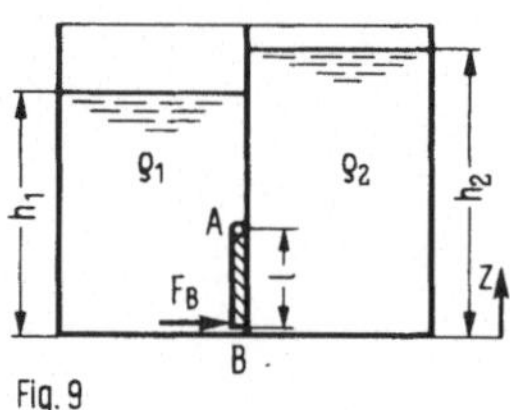

Fig. 9

Aufgabe 9 (Fig. 9). In einem Behälter sind durch eine vertikale Wand zwei Flüssigkeiten verschiedener Dichten ρ_1 und ρ_2 ($\rho_2 > \rho_1$) voneinander getrennt. Die Flüssigkeitsspiegel stehen in den Höhen h_1 und h_2 ($h_2 > h_1$). Die Trennwand besitzt eine
quadratische Öffnung (Seitenlänge ℓ), die durch eine am oberen Rand a gelenkig gela-
gerte, an den übrigen Rändern frei aufliegende Klappe verschlossen ist. – a) Wie groß
ist der an der Trennwand wirkende Differenzdruck als Funktion von z? – b) Welche
Kraft F_B muß am unteren Klappenende angreifen, damit die Öffnung geschlossen
bleibt, und welche Kraft F_A tritt im Gelenk A auf? – Gegeben: $h_1, h_2, \ell, \rho_1, \rho_2$.

Aufgabe 10 (Fig. 10). Ein Sektorwehr (Gewicht G pro Breiteneinheit) mit Viertelkreis-

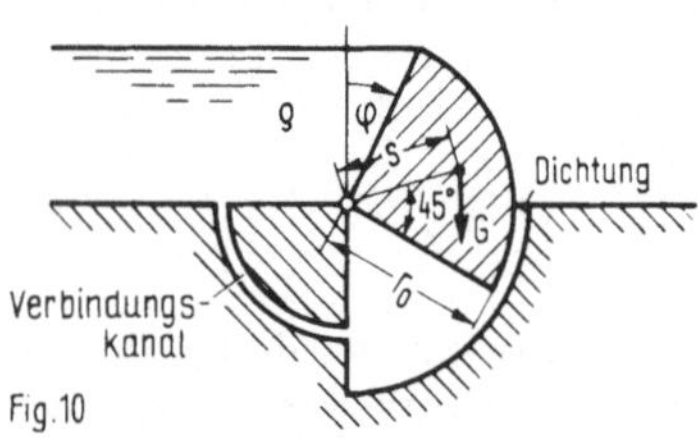

querschnitt (Radius r_0) kann in eine
Kammer abgesenkt werden, die durch
einen Kanal mit dem Oberwasser verbunden ist. – a) Welches Moment M_{fl}
pro Breiteneinheit übt die Flüssigkeit
um die Wehrachse aus? – b) Für
welchen Wert von G · s ist das Wehr im
Gleichgewicht? – Gegeben: r_0, ρ, φ.

A n m e r k u n g: Bei Beantwortung der Frage b) stellt sich heraus, daß der erforderliche Wert von G · s nicht vom Winkel φ abhängt. Durch geeignete Konstruktion des Wehrs kann man diesen Wert von G · s realisieren. Die Stellung des Wehrs, d.h. der Winkel φ und damit der Oberwasserspiegel lassen sich dann theoretisch ohne Kraftaufwand ändern. Praktisch hat man dabei nur Reibungskräfte zu überwinden.

2.3 Auftrieb; Kraft auf gekrümmte Wände

Die resultierende Druckkraft auf einen in eine schwere Flüssigkeit eingetauchten festen Körper ist vertikal nach oben gerichtet, ihre Wirkungslinie führt durch den Volumenschwerpunkt des festen Körpers, und ihr Betrag ist gleich dem Gewicht der verdrängten Flüssigkeitsmenge.

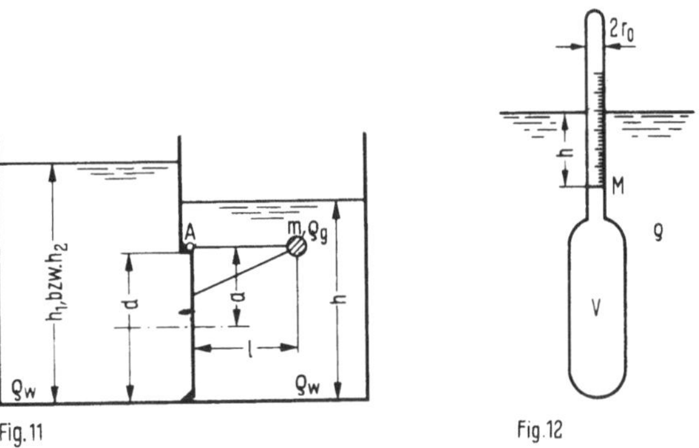

Fig. 11   Fig. 12

Aufgabe 11 (Fig. 11). Zwei Wasserkammern sind über eine um A drehbare Öffnungsklappe vom Durchmesser d verbunden. — a) Welche Masse m muß das Gegengewicht haben, damit die Klappe beim Wasserstand h_1 im linken Behälter und leerem rechten Behälter (h = 0) gerade öffnet? Die Masse des Haltegestänges sei gegen m vernachlässigbar. — b) Bis auf welche Höhe h_2 kann das Wasser links steigen, ohne daß die Klappe sich öffnet, wenn rechts Wasser in der Höhe h steht und das Gegengewicht eingetaucht ist? Die Materialdichte des Gegengewichts ist ρ_w, die des Wassers ρ_w; das Haltegestängevolumen sei vernachlässigbar. — c) Um welchen Wert Δh ändert sich das Ergebnis von b), wenn der Außendruck über dem rechten Spiegel um Δp höher ist als über dem linken Spiegel? — d) Welche Antworten erhält man unter a) bis c), wenn die Klappe nicht kreisrund ist, sondern Rechteckform hat (Höhe d, Breite senkrecht zur Zeichenebene b)? — Gegeben: a, b, d, h_1, h, ℓ, ρ_g, ρ_w, Δp.

Aufgabe 12 (Fig. 12). Zur Messung der Dichte von Flüssigkeiten kann man ein Aräometer, auch Senkspindel genannt, verwenden. Dieses Instrument besteht aus einem länglichen Tauchkörper mit einem anschließenden dünnen zylindrischen Hals vom Radius r_0.

In einer Flüssigkeit bekannter Dichte ρ_0 möge das Aräometer bis zur Marke M eintauchen. Der Inhalt des Aräometervolumens unterhalb der Marke sei V. – Wie groß ist die Tauchtiefe h in einer anderen Flüssigkeit, wenn diese die Dichte ρ besitzt? – Gegeben: r_0, V, ρ_0, ρ.

A n m e r k u n g: Auf dem dünnen zylindrischen Hals des Aräometers ist gewöhnlich eine Skala angebracht, auf der sich sofort die Dichte ρ (oder auch das „spezifische Gewicht" $\gamma = \rho g$) der Flüssigkeit ablesen läßt („Skalenaräometer"). Winzer verwenden die Senkspindel zur Messung der Dichte des Mostes. Diese Dichte wird vorwiegend durch den Zuckergehalt des Mostes bestimmt. Die Qualität des durch Gärung entstehenden Weines hängt u.a. vom Zuckergehalt des Mostes ab.

Aufgabe 13 (Fig. 13). Die Dichte ρ_k eines Probekörpers läßt sich folgendermaßen bestimmen: Man legt den Probekörper auf einen zylindrischen Tauchkörper und legt ein Gewicht G_1 derart dazu, daß der Tauchkörper in einer Flüssigkeit der bekannten Dichte ρ_f (z.B. Wasser) bis zu einer Markierung M eintaucht (Fig. 13a). Dann hängt man den Probekörper unten an den Tauchkörper an und sorgt durch ein aufgelegtes Gewicht G_2 dafür, daß der Tauchkörper wieder bis zur Markierung M eintaucht (Fig. 13b). Schließlich entfernt man den Probekörper und legt ein Gewicht G_3 auf den Tauchkörper derart, daß er auch jetzt wieder bis zur Markierung M einsinkt (Fig. 13c). Die beschriebene Anordnung ist als „Gewichtsaräometer" bekannt. – Wie hängt die gesuchte Dichte ρ_k von der Flüssigkeitsdichte ρ_f und den Gewichten G_1, G_2 und G_3 ab?

A n m e r k u n g: Das hier erörterte Verfahren zur Bestimmung der Dichte fester Körper ist nichts anderes als eine geringfügige Abwandlung des Weges, auf dem Archimedes angeblich den Betrug eines Goldschmiedes aufdeckte, der im Auftrag des Königs Hieron von Syrakus eine Krone aus purem Gold anfertigen sollte. Durch Wägung der Krone in Luft ($\rho \approx 0$) und in Wasser fand Archimedes, daß das spezifische Gewicht des verwendeten Materials unter dem von Gold lag, so daß dem Gold ein spezifisch leichteres Metall (Silber) beigemischt worden sein mußte.

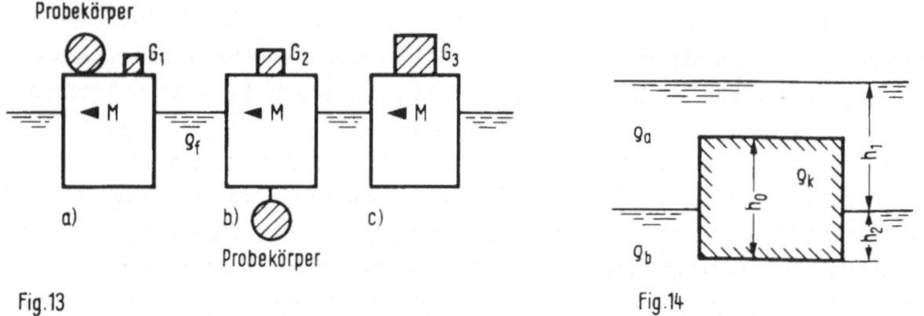

Fig.13   Fig.14

Aufgabe 14 (Fig. 14). Ein zylindrischer Körper der Höhe h_0 und der Dichte ρ_k schwimmt auf der Grenzfläche zweier übereinandergeschichteter Flüssigkeiten der Dichten ρ_a und ρ_b ($> \rho_a$). Die Schichthöhe der Flüssigkeit „a" ist h_1. – Bis zu welcher Tiefe h_2 taucht der Körper in die Flüssigkeit „b" ein, wenn a) $h_1 \geqslant h_0$ und b) $h_1 < h_0$ ist? – Gegeben: h_0, h_1, ρ_a, ρ_b, ρ_k.

H i n w e i s: Im Fall b) hat man zwei Möglichkeiten zu unterscheiden. – Bevor man mit der Lösung der Aufgabe beginnt, sollte man sich davon überzeugen, daß die Auftriebskraft gleich der Summe der Gewichte der verdrängten Mengender Flüssigkeiten „a" und „b" ist.

Nicht!

Aufgabe 15 (Fig. 15). Kleine Druckdifferenzen kann man mit dem Feinmeßmanometer nach Pressel messen. Es besteht aus einer zylindrischen Glocke der Wandstärke s, die in einer Flüssigkeit der Dichte ρ schwimmt. Der Innenradius der Glocke sei r_0. Das Innere der Glocke ist mit Gas unter dem Druck p gefüllt. Wenn sich p um Δp ändert, dann ändert sich die Eintauchtiefe der Glocke um einen an einer Skala ablesbaren Betrag Δh. – In welcher Richtung verschiebt sich die Glocke bei einer Druckerhöhung $\Delta p > 0$, und wie hängt Δh von Δp ab? – Gegeben: r_0, s, Δp, ρ.

H i n w e i s: Zur Lösung der Aufgabe überlege man sich zunächst, daß für die schwimmende Glocke die Gleichgewichtsbedingung

$$(p - p_0) \cdot \pi r_0^2 + F_A = G \tag{5}$$

gilt. Hierbei ist F_A die Auftriebskraft, die auf die Glocke wirkt und die identisch ist mit dem Gewicht einer Flüssigkeitsmenge, deren Volumen mit demjenigen Teilvolumen der Glocke übereinstimmt, das unterhalb des äußeren Flüssigkeitsspiegels liegt.

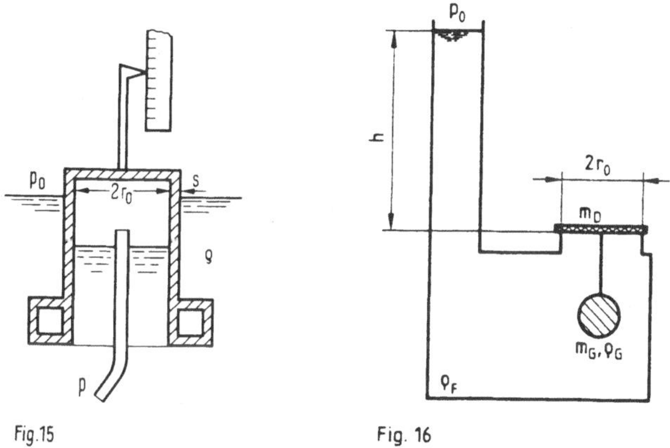

Fig.15   Fig. 16

Aufgabe 16 (Fig. 16). Ein Behälter mit einseitig angeschlossenem Standrohr ist nach oben durch einen frei aufliegenden kreisförmigen Deckel der Masse m_D verschlossen. Dieser trägt noch ein Zusatzgewicht der Masse m_G und der Dichte ρ_G. Die Flüssigkeit im Behälter hat die Dichte ρ_F. Sie benetzt den Deckel von unten und umschließt das Zusatzgewicht vollständig. – Bis zu welcher Höhe h über dem Deckelboden darf der Spiegel im Standrohr ansteigen, ohne daß der Deckel angehoben wird? Gegeben: r_0, m_D, m_G, ρ_G, ρ_F.

Bei den nun folgenden Aufgaben 17–21 kann man die Vertikalkomponente der von einer
schweren Flüssigkeit auf eine feste Begrenzungswand ausgeübten resultierenden Druckkraft am schnellsten berechnen, indem man den Auftrieb auf einen geeignet gewählten
Ersatzkörper bestimmt, der die Begrenzungswand als Teil seiner Oberfläche enthält (vgl.
Textband, Abschn. 2.2). Die horizontale Komponente der resultierenden Druckkraft ist
gleich der Druckkraft, die die Flüssigkeit auf diejenige ebene Fläche ausüben würde, die
als horizontale Projektion der Begrenzungswand in eine vertikale Ebene entsteht. Die
Berechnung der Vertikalkomponente der Druckkraft mit Hilfe des Auftriebs auf einen
Ersatzkörper erfordert ein gewisses Geschick bei der Wahl von dessen Form.

Aufgabe 17 (Fig. 17). Eine dünne Halbkugelschale vom Gewicht G und vom Radius r_0
verschließt den Abfluß eines Wasserbehälters, der bis zur Höhe $h > r_0$ gefüllt ist. –
Welche Vertikalkraft F ist nötig, um den Abfluß zu öffnen? – Gegeben: r_0, h, G, ρ.

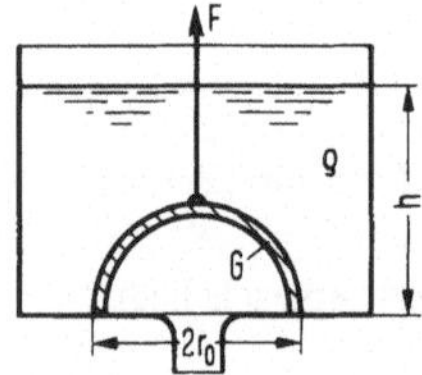

Fig. 17

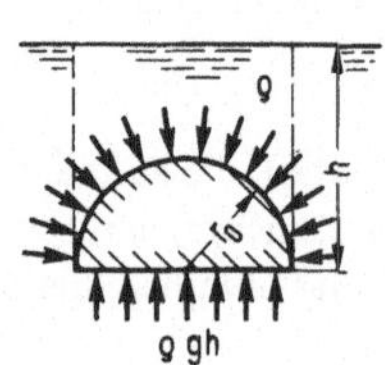

Fig. 18

L ö s u n g: Da der Umgebungsdruck allseits wirkt, trägt er zur resultierenden Kraft
nichts bei und braucht daher bei der Rechnung gar nicht erst mitgeschleppt zu werden.
Die gesuchte Kraft F ist gleich der Summe des Gewichtes G und der von der Flüssigkeit
in vertikaler Richtung nach unten auf die Halbkugelschale ausgeübten Kraft F_v:

$$F = G + F_v \tag{6}$$

Die Kraft F_v ergibt sich aus folgender Überlegung: Wir betrachten den in Fig. 18 skizzierten Ersatzkörper. Die an seiner Oberfläche angreifenden Druckkräfte haben vertikal nach
oben den Auftrieb

$$F_A = \rho g V_k \tag{7}$$

als Resultierende; V_k ist das Körpervolumen. Andrerseits ist der Auftrieb die Differenz
der am Boden angreifenden, vertikal nach oben gerichteten Kraft $\rho g h \cdot \pi r_0^2$ und der auf
die Halbkugelschale vertikal nach unten ausgeübten Kraft F_v:

$$F_A = \rho g h \cdot \pi r_0^2 - F_v \tag{8}$$

oder $$F_v = \rho g (\pi r_0^2 h - V_k) \tag{9}$$

Damit ist aber die Kraft F bekannt:

$$F = \rho g (\pi r_0^2 h - V_k) + G = \rho g \pi r_0^3 \left(\frac{h}{r_0} - \frac{2}{3}\right) + G \tag{10}$$

Das Ergebnis für F_v leuchtet unmittelbar ein: F_v ist gleich dem Gewicht der vertikal über der Halbkugelschale stehenden Wassermasse (deren Begrenzung in Fig. 18 durch gestrichelte Linien angedeutet ist), denn $\pi r_0^2 h - V_k$ ist das Volumen dieser Wassermasse.

Aufgabe 18 (Fig. 19). Für das skizzierte kreiszylindrische Wehr vom Radius r_0 und der Breite b (in Richtung der Zylinderachse) ist die resultierende Druckkraft nach Betrag und Richtung gesucht. – Durch welchen Punkt führt die Wirkungslinie der resultierenden Kraft? – Gegeben: r_0, b, ρ.

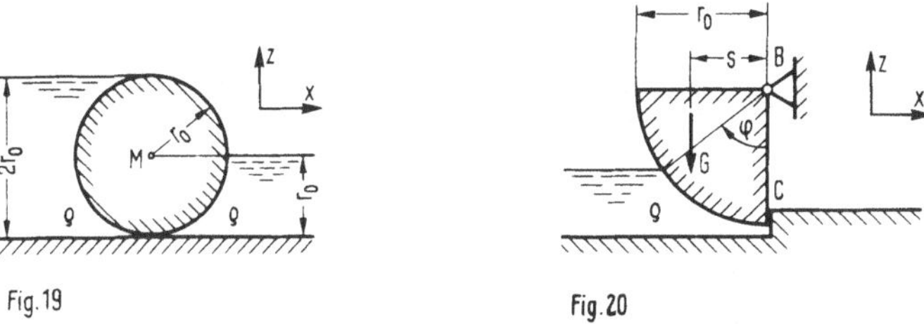

Fig.19   Fig.20

Aufgabe 19 (Fig. 20). Ein zylindrisches Wehr mit dem Gewicht G und der Breite b hat einen Viertelkreisquerschnitt vom Radius r_0. Es ist bei B gelenkig gelagert und liegt bei C längs einer Schwelle an. Der Schwerpunkt des Wehrs hat vom Gelenk B den Abstand s. An der gekrümmten Wehrseite steht Flüssigkeit bis zu einer durch den Winkel φ festgelegten Höhe. – Welche Reaktionskräfte wirken in den Lagern B und C? – Gegeben: $r_0, b, s, G, \rho, \varphi$.

Aufgabe 20 (Fig. 21). Ein kreisförmiges Loch im Boden eines Behälters ist durch eine Kugel vom Radius r_0 und dem Gewicht G verschlossen. – a) Mit welcher Kraft F wird die Kugel auf die Dichtkante gepreßt, wenn der Behälter bis zur Höhe h mit Flüssigkeit der Dichte ρ gefüllt ist und die Höhe der umspülten Kugelkalotte h_0 ($\leqslant h$) beträgt? – b) Es sei $h = h_0$. Bei welchem Verhältnis h_0/r_0 ist die Dichtkante nur durch das Gewicht der Kugel belastet? – Gegeben: r_0, h_0, h, G, ρ.

H i n w e i s : Der Volumeninhalt einer Kugelkalotte ist

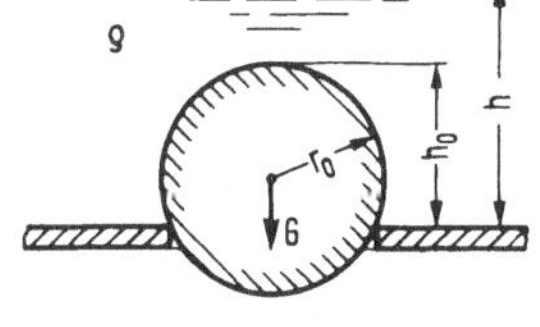

$$V_k = \frac{\pi}{3} h_0^2 (3r_0 - h_0) \qquad (11)$$

wobei r_0 der Kugelradius ist.

Fig.21

Aufgabe 21 (Fig. 22). Ein dickwandiges Rohr der Länge ℓ mit dem Durchmessern d_i bzw. d_a wird in zwei aufeinandergesetzten Formkästen gegossen. Beim Einfüllen steht das flüssige Rohrmaterial der Dichte ρ_G im Einfülltrichter in der Höhe h über der Trennfuge der Kästen. Das Kernmaterial hat die Dichte ρ_K. – Wie groß muß die

Gesamtbelastung des frei aufliegenden Oberkastens einschließlich Eigengewicht mindestens sein, damit dieser beim Gießen nicht abhebt? – Gegeben: d_i, d_a, h, ℓ_G, ℓ_K, ρ_G, ρ_K.

Zum Abschluß dieser Aufgaben über den Auftrieb wollen wir eine Maschine betrachten, die im Jahre 1865 von einem gewissen Hermann Leonhard in St. Gallen erfunden und als „neue Triebkraftmaschine" bezeichnet wurde. Der Erfinder hielt seine Maschine für die Verwirklichung des Jahrtausende alten Traums vom Perpetuum Mobile. Bei dieser Maschine (Fig. 23) läuft eine Reihe kugelförmiger Schwimmer in zwei Scheiben A und B, die fest auf Wellen sitzen. Einige der Schwimmer befinden sich stets in einem mit Flüssigkeit gefüllten Behälter, die anderen in Luft. Die Schwimmer in der Flüssigkeit erfahren einen Auftrieb, der die ganze Schwimmerkette in Pfeilrichtung in stetigem Umlauf halten soll. Eine geeignete Vorrichtung verhindert, daß Flüssigkeit beim Eintritt der Schwimmer in den Behälter verloren geht.

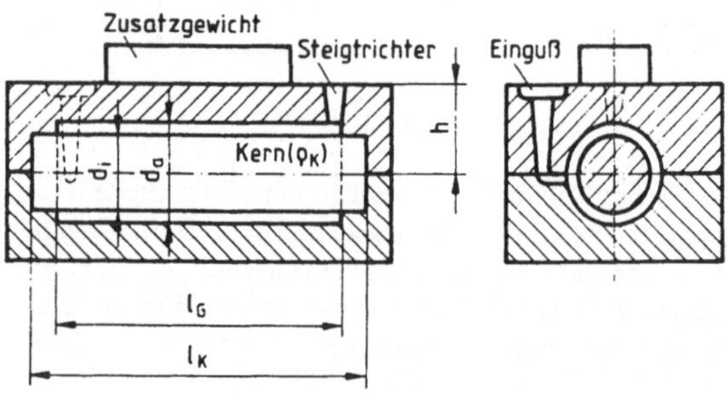

Fig. 22

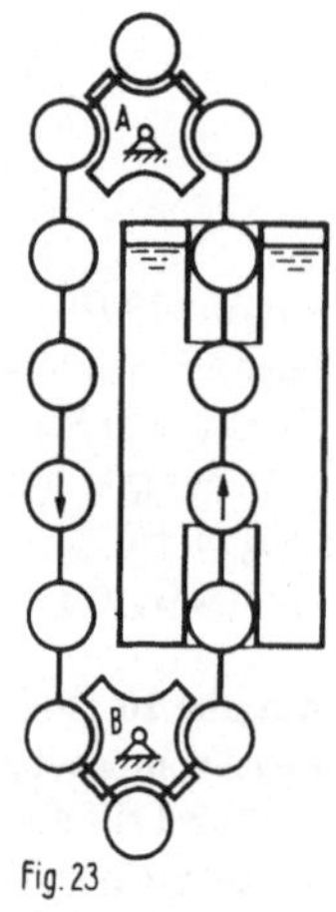

Fig. 23

Aufgabe 22 (Fig. 23). Warum funktioniert das beschriebene „Perpetuum Mobile" auch bei Vernachlässigung aller Reibungskräfte nicht?

H i n w e i s : Zur Beantwortung dieser Frage ist es zweckmäßig, sich die physikalische Bedeutung des Ergebnisses von Aufgabe 17 durch den Kopf gehen zu lassen.

2.4 Druckverteilung in rotierenden Flüssigkeiten und Gasen

Wenn eine Flüssigkeit konstanter Dichte ρ im schwerefreien Raum mit konstanter Winkelgeschwindigkeit ω um eine feste Achse rotiert, so ist die Druckverteilung in dieser Flüssigkeit durch

$$p = p_0 + \frac{\rho\omega^2 r^2}{2} \tag{12}$$

gegeben, r ist hierbei der Abstand von der Drehachse, p_0 der Druck auf der Drehachse.

Unterliegt die Flüssigkeit außerdem noch dem Einfluß der Schwerkraft (in negativer z-Richtung), so wird der Druck in ihr durch

$$p = p_0 + \frac{\rho\omega^2 r^2}{2} - \rho g z \tag{13}$$

gegeben; p_0 ist der Druck in demjenigen Punkt der Drehachse, der die Höhe $z = 0$ besitzt. Da bei der Herleitung von Gl. (13) im Textband stillschweigend angenommen wurde, die Drehachse sei vertikal gerichtet, vermerken wir ausdrücklich, daß Gl. (13) nicht hierauf beschränkt ist. Sie gilt auch, wenn die Drehachse nicht vertikal steht, dann allerdings nur unter der Voraussetzung, daß die Flüssigkeit keine freie Oberfläche besitzt, daß sie also allseits von einem starren Behälter eingeschlossen ist. Eine freie Oberfläche, die ihre Form im mitrotierenden System nicht ändert — dies ist eine Voraussetzung dafür, daß die Flüssigkeit im mitrotierenden System in Ruhe ist, — kann sich nur bei vertikaler Drehachse einstellen (vgl. Abschn. 2.3 im Textband).

Aufgabe 23 (Fig. 24). Ein T-förmiges Rohr, das bis zur Höhe h mit Flüssigkeit der Dichte ρ gefüllt ist, rotiert mit der Winkelgeschwindigkeit ω um die vertikale Achse. — a) Wie hängt der Druck p von der Höhe z und dem Radius r ab? Man beachte, daß der Druck p_0 hier anders als in Gl. (13) definiert ist. — b) Wo ist der Druck am größten und welchen Wert p_{max} hat er dort? — Gegeben: h, p_0, r_0, ρ, ω.

Aufgabe 24 (Fig. 25). Ein Kreiszylinder ist vollständig mit Flüssigkeit der Dichte ρ gefüllt. Der Zylinder rotiert mit der konstanten Winkelgeschwindigkeit ω um seine horizontale Achse. Vertikal nach unten wirkt die Schwerkraft. — a) Zeigen Sie, daß die Isobaren (Linien konstanten Drucks) Kreise um den Punkt $x = 0$, $z = g/\omega^2$ sind! — b) Wie groß ist der Druck p_A auf der Zylinderachse, wenn der Minimaldruck im Zylinder den Wert p_m hat? — Gegeben: p_m, ρ, ω.

Aufgabe 25 (Fig. 26). Eine zylindrische Gaszentrifuge vom Radius r_0 rotiert mit der konstanten Winkelgeschwindigkeit ω. Die Gastemperatur hat überall den Wert T. — a) Wie hängt der Druck in der Zentrifuge vom Abstand r von der Achse ab, wenn der Druck auf der Achse den Wert p_1 hat? (Die Schwerkraft ist zu vernachlässigen.) — b) Welche Drücke p_1 auf der Achse und p_2 an der Außenwand stellen sich ein, wenn vor Ingangsetzen der Zentrifuge diese mit Gas unter dem Druck p_0 gefüllt wird? — c) Welche Gasdichte ρ_1 und ρ_2 stellen sich ein, wenn die Fülldichte mit ρ_0 bezeichnet wird? — Gegeben: r_0, p_0, ρ_0, ω, T, R (= spezifische Gaskonstante).

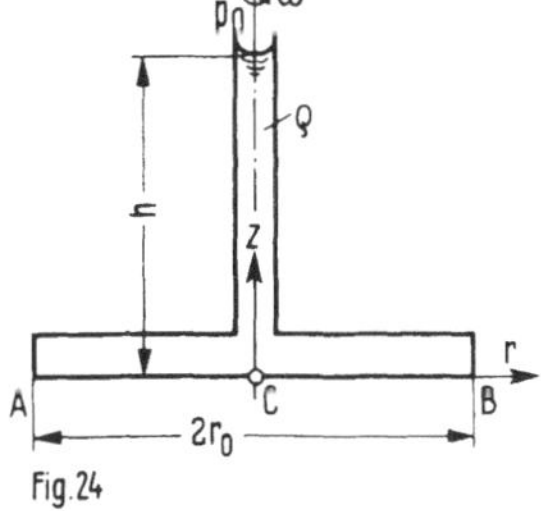

Fig. 24

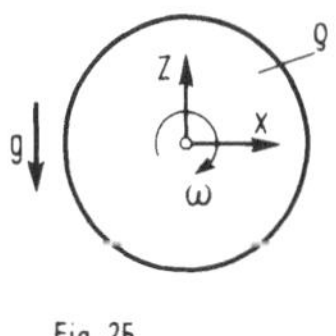

Fig. 25

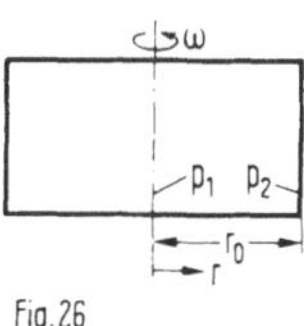

Fig. 26

H i n w e i s: Die in Frage a) gesuchte Druckverteilung ermittelt man aus der Gleichung

$$\frac{dp}{dr} = \rho\omega^2 r \tag{14}$$

Dies ist eine Spezialisierung der im Textband angegebenen Beziehung grad $p = \vec{f}$ auf den hier vorliegenden Fall. Zur Integration der Gleichung (14) benötigt man einen Zusammenhang zwischen Druck p und Dichte ρ. Diesen Zusammenhang liefert die allgemeine Gasgleichung

$$p = RT\rho \tag{15}$$

R ist hier die für jedes Gas charakteristische spezifische Gaskonstante. Man erhält sie aus der universellen Gaskonstanten R_m und der Molmasse M des Gases ($R_m = 8314$ J/kmolK):

$$R = R_m/M \tag{16}$$

A n m e r k u n g: Die Gaszentrifuge ist ein Gerät, mit dem sich Gase verschiedener Molmasse voneinander trennen lassen. Dies sieht man ein, wenn man das Ergebnis von Aufgabe 25 etwas weiterverfolgt: Eine ruhende Zentrifuge werde mit einem Gemisch zweier Gase „a" und „b" gefüllt. Die Fülldichte ρ_0 setzt sich additiv zusammen aus den Partialdichten ρ_{0a} und ρ_{0b} der Gase „a" und „b": $\rho_0 = \rho_{0a} + \rho_{0b}$. Jedes der beiden Gase in der Zentrifuge verhält sich nun so, als sei das andere gar nicht vorhanden. In der rotierenden Zentrifuge stellen sich daher nach dem Ergebnis von Aufgabe 25 folgende Partialdichten ρ_{1a}, ρ_{1b} und ρ_{2a}, ρ_{2b} auf der Achse (Index „1") und am Außenmantel (Index „2") ein:

$$\rho_{1a} = \rho_{0a}\,\frac{\xi_{0a}}{e^{\xi_{0a}} - 1} \qquad\qquad \rho_{2a} = \rho_{0a}\,\frac{\xi_{0a}}{1 - e^{-\xi_{0a}}} \tag{17a, b}$$

$$\rho_{1b} = \rho_{0b}\,\frac{\xi_{0b}}{e^{\xi_{0b}} - 1} \qquad\qquad \rho_{2b} = \rho_{0b}\,\frac{\xi_{0b}}{1 - e^{-\xi_{0b}}} \tag{18a, b}$$

$$\text{mit}\qquad \xi_{0a} = \omega^2 r_0^2/(2R_a T) \qquad\qquad \xi_{0b} = \omega^2 r_0^2/(2R_b T) \tag{19a, b}$$

Hieraus ergeben sich die folgenden Dichteverhältnisse auf der Achse und am Außenmantel:

$$\frac{\rho_{1a}}{\rho_{1b}} = \frac{\rho_{0a}}{\rho_{0b}} \cdot \frac{R_b}{R_a} \cdot \frac{e^{\xi_{0b}} - 1}{e^{\xi_{0a}} - 1} \qquad \frac{\rho_{2a}}{\rho_{2b}} = \frac{\rho_{0a}}{\rho_{0b}} \cdot \frac{R_b}{R_a} \cdot \frac{1 - e^{-\xi_{0b}}}{1 - e^{-\xi_{0a}}} \tag{20a, b}$$

Wenn das Gas „a" eine höhere Molmasse M_a als das Gas „b" hat, ist wegen $R = R_m/M$ die spezifische Gaskonstante $R_a = R_m/M_a$ kleiner als $R_b = R_m/M_b$. Dann folgt aus diesen Formeln für die Dichteverhältnisse

$$\frac{\rho_{1a}}{\rho_{1b}} < \frac{\rho_{0a}}{\rho_{0b}} \qquad\qquad \frac{\rho_{2a}}{\rho_{2b}} > \frac{\rho_{0a}}{\rho_{0b}} \tag{21a, b}$$

Am Mantel der Zentrifuge wird also das schwere Gas „a" gegenüber dem leichten Gas „b" angereichert, auf der Achse ist es umgekehrt.
Die Wirksamkeit der Zentrifuge kann man durch einen „Trennfaktor" q beschreiben, der wie folgt definiert ist:

$$q = \frac{\rho_{2a}/\rho_{2b}}{\rho_{1a}/\rho_{1b}} \tag{22}$$

q > 1 bedeutet Anreicherung des Gases „a" am Zentrifugenmantel. Diese Anreicherung ist um so stärker, je größer q ist. Mit den oben angegebenen Dichteverhältnissen erhält man für q nach kurzer Rechnung

$$q = \frac{e^{\xi_{0a}}}{e^{\xi_{0b}}} \tag{23}$$

Z a h l e n b e i s p i e l: Zentrifugen werden zur Trennung der beiden Uranisotope U^{235} und U^{238} verwendet. Das Isotopengemisch wird als gasförmiges Uranhexafluorid in die Zentrifuge eingebracht.

Molmasse von $U^{238} F_6$ (Gas „a"): $M_a = 352$

Molmasse von $U^{235} F_6$ (Gas „b"): $M_b = 349$

Demnach: $R_a = 23{,}62$ $R_b = 23{,}82$

Wir nehmen eine Zentrifuge vom Radius $r_0 = 0{,}10$ m, die bei Raumtemperatur (T = 293 K) mit $\omega = 5236$ rad/s (das sind n $= 60\omega/2\pi = 50\,000$ Umdrehungen pro Minute) rotiert. Mit diesen Zahlenwerten wird $\xi_{0a} = 19{,}807$ und $\xi_{0b} = 19{,}641$. Hieraus ergibt sich ein Trennfaktor

$$q = \frac{e^{19{,}807}}{e^{19{,}641}} = 1{,}18$$

Die angegebenen Werte von ω und r_0 werden technisch realisiert; der damit zu erreichende Wert q $= 1{,}18$ ist aber verhältnismäßig klein. Um eine nahezu vollständige Trennung der Isotope zu erzielen, muß man daher sehr viele Zentrifugen hintereinanderschalten.

2.5 Druckverteilung in gleichförmig beschleunigten Flüssigkeiten

Bei den folgenden Aufgaben 26–27 geht es um die Druckverteilung in einem mit Flüssigkeit der konstanten Dichte ρ gefüllten, gleichmäßig beschleunigten Gefäß, wenn die Flüssigkeit relativ zum Gefäß ruht und der Schwerkraft unterliegt. Die Gefäßbeschleunigung soll den (zeitunabhängigen) Wert a in x-Richtung haben, die Schwerebeschleunigung sei g in negativer z-Richtung. Für einen mit dem Gefäß bewegten Beobachter, für den die Flüssigkeit in Ruhe und die hydrostatischen Gesetze daher anwendbar sind, wirkt pro Volumeneinheit die Schwerkraft $-\rho g$ in z-Richtung und die „Scheinkraft" (Trägheitskraft, d'Alembert-Kraft)[1] $-\rho a$ in x-Richtung. Die Druckverteilung wird also nach Abschn. 2.3 des Textbandes durch

$$\frac{\partial p}{\partial x} = -\rho a \qquad\qquad \frac{\partial p}{\partial z} = -\rho g \tag{24}$$

festgelegt. Es folgt hieraus

$$p = p_0 - \rho(ax + gz) \tag{25}$$

---

[1] Die in Abschn. 2.3 des Textbandes bei starr rotierenden Flüssigkeiten berücksichtigte Zentrifugalkraft ist ebenfalls eine „Scheinkraft", die durch Beschleunigung des Systems, dort durch die Drehbewegung, „erzeugt" wird.

wobei p_0 der Druck im Punkt $x = z = 0$ ist. Man kann Gl. (25) anschaulich interpretieren: In der Flüssigkeit ergibt sich eine Druckverteilung, wie sie sich unter der Wirkung einer effektiven Schwerebeschleunigung mit den Komponenten $-a$, $-g$ einstellen würde. Die Isobaren, d.h. die Flächen konstanten Drucks $p = \text{const}$, stehen auf diesem effektiven Schwerebeschleunigungsvektor senkrecht.

Aufgabe 26 (Fig. 27). Ein Behälter mit rechteckigem Querschnitt der Länge ℓ und der Höhe h besitzt in der Mitte der Oberseite eine kleine Öffnung. Dort grenzt Flüssigkeit der Dichte ρ, die den Behälter vollständig ausfüllt, an die freie Atmosphäre mit dem Druck p_0. Der Behälter erfährt seitlich eine konstante Beschleunigung vom Betrag a. — An welchen Stellen des Behälters treten die größten und die kleinsten Drücke auf, und wie groß sind diese? — Gegeben: a, h, ℓ, p_0, ρ.

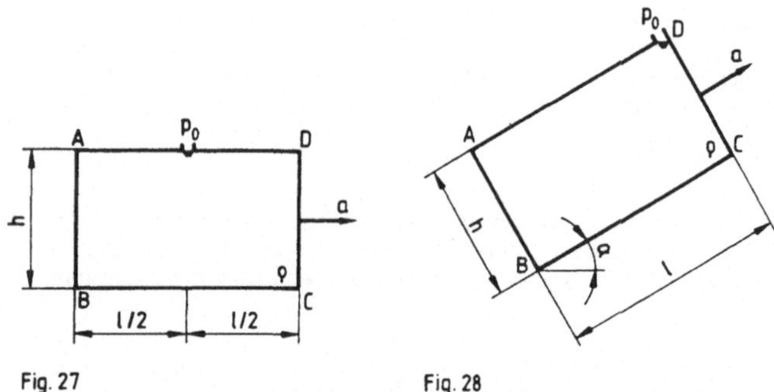

Fig. 27   Fig. 28

Aufgabe 27 (Fig. 28). Die Situation der vorangehenden Aufgabe 26 wird folgendermaßen geändert: Die kleine Einfüllöffnung befindet sich an der rechten oberen Behälterkante (Punkt D). Die Beschleunigung a wirkt unter dem Winkel α längs einer schiefen Ebene. — a) Man berechne die Drücke in den Punkten A, B und C. — b) Wie verlaufen im Behälter die Isobaren im Sonderfall $a = -g \cdot \sin \alpha$, d. h. bei reibungsfreiem Hinabgleiten längs der schiefen Ebene? — Gegeben: $a, h, \ell, p_0, \alpha, \rho$.

2.6 Oberflächenspannung

Oberflächenspannungseffekte wirken sich technisch gewöhnlich nicht merklich aus. Eine Ausnahme bilden dünne Kapillarrohre, in denen die freie Oberfläche einer Flüssigkeit infolge der Wirkung der Oberflächenspannung mit guter Genauigkeit als kugelförmig gekrümmt angesehen werden kann und solche Problemstellungen, bei denen es auf die Kenntnis der Form der freien Oberfläche in unmittelbarer Nähe fester Wände ankommt. Infolge der Oberflächenspannung hebt oder senkt sich der Spiegel um

$$\Delta h = \frac{2\sigma \cos \vartheta}{\rho g r} = \frac{2\lambda^2 \cos \vartheta}{r} \tag{26}$$

Hierin ist σ die Oberflächenspannung, r der Kapillarrohrradius, ϑ der Winkel zwischen Flüssigkeitsoberfläche und Rohrwand und $\lambda = \sqrt{\sigma/\rho g}$ die sog. Kapillarlänge. Ist $\lambda \gg r$, wird der Flüssigkeitsspiegel nur noch in unmittelbarer Nachbarschaft fester Wände merklich deformiert.

Aufgabe 28 (Fig. 29). An einem geschlossenen Kessel ist ein Meßrohr vom Durchmesser d angebracht, in dem Wasser bis zur Höhe h steht. Der Durchmesser d ist so klein, daß die Oberflächenspannung einen merklichen Einfluß auf die Steighöhe hat. Bei sauberer Innenwand des gläsernen Meßrohres kann man annehmen, daß der Randwinkel $\vartheta = 0°$ ist; bei paraffinverschmutzter Innenwand rechnet man mit $\vartheta = 105°$. a) Welcher Wert für den Überdruck Δp über dem Wasserspiegel im Kessel ergibt sich aus der Höhe h in den beiden Fällen $\vartheta = 0°$ und $\vartheta = 105°$? — b) Welche Höhe h_1 zeigt das Meßrohr bei einem Kesselüberdruck Δp_1 in den beiden Fällen an? — c) Welche Ergebnisse erhält man unter a) und b), wenn man die Oberflächenspannung vernachlässigt? — Gegeben: $h, h_0, d, \Delta p_1, \vartheta, \rho, \sigma$.

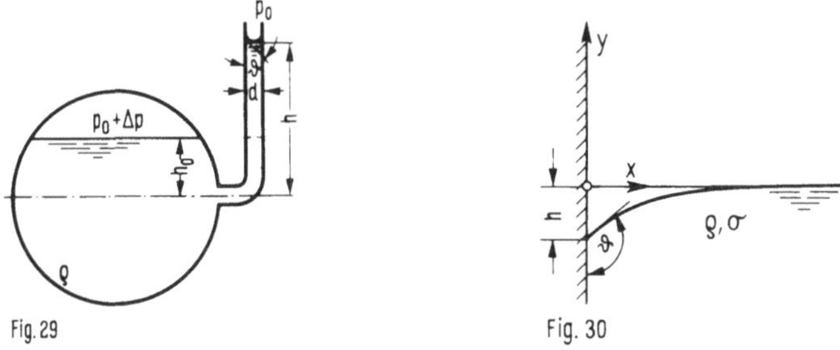

Aufgabe 29 (Fig. 30). Eine vertikale Glasplatte taucht in Quecksilber ein. — a) Welcher Wert für die Absenkung h des Quecksilbers an der Platte ergibt sich aus der Differentialgleichung $\lambda^2 y'' = y(1 + y'^2)^{3/2}$ (Gl. (2.73)) des Textbandes, 6. Aufl.)? — b) Wie groß wird h nach der Näherungsgleichung $y = \lambda \cot \vartheta \cdot \exp(-x/\lambda)$ (Gl. (2.75) des Textbandes)? — Gegeben: σ, ρ, ϑ; Zahlenwerte für Quecksilber/Glas: $\sigma = 0{,}46$ N/m, $\rho = 13{,}6$ g/cm³, $\vartheta = 130°$.

H i n w e i s: Die Differentialgleichung $\lambda^2 y'' = y(1 + y'^2)^{3/2}$ für die Kontur $y(x)$ der Flüssigkeitsoberfläche läßt sich einmal integrieren mit dem Ergebnis

$$\frac{2\lambda^2}{\sqrt{1 + y'^2}} + y^2 = C$$

C ist eine Integrationskonstante. Man bestätigt leicht, daß Differenzieren nach x die ursprüngliche Differentialgleichung ergibt. Die Konstante C ergibt sich aus der Tatsache, daß in weiter Entfernung von der Platte y und y' null werden. Die gesuchte Absenkung h erhält man anschließend, indem man $y' = -\cot \vartheta$ setzt und nach $y = -h$ auflöst.

3 Bernoullische Gleichung

3.1 Stationäre Strömung

In einer stationären, reibungsfreien Strömung einer Flüssigkeit konstanter Dichte ρ, auf die als einzige Volumenkraft die Schwerkraft wirkt, gilt für zwei Punkte 1 und 2 auf jeder Stromlinie

$$p_1 + \frac{\rho}{2} U_1^2 + \rho g z_1 = p_2 + \frac{\rho}{2} U_2^2 + \rho g z_2 = C = \text{const} \tag{27}$$

Hier ist p der Druck, U der Geschwindigkeitsbetrag und z die Höhe über einem beliebigen festen Bezugsniveau. Die Konstante C kann von Stromlinie zu Stromlinie verschiedenen Wert haben; in vielen Fällen hat sie aber denselben Wert auf allen Stromlinien (z.B. immer dann, wenn die Strömung eine „Potentialströmung", d.h. wenn rot $\vec{v} = 0$ ist; $\vec{v} =$ Geschwindigkeitsvektor).

Bei der Lösung der folgenden Aufgaben wird häufig die Kontinuitätsgleichung in der folgenden Form gebraucht: Wenn in einer Leitung an einer Stelle, wo der Flächeninhalt des Leitungsquerschnitts den Wert A_1 hat, die Strömungsgeschwindigkeit U_1 herrscht, und an einer Stelle mit der Querschnittsfläche A_2 die Geschwindigkeit U_2, so gilt

$$U_1 A_1 = U_2 A_2 = \dot{V} \tag{28}$$

Dabei wird vorausgesetzt, daß die Geschwindigkeit über den ganzen Leitungsquerschnitt denselben Wert hat. $\dot{V}$ ist der Volumenstrom durch die Leitung.

Aufgabe 30 (Fig. 31). Ein Behälter ist bis zur Höhe h mit Flüssigkeit der Dichte ρ gefüllt. Ein Ausflußrohr der Länge ℓ wird einmal horizontal, einmal vertikal an den Behälter angeschlossen. – a) Mit welchen Geschwindigkeiten U_1 und U_2 fließt die Flüssigkeit in den beiden Fällen aus? – b) Wie verläuft in beiden Fällen der Druck p im Behälter und im Ausflußrohr(Skizze)? – c) Welche Drücke p_{B1} und p_{B2} herrschen in beiden Fällen unmittelbar stromabwärts vom Rohreinlauf? – d) Welche Ergebnisse erhält man unter a) bis c), wenn das Ausflußrohr jeweils in einer kurzen Düse endet, deren Endquerschnittsfläche das m-fache der Rohrquerschnittsfläche beträgt (m < 1)? – Gegeben: h, ℓ, m, p_0, ρ.

H i n w e i s: Bei dieser und verschiedenen folgenden Aufgaben dieses Abschnitts ist die Strömung nicht streng stationär (d.h. zeitunabhängig), da sich mit der Spiegelhöhe in den Behältern auch die Ausflußgeschwindigkeit ändert. Wenn aber die Querschnittsfläche der Austrittsöffnung hinreichend klein gegen die Behälterquerschnittsfläche ist, leert sich der Behälter so langsam, daß der ganze Vorgang als „quasistationär" angesehen und die Bernoullische Gleichung für stationäre Strömung verwendet werden kann. Die

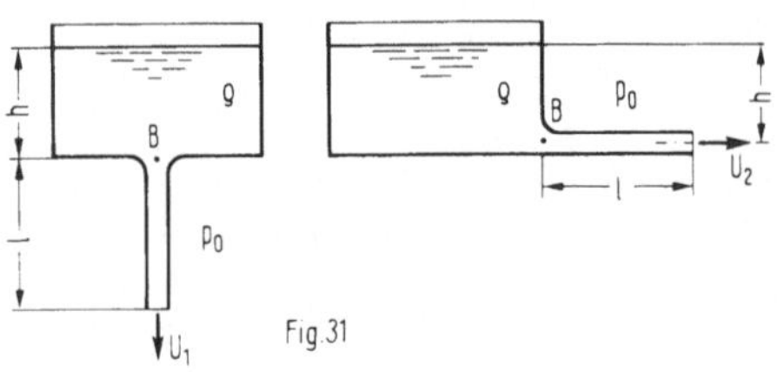

Fig. 31

Ausflußgeschwindigkeit U(t) hängt dann in jedem Zeitpunkt t genauso von der Spiegelhöhe h(t) ab wie bei streng stationärer Strömung. Zudem kann man dann in der Bernoullischen Gleichung das Q u a d r a t der Sinkgeschwindigkeit des Flüssigkeitsspiegels gegenüber dem Q u a d r a t der Ausflußgeschwindigkeit vernachlässigen. Diese
Annahmen liegen übrigens auch der Herleitung der Torricellischen Ausflußformel im
Textband zugrunde.

Aufgabe 31 (Fig. 32). Ein Walzenwehr begrenzt in der skizzierten Weise eine Flüssigkeit
der Dichte ρ. Das Wehr hat den Radius r_0 und die Breite b (in Richtung der Zylinderachse). — Man bestimme die Komponenten F_x und F_z der von der Flüssigkeit auf das
Wehr ausgeübten Kraft sowie deren Wirkungslinie für die folgenden beiden Fälle: a) Der
Grundablaß bei C ist geschlossen, b) der Grundablaß ist vollständig geöffnet, so daß
Flüssigkeit durch den Spalt BC ausströmen kann. Der Spalt habe eine konstante, gegenüber dem Walzenradius r_0 vernachlässigbare Breite. — Gegeben: r_0, b, ρ.

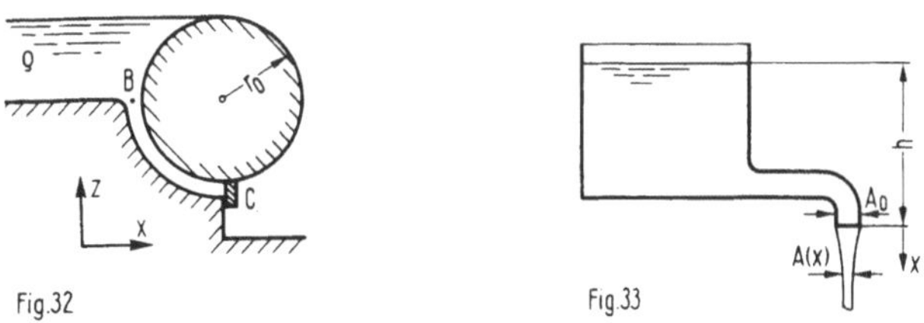

Fig.32   Fig.33

Aufgabe 32 (Fig. 33). Wie ändert sich die Querschnittsfläche A des austretenden Flüssigkeitsstrahls mit dem vertikalen Abstand x von der Austrittsöffnung, wenn diese die
Querschnittsfläche A_0 besitzt und der Behälter bis zur Höhe h gefüllt ist? — Gegeben:
h, A_0.

Aufgabe 33 (Fig. 34). Mit einem Heber wird Flüssigkeit der Dichte ρ_a in eine andere
Flüssigkeit der Dichte ρ_b eingeleitet. — a) Mit welcher Strahlgeschwindigkeit U tritt die
Flüssigkeit „a" in die ruhende Flüssigkeit „b" ein? — b) Wie groß muß bei gegebener
Höhe h_2 die Spiegelhöhe h_1 mindestens sein, damit der Heber auch dann funktioniert,
wenn $\rho_b > \rho_a$ ist? — Gegeben: h_1, h_2, ρ_a, ρ_b.

Aufgabe 34 (Fig. 35). Bis zu welcher Höhe h_1 steht die Flüssigkeit im Steigrohr und
mit welcher Geschwindigkeit U strömt die Flüssigkeit aus? — Gegeben: h_0, A_0, A_1.

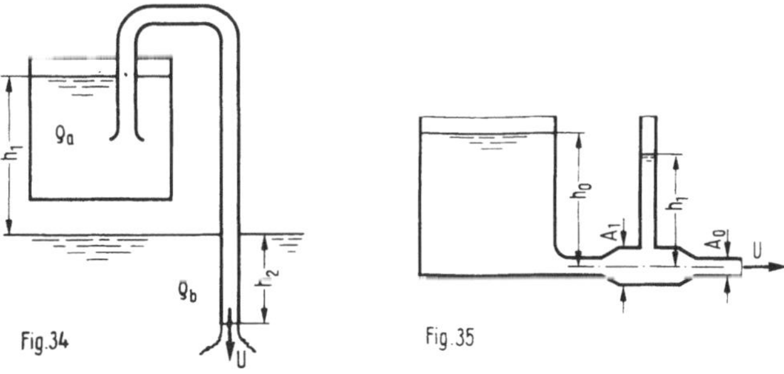

Fig.34   Fig.35

Aufgabe 35 (Fig. 36). Mit der skizzierten Anordnung läßt sich die kinetische Energie einer strömenden Flüssigkeit so ausnutzen, daß ein Teilstrom abgezweigt und in die Höhe h über dem Flüssigkeitsspiegel gefördert wird. – a) Man berechne den Teilvolumenstrom $\dot{V}$ in Abhängigkeit von der Strömungsgeschwindigkeit U, der Rohrquerschnittfläche A und der gewünschten Förderhöhe h. – b) Bei welcher Förderhöhe h_m ist die pro Zeiteinheit gewonnene potentielle Energie am größten? – Gegeben: h, A, U.

Aufgabe 36 (Fig. 37). Am Ende eines senkrechten Rohres vom Durchmesser d_1 ist eine schlanke Düse angebracht, deren Durchmesser sich auf der Länge ℓ linear auf d_2 verringert. – a) Bei welchem Volumenstrom $\dot{V}$ stimmen die statischen Drücke am Düsenanfang und -ende überein? – b) Wie ist hierbei der Druckverlauf p(z) längs der Düse? – c) Wie müßte der Düsendurchmesser d von z abhängen, damit für den unter a) berechneten Volumenstrom der Druck an jeder Stelle z denselben Wert p_0 hat? – Gegeben: d_1, d_2, ℓ, p_0, ρ.

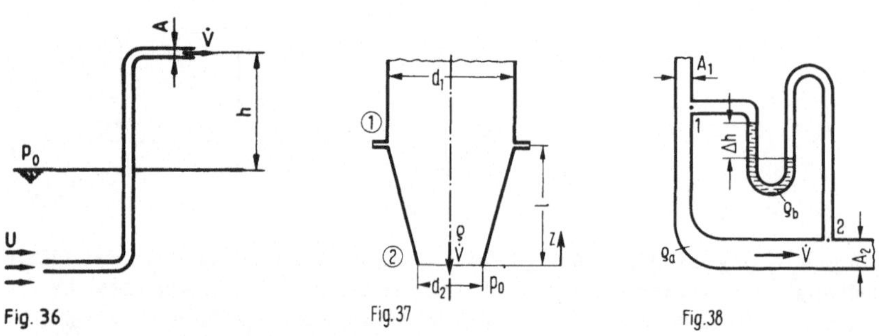

Fig. 36   Fig. 37   Fig. 38

Aufgabe 37 (Fig. 38). Mit Hilfe der skizzierten Anordnung soll der Volumenstrom $\dot{V}$ einer Flüssigkeit der Dichte ρ_a ermittelt werden. Die Flüssigkeit im U-Rohr hat die Dichte ρ_b. – a) Wie lautet der Zusammenhang zwischen $\dot{V}$ und Δh? – b) Hängt der Manometerausschlag von der Durchflußrichtung ab? – Gegeben: Δh, A_1, A_2, ρ_a, ρ_b.

Aufgabe 38 (Fig. 39). Wie hängt der Volumenstrom $\dot{V}$ mit der vom Manometer angezeigten Druckdifferenz $\Delta p = p_1 - p_2$ zusammen? – Gegeben: A_1, A_2, Δp, ρ.

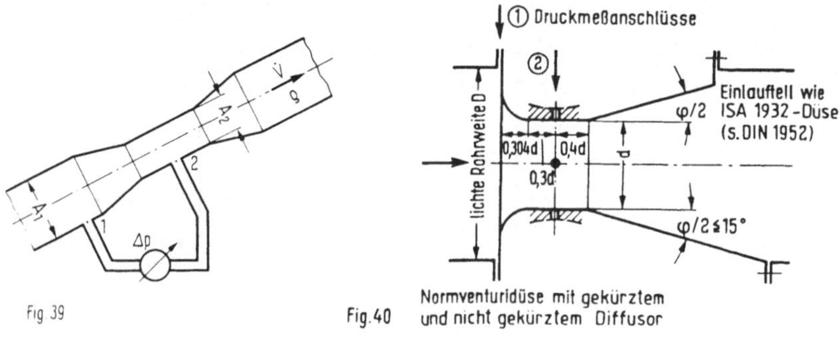

Fig. 39   Fig. 40   Normventuridüse mit gekürztem und nicht gekürztem Diffusor

A n m e r k u n g : Aufgabe 38 erklärt, wie man den Volumenstrom mit einer Venturidüse mißt. Da solche Durchflußmessungen bei den verschiedensten technischen Anwendungen immer wieder vorkommen, hat der Deutsche Normenausschuß Normvorschriefen
hierfür aufgestellt (DIN 1952 „Durchflußmessung mit Blenden, Düsen und Venturi-
rohren in voll durchströmten Rohren mit Kreisquerschnitt (VDI-Durchflußregeln)" in
Verbindung mit VDI 2040 „Berechnungsgrundlagen für die Durchflußmessung mit
Drosselgeräten", Blätter 1 bis 5). Durch diese Normvorschriften soll die Reproduzierbar-
keit der Meßergebnisse innerhalb gewisser, in DIN 1952 und VDI 2040 Bl. 1 näher
spezifizierter Toleranzen gewährleistet werden. Fig. 40 zeigt als Beispiel wesentliche,
in DIN 1952 Bild 9 näher vorgeschriebene Abmessungen einer „Venturidüse". Diese
Düse unterscheidet sich in einem wesentlichen Merkmal von der in Fig. 39 skizzierten
Düse: sie hat einen sehr viel kürzeren Einlauf. Die Lage der beiden Druckmeßstellen
1 und 2 ist in Fig. 40 angegeben. Mit dem „Wirkdruck" $\Delta p = p_1 - p_2$ und mit
$A_2 = \pi d^2/4$ ergibt sich der Volumenstrom $\dot V$ aus der Formel

$$\dot V = \alpha A_2 \sqrt{\frac{2\Delta p}{\rho}} \qquad (29)$$

Dies stimmt mit dem Ergebnis von Aufgabe 38 überein, wenn man $\alpha = 1/\sqrt{1 - A_2^2/A_1^2}$
setzt. Bei einer Venturidüse weicht allerdings α von diesem, allein durch das Flächenverhältnis $m = A_2/A_1$ gegebenen Wert ab (vgl. Fig. 41). Der wichtigste Grund hierfür ist die Tatsache, daß die Meßstelle 1 für den Druck p_1 unmittelbar vor dem kei-
neswegs schlanken Einlauf der Düse liegt, d.h. an einer Stelle, wo die Geschwindigkeit
nicht den Wert U_1 hat, den sie in einiger Entfernung stromaufwärts von der Düse besitzt.
Die Strömung unmittelbar vor dem Düseneinlauf erfüllt nämlich nicht mehr die für die
Gültigkeit der Kontinuitätsgleichung (28) notwendige Bedingung, daß die Strömungsgeschwindigkeit über den ganzen Leitungsquerschnitt konstant ist. Die der Lösung von
Aufgabe 38 zugrundeliegende Annahme, daß an der Meßstelle 1 die Geschwindigkeit den
Wert $U_1 = \dot V/A_1$ ($A_1 = \pi D^2/4$) hat, trifft hier also nicht zu. Außerdem spielt auch die
innere Reibung der Flüssigkeit eine Rolle. Der Einfluß der inneren Reibung auf den Wert
von α hängt von der Reynoldszahl

$$Re_D = \frac{U_1 D}{\nu} \qquad (30)$$

ab. $U_1 = \dot V/A_1$ ist die Geschwindigkeit in der Rohrleitung vor der Düse, D der Rohrdurchmesser, ν die
kinematische Zähigkeit der strömenden Flüssigkeit.
Den insbesondere vom Flächenverhältnis $m =$
$A_2/A_1 = d^2/D^2$ abhängigen, durch sorgfältige
Messungen ermittelten Wert von α entnimmt man
der in DIN 1952 Anhang A veröffentlichten Tabelle 35. Dort wird jedoch das Durchmesserverhältnis
$\beta = d/D$ anstelle des Flächenverhältnisses $m =$
$d^2/D^2 = \beta^2$ verwendet. Die Tabellenwerte gelten
mit genügender Genauigkeit für den technisch be-
sonders bedeutsamen Reynoldszahlbereich zwi-
schen $Re_D = 1,5 \cdot 10^5$ und $2 \cdot 10^6$; für hiervon
abweichende Re-Zahlen sei auf die detaillierten
Ausführungen in der Norm verwiesen. Fig. 41 gibt
den Verlauf $\alpha = f(m)$ nach DIN 1952 wieder; zum
Vergleich ist auch der Verlauf $\alpha = 1/\sqrt{1 - m^2}$
dargestellt.

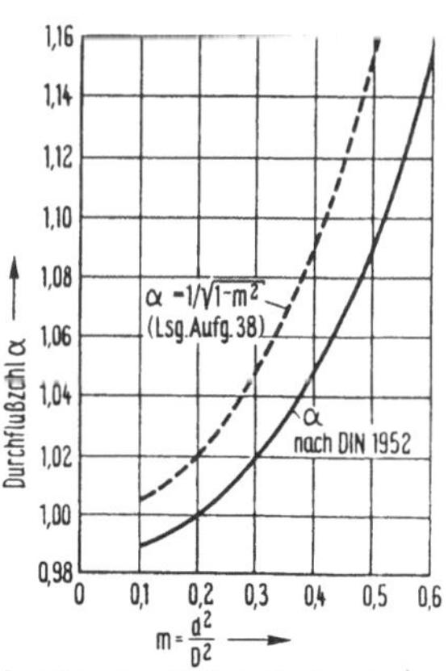

Durchflußzahl α für Venturidüse ($Re_D = 1,5 \cdot 10^5 - 2 \cdot 10^6$)

Fig. 41

Die genannten Normen enthalten viele weitere Einzelheiten, u. a. solche über die Berücksichtigung der Kompressibilität bei der Messung des Volumenstromes eines Gases, der man durch Einführung einer „Expansionszahl" ϵ zusätzlich zu α in Gl. (29) Rechnung trägt.

Aufgabe 39 (Fig. 42). Mit der skizzierten Manometeranordnung kann man Strömungsgeschwindigkeiten in offenen Gerinnen messen. — Wie groß sind die Geschwindigkeiten U_1 und U_2? — Gegeben: h_1, Δh, ρ_a, ρ_b ($< \rho_a$).

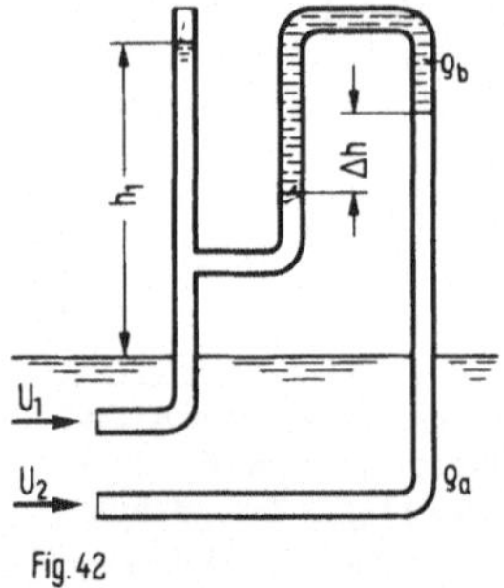

Fig. 42

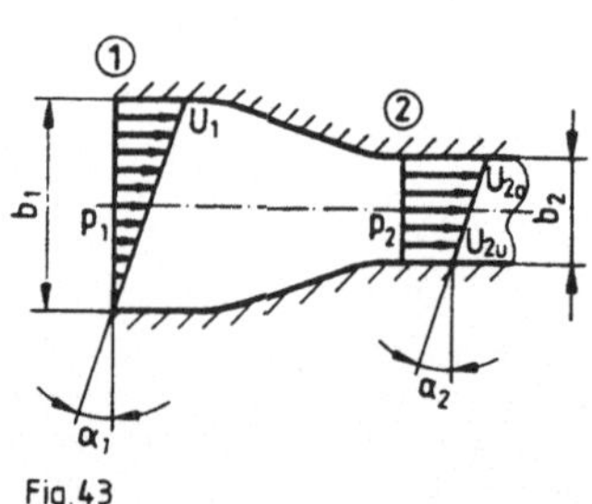

Fig. 43

Aufgabe 40 (Fig. 43). Die Breite eines geschlossenen rechteckigen Kanals mit konstanter Höhe h senkrecht zur Zeichenebene verringert sich von b_1 auf b_2. Die Zuströmgeschwindigkeit an der Stelle 1 nimmt linear von null auf U_1 zu. Auch an der Stelle 2 ist dann die Geschwindigkeit linear über den Querschnitt verteilt. — a) Welcher Volumenstrom $\dot{V}$ tritt durch den Kanal? — b) Man berechne die Geschwindigkeiten U_{2o} und U_{2u} im Austrittsquerschnitt sowie die Druckdifferenz $p_1 - p_2$. — c) Man zeige anhand der Ergebnisse von b), daß die Steigungswinkel α_1 und α_2 der beiden Geschwindigkeitsprofile übereinstimmen. — Gegeben: b_1, b_2, h, U_1, ρ.

A n m e r k u n g: Die Steigungswinkel sind ein Maß für die Wirbelstärke der Strömung. Diese ändert sich bei reibungsfreier Strömung nicht, so daß auch das lineare Geschwindigkeitsprofil erhalten bleibt.

Aufgabe 41 (Fig. 44). Zwei kreisförmige Platten a und b vom Radius r_0 stehen sich im Abstand h gegenüber (h $\ll r_0$). In der Mitte der Platte b befindet sich eine kleine Öffnung, durch die der Volumenstrom $\dot{V}$ einer Flüssigkeit der Dichte ρ in den Raum zwischen den beiden Platten eintritt. Die Flüssigkeit fließt gleichmäßig nach allen Seiten ab. Die Schwerkraft kann vernachlässigt werden. Welche Kraft F übt die Flüssigkeit auf die Platte aus? — Gegeben: r_0, h, $\dot{V}$, ρ.

H i n w e i s: In einiger Entfernung von der Achse der Anordnung wird sich die Geschwindigkeit U gleichmäßig über die ganze Breite h des Spaltes verteilen. Bezeichnet man mit r den Abstand von der Achse, so ergibt sich für die Geschwindigkeit U(r)

$$U(r) = \frac{\dot{V}}{2\pi rh}$$

Dieser Geschwindigkeitsverlauf ist
in Fig. 45 gestrichelt skizziert.
Andererseits ist der Punkt S ($r = 0$)
auf der Platte a ein Staupunkt
($U = 0$). Geht man von S nach
außen, wächst die Geschwindigkeit
zunächst an. Der hiernach wirklich
zu erwartende Geschwindigkeitsverlauf ist in Fig. 45 mit einer
ausgezogenen Linie eingetragen.
Die Abweichung vom gestrichel-

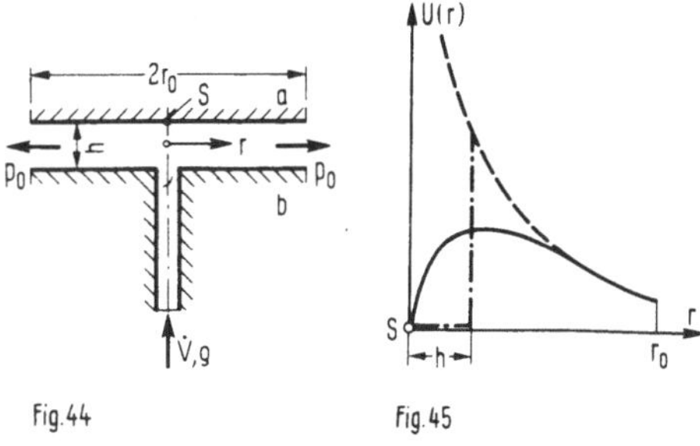

Fig.44   Fig.45

ten Verlauf wird sich nur in der Umgebung der Achse ($r = 0$) auf einer Strecke bemerkbar machen, deren Länge die Größenordnung h hat. Für die Rechnung ersetze man den
wirklichen Geschwindigkeitsverlauf durch denjenigen, der sich aus der strichpunktierten
und der gestrichelten Linie zusammensetzt, d. h. man nehme $U = 0$ für $r < h$ und
$U = \dot{V}/(2\pi rh)$ für $r \geq h$ an.

A n m e r k u n g: Wie das Ergebnis zeigt, wird für hinreichend kleine Werte von h die
Platte a an die Platte b angesaugt. Dieses paradox anmutende Resultat liegt einer kleinen Spielerei zugrunde, bei der man durch eine Garnrolle bläst und damit eine Post-
karte ansaugt.

Aufgabe 42 (Fig. 46). Der Austrittsdiffusor einer Turbine erweitert sich von der Ein-
trittsfläche A_1 auf die Austrittsfläche A_2. Der Diffusoreintritt liegt um die Höhe h
über dem Unterwasserspiegel. — Wie groß darf der Volumenstrom $\dot{V}$ höchstens sein,
damit der Druck p_1 am Diffusoreintritt den Dampfdruck p_d des Wassers nicht unter-
schreitet, wenn a) Reibungsverluste im Diffusor vernachlässigt sind, b) die Reibung
einen Druckverlust Δp_v erzeugt? — Gegeben: $h, A_1, A_2, p_d, p_0, \Delta p_v, \rho$.

H i n w e i s: Die Bernoullische Gleichung unter Berücksichtigung eines Druckverlustes
lautet (vgl. Abschn. 4.2.2 des Textbandes)

$$p_1 + \frac{\rho}{2}U_1^2 + \rho g z_1 = p_2 + \frac{\rho}{2}U_2^2 + \rho g z_2 + \Delta p_v \tag{31}$$

Δp_v ist der zwischen den Stellen
1 und 2 eintretende Druckver-
lust, wobei die Stelle 2
s t r o m a b w ä r t s von der
Stelle 1 liegt.

Aufgabe 43 (Fig. 47). In den
großen Verbrennungsraum eines Ofens
strömt durch die Eintrittsöffnung
(Querschnittsfläche A_1) Frischluft der Dichte ρ_a. Die Frischluft tritt als Strahl in den Ofen
ein. Durch die Verbrennung im
Ofen entstehen Rauchgase der

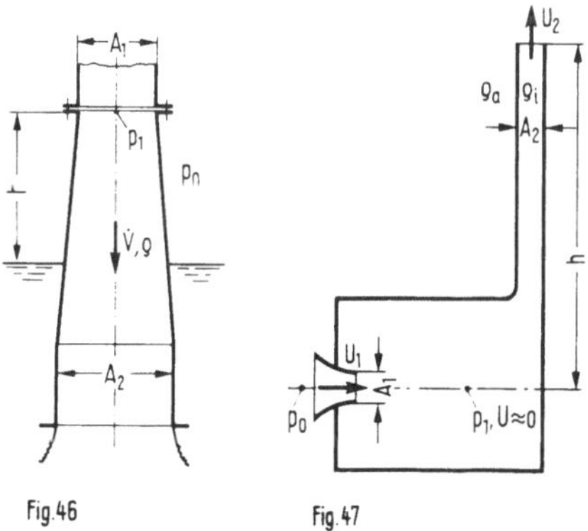

Fig.46   Fig.47

Dichte ρ_i ($\rho_i < \rho_a$). Diese Gase strömen mit der Geschwindigkeit U_2 aus dem Schornstein (Querschnittsfläche A_2) aus. – Welches Ergebnis erhält man für U_2, wenn man berücksichtigt, daß bei der Verbrennung je kg Brennstoff L kg Frischluft benötigt werden? – Gegeben: h, A_1, A_2, ρ_a, ρ_i, L.

H i n w e i s: Bei der Lösung dieser Aufgabe muß der merkliche Dichteunterschied zwischen der Frischluft und den Rauchgasen in der Kontinuitätsgleichung berücksichtigt werden. Zudem verursacht dies unterschiedliche Druckänderungen innen und außen über die Schornsteinhöhe h (vgl. Abschn. 2.2.6 des Textbandes).

Die beiden folgenden Aufgaben 44 und 45 beinhalten Fragen zu sog. *quasi*stationären Strömungsvorgängen. Infolge variabler Zuflüsse verändern sich zwar die Spiegelhöhen in den Behältern, jedoch so langsam, daß in der Bernoullischen Gleichung das *Quadrat* der Sink- bzw. Steiggeschwindigkeit gegenüber dem der Ausströmgeschwindigkeit vernachlässigbar ist. Dies bedeutet praktisch, daß der jeweilige (schwach) zeitabhängige Wert der Ausströmgeschwindigkeit in gleicher Weise von dem langsam veränderlichen Momentanwert der Spiegelhöhe abhängt wie bei einem streng stationären Vorgang. Die dennoch endliche zeitliche Veränderung der Spiegelhöhe läßt sich aus einer Kontinuitätsbetrachtung, die den momentanen Unterschied von Zu- und Abströmung berücksichtigt, ableiten.

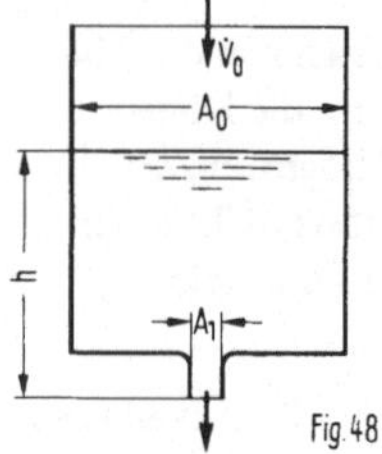
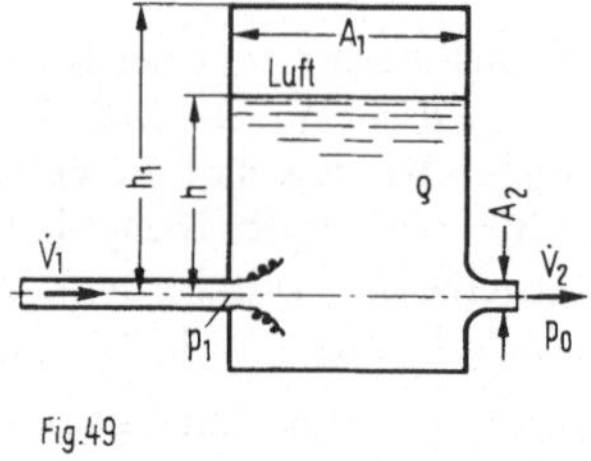

Aufgabe 44 (Fig. 48). Einem großen zylindrischen Behälter (Querschnittsfläche A_0), der am Boden in eine kleine Öffnung mündet (Querschnittsfläche A_1), strömt von oben pro Zeiteinheit das Flüssigkeitsvolumen $\dot{V}_0$ zu. – a) Welche Spiegelhöhe h_0 stellt sich im Behälter ein? – b) Der Zufluß werde plötzlich auf $\dot{V}_1 = 2\dot{V}_0$ verdoppelt und behalte diesen Wert bei. Wie groß ist die Steiggeschwindigkeit $\dot{h}$ des Flüssigkeitsspiegels in Abhängigkeit von h? – c) Wie hoch muß der Behälter mindestens sein, damit bei dem erhöhten Zufluß keine Flüssigkeit überläuft? – Gegeben: A_0, A_1, $\dot{V}_0$.

Aufgabe 45 (Fig. 49). Eine Pumpe fördert durch eine Leitung den Volumenstrom $\dot{V}_1$ einer Flüssigkeit der Dichte ρ, die als freier Strahl in einen zylindrischen Windkessel (Querschnittsfläche A_1) eintritt, der bis zur Höhe h über der Eintrittsöffnung mit Flüssigkeit gefüllt ist. Durch eine auf der Höhe der Eintrittsöffnung liegende Austrittsdüse mit der Öffnungsquerschnittsfläche A_2 ($A_2 \ll A_1$) tritt die Flüssigkeit in die Atmosphäre (Druck p_0) aus. Falls der Windkessel bis zur Höhe der Eintrittsöffnung von Flüssigkeit entleert ist, steht die Luft in ihm unter Atmosphärendruck p_0; es kann angenommen werden, daß die Luft ihr Volumen isotherm ändert. – a) Wie hoch steht die Flüssigkeit im Windkessel bei stationärem Zustand, d. h. wenn ebensoviel Flüssigkeit ein- wie ausläuft? – b) Welcher Druck p_1 herrscht unter diesen Umständen in der Zuleitung? – c) Der Zustrom $\dot{V}_1$ wird plötzlich, etwa durch Schließen eines Ventils unterbrochen. Wie hängt dann die Geschwindigkeit $v = -\dot{h}$, mit der der Flüssigkeitsspiegel im Windkessel absinkt, von der Spiegelhöhe ab? – d)* Welches einfache Ergebnis erhält man im Teil c), wenn der Deckel des Windkessels geöffnet ist ($p = p_0$)? Wie hängen die Sinkgeschwindigkeit v und der austretende Volumenstrom $\dot{V}_2$ dann von der Zeit t ab, wenn zur Zeit $t = 0$ die Zuleitung abgesperrt wird? Die Spiegelhöhe im Behälter zur Zeit $t = 0$ sei h_0. – Gegeben: h_1, h_0, A_1, A_2, $\dot{V}_1$, p_0, ρ.

A n m e r k u n g : Einen Windkessel kann man benutzen, um den Flüssigkeitsstrom, den eine diskontinuierlich arbeitende Pumpe, z.B. eine Kolbenpumpe, liefert, zu vergleichmäßigen. Auch bei völligem Absperren des Zuflusses in den Windkessel wird ja durch den Druck der komprimierten Luft und die Schwere der Flüssigkeitssäule im Windkessel noch Flüssigkeit aus diesem ausfließen.

Die folgenden Aufgaben 46 bis 48 sollen einen ersten Einblick in die Theorie der Strömung in offenen Gerinnen vermitteln: Über schwach geneigten Boden strömt eine Flüssigkeit mit freier Oberfläche (Fig. 50). Wenn die Bodenneigung überall hinreichend klein bleibt ($da/dx \ll 1$) und wenn sie sich nicht zu abrupt in Strömungsrichtung ändert, darf man annehmen, daß erstens die Strömungsgeschwindigkeit U über die ganze Tiefe h des Stromes konstant ist und daß der Druck in vertikaler Richtung hydrostatisch verteilt ist. Diese Eigenschaft der Druckverteilung ergibt sich aus der in Abschn.

3.4 des Textbandes angegebenen Beziehung $\dfrac{\partial p}{\partial n} = -\rho\,\dfrac{U^2}{R} + f_n$ wie folgt: Die Richtung

normal zu den Stromlinien stimmt praktisch mit der Vertikalrichtung überein, denn es wurde vorausgesetzt, die Neigung des Bodens und damit die Stromlinienneigung gegen die Horizontalrichtung sei klein. Wegen der Voraussetzung, die Bodenneigung und damit auch die Stromlinienneigung ändere sich nicht abrupt, sind die Krümmungsradien R der Stromlinien so groß, daß man das Glied $\rho U^2/R$ vernachlässigen kann. Die Volumenkraft f_n in Normalrichtung ist die Schwerkraft $-\rho gz$ in z-Richtung. Die zitierte Gleichung reduziert sich somit auf $\partial p/\partial z = -\rho gz$, d.h. in vertikaler Richtung ändert sich der Druck nur durch Schwerkraft, der Druck ist in dieser Richtung hydrostatisch verteilt. Man beachte dabei, daß an der freien Flüssigkeitsoberfläche der Druck mit dem konstanten Atmosphärendruck p_0 übereinstimmt.

Aufgabe 46 (Fig. 50). Sei a die Bodenhöhe über einem beliebig wählbaren Nullniveau und h die Stromtiefe. Man definiert dann an jeder Stelle x eine „Energiehöhe" E durch

$$E = h + U^2/2g \tag{32}$$

– Man zeige, daß $E + a = $ const (d.h. unabhängig von x) gilt.

A n m e r k u n g : Durch die Höhe $E + a$ wird eine „Energielinie" definiert, die in Fig. 50 gestrichelt eingetragen ist. Nach dem Ergebnis der Aufgabe verläuft diese Energielinie horizontal.

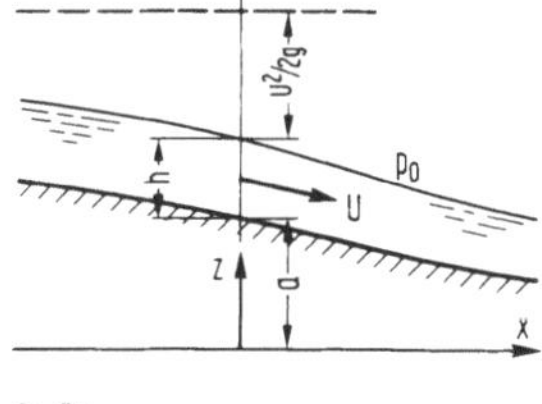

Fig. 50

Aufgabe 47 (Fig. 51). Der Volumenstrom pro Breiteneinheit werde mit $\dot{q}$ bezeichnet: $\dot{q} = Uh$. — a) Welcher Zusammenhang besteht für gegebenen Volumenstrom $\dot{q}$ zwischen der in Aufgabe 46 definierten Energiehöhe E und der Stromtiefe h? — b) Für welchen „kritischen" Wert h_k der Stromtiefe nimmt E ein Minimum an und welchen Wert E_k hat dann E? — c) Welchen Wert U_k hat dann die Strömungsgeschwindigkeit? — Gegeben: h, $\dot{q}$.

A n m e r k u n g: Der Zusammenhang zwischen E und h, wie er sich nach Aufgabe 47 ergibt, ist in Fig. 51 skizziert. Offenbar gibt es zu einem bestimmten Volumenstrom $\dot{q}$ und einer bestimmten Energiehöhe E zwei verschiedene Möglichkeiten des Abflusses, einen Abfluß mit der kleinen Stromtiefe h_1 und einer entsprechend großen Abflußgeschwindigkeit und einen Abfluß mit der großen Stromtiefe h_2 und einer entsprechend kleinen Stromgeschwindigkeit. Die erste Art des Abflusses bezeichnet man als „Schießen", die zweite als „Strömen". Die kritische Abflußgeschwindigkeit $U_k = \sqrt{gh_k}$, bei der Strömen und Schießen zusammenfallen, heißt auch „Grundwellengeschwindigkeit". Auf einer Flüssigkeitsoberfläche breiten sich nämlich Wellen mit der Geschwindigkeit $\sqrt{gh}$ aus, vorausgesetzt ihre Wellenlänge ist groß gegen die Tiefe h der Flüssigkeit („Grundwellen").

Aufgabe 48 (Fig. 52). Der Wasserspiegel in einem tiefen Stausee liegt in der Höhe h_0 über der Krone eines Dammes. — Welcher Volumenstrom $\dot{q}$ fließt pro Breiteneinheit des Dammes ab?

H i n w e i s: Im Stausee ruht das Wasser, und die in Fig. 52 gestrichelte Energielinie stimmt daher mit dem Wasserspiegel dort überein ($U^2/2g = 0$!). Andrerseits nimmt wegen E + a = const an der Dammkrone E seinen Kleinstwert an, weil dort a seinen Größtwert besitzt.

Für die Lösung der beiden folgenden Aufgaben braucht man die Beziehung (vgl. Abschn. 3.4 im Textband)

$$\frac{\partial p}{\partial n} = - \rho \, \frac{U^2}{R} \tag{33}$$

die festlegt, wie sich bei Fehlen von Volumenkräften der Druck in der Richtung normal zu einer Stromlinie ändert; R ist der Krümmungsradius der Stromlinie, n die Koordinate senkrecht zur Stromlinie in Richtung auf den Krümmungsmittelpunkt. Das Minuszeichen in Gl. (33) bedeutet, daß der Druck in Richtung auf den Krümmungsmittelpunkt sinkt.

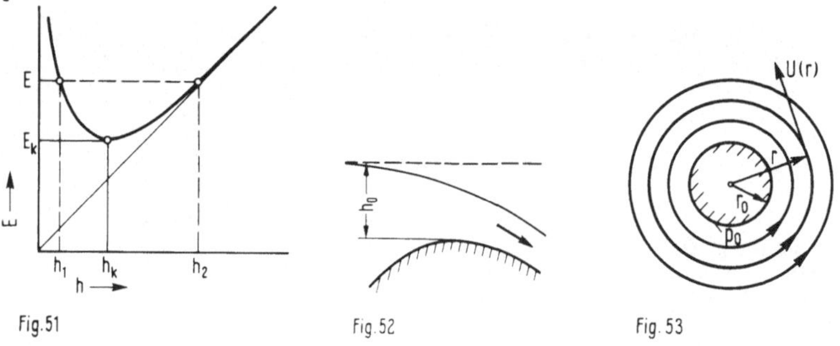

Fig. 51   Fig. 52   Fig. 53

Aufgabe 49 (Fig. 53). In einer rotationssymmetrischen ebenen Strömung einer Flüssigkeit der Dichte ρ mit kreisförmigen Stromlinien hänge die Geschwindigkeit nach dem Gesetz

$$U(r) = U_0 \left(\frac{r}{r_0}\right)^k \tag{34}$$

vom Radius r ab; U_0, r_0 und der Exponent k sind konstant (s. Figur 147). U_0 hat die Bedeutung der Geschwindigkeit im Abstand r_0 vom Zentrum. – a) Wie hängt der Druck p vom Abstand r ab, wenn im Abstand r_0 der Druck p_0 herrscht? – b) Für welchen Wert des Exponenten k hat die Konstante in der Bernoullischen Gleichung denselben Wert auf allen Stromlinien? – Gegeben: r_0, U_0, p_0, k, ρ.

Aufgabe 50 (Fig. 54). Eine Flüssigkeit bewegt sich auf kreisförmigen Stromlinien um einen vertikalen Kreiszylinder. Die Geschwindigkeit U ist umgekehrt proportional zum Abstand r von der Achse: $U = U_0 r_0 / r$ (sog. Potentialwirbel; U_0 ist die Geschwindigkeit am Zylindermantel im Abstand r_0 von der Achse). Die Flüssigkeit grenzt in einer freien Oberfläche an die Atmosphäre, in der der konstante Druck p_0 herrscht. In sehr weiter Entfernung von der Achse ($r \to \infty$) ist die Flüssigkeitsoberfläche eben. – Wie hängt die Absenkung h der Oberfläche unter diese Ebene vom Abstand r ab?

H i n w e i s : Bei dieser Aufgabe wirkt zwar die Schwerkraft als Volumenkraft; trotzdem bleibt aber Gl. (33) richtig (mit R = r), da die Schwerkraft senkrecht zur Normalenrichtung der Stromlinien wirkt. Aus demselben Grund stellt sich in vertikaler Richtung in der Flüssigkeit eine hydrostatische Druckverteilung ein.

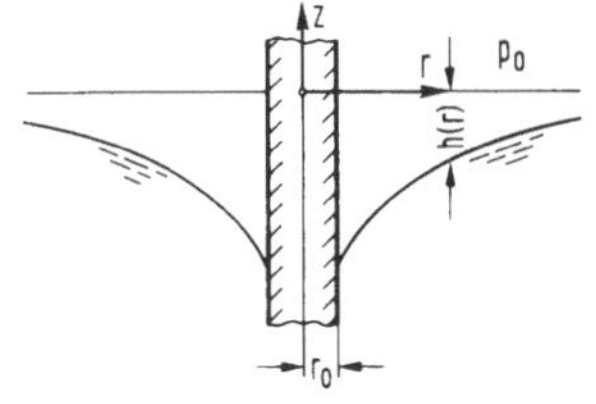

Fig.54

3.2 Rotierende Bezugssysteme und instationäre Strömung

Wenn in einem gleichförmig mit der Winkelgeschwindigkeit ω um eine feste Achse rotierenden Bezugssystem eine schwere Flüssigkeit stationär strömt, so gilt bei reibungsfreier Strömung längs jeder Stromlinie

$$p_1 + \frac{\rho}{2} U_1^2 + \rho g z_1 - \frac{\rho}{2}\omega^2 r_1^2 = p_2 + \frac{\rho}{2} U_2^2 + \rho g z_2 - \frac{\rho}{2}\omega^2 r_2^2 = C = \text{const} \tag{35}$$

Hier ist r der Abstand von der Drehachse, z die Höhe über einem beliebigen Nullniveau. Die Konstante C kann von Stromlinie zu Stromlinie verschiedenen Wert haben. Für eine instationäre Strömung in einem n i c h t drehenden System gilt längs jeder Stromlinie

$$\rho \int_1^2 \frac{\partial U}{\partial t}\, ds + p_2 + \frac{\rho}{2} U_2^2 + \rho g z_2 = p_1 + \frac{\rho}{2} U_1^2 + \rho g z_1 \tag{36}$$

„1" und „2" bedeuten zwei Punkte auf ein und derselben Stromlinie. Liegt in einem gleichförmig mit der Winkelgeschwindigkeit ω rotierenden System eine instationäre Strömung vor, so gilt längs jeder Stromlinie

$$\rho \int_1^2 \frac{\partial U}{\partial t}\, ds + p_2 + \frac{\rho}{2} U_2^2 + \rho g z_2 - \frac{\rho}{2}\omega^2 r_2^2$$

$$= p_1 + \frac{\rho}{2} U_1^2 + \rho g z_1 - \frac{\rho}{2}\omega^2 r_1^2 \tag{37}$$

Die drei angegebenen Formen der Bernoullischen Gleichung setzen voraus, daß als einzige Volumenkraft die Schwerkraft in $-z$-Richtung wirkt.

Aufgabe 51 (Fig. 55). Aus einem Stausee führt eine Rohrleitung, die zunächst durch einen Schieber verschlossen ist. Der Schieber wird zur Zeit $t = 0$ plötzlich geöffnet. – a) Wie groß sind die in den beiden Teilleitungen 1 und 2 unmittelbar nach Öffnen des Schiebers herrschenden Beschleunigungen a_{01} und a_{02}? – b) Welcher Überdruck herrscht unmittelbar nach Öffnen des Schiebers an der Stelle C? – c)* Wie hängt die Ausströmgeschwindigkeit U_2 von der Zeit ab? – Gegeben: $h_1, h_2, \ell_1, \ell_2, d_1, d_2, \rho$.

Aufgabe 52 (Fig. 56). Eine Heberleitung konstanten Querschnitts taucht in einen großen Flüssigkeitsbehälter ein. Die Leitung ist zunächst am unteren Ende mit einer Klappe verschlossen und vollständig mit Flüssigkeit gefüllt. Die gesamte Länge der Leitung beträgt ℓ, die Ausflußöffnung liegt um Δh unter dem Flüssigkeitsspiegel im Behälter. – a) Mit welcher Anfangsbeschleunigung a_0 setzt sich die Flüssigkeit in der Leitung in Bewegung, wenn die Klappe zur Zeit $t = 0$ plötzlich geöffnet wird? – b)* Wie hängt die Ausströmgeschwindigkeit U von der Zeit t ab, und welche Endgeschwindigkeit U_m stellt sich ein? – c) Welcher Druck p_B herrscht im Punkte B unmittelbar nach Öffnen der Klappe ($t = 0$) und sehr lange nach Öffnen ($t \to \infty$)? – d) Man skizziere den Druckverlauf der sich in der Heberleitung 1) unmittelbar nach Öffnen und 2) sehr lange nach Öffnen der Klappe einstellt. – Gegeben: $h, \Delta h, \ell, p_0, \rho$.

Aufgabe 53 (Fig. 57). Die skizzierte Anordnung eines abgewinkelten Rohres (Querschnittsfläche A, Länge ℓ), dessen unteres Ende in Flüssigkeit (Dichte ρ) taucht, stellt eine primitive Pumpe dar, wenn das Rohr mit der konstanten Winkelgeschwindigkeit ω um die vertikale Achse rotiert. – a) Wie groß muß die Winkelgeschwindigkeit ω mindestens sein, damit Flüssigkeit gefördert werden kann? – b) Wie groß darf ω höchstens sein, damit an keiner Stelle des Rohres der Dampfdruck p_d unterschritten

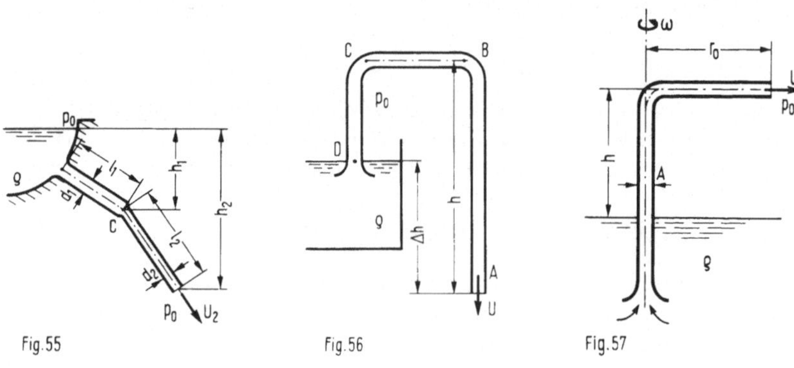

Fig.55   Fig.56   Fig.57

wird? – c) Mit welcher Anfangsbeschleunigung a_0 setzt sich das Wasser in Bewegung, wenn das Rohr zunächst durch einen Schieber verschlossen war, der zur Zeit $t = 0$ plötzlich geöffnet wird? – d)* Wie hängt die Ausströmgeschwindigkeit U beim Anlaufen der Pumpe von der Zeit ab? – e) Welches Moment M muß im stationären Betrieb aufgebracht werden, um die Rotation aufrechtzuerhalten? (Zur Beantwortung dieser Frage ist die Anwendung des Drehimpulssatzes zweckmäßig). – Gegeben: h, ℓ, r_0, $A, p_0, p_d, \rho, \omega$.

Aufgabe 54 (Fig. 58). Aus einem Flüssigkeitsbehälter strömt einem Rohr, das mit konstanter Winkelgeschwindigkeit ω um die vertikale Achse rotiert, Flüssigkeit der Dichte ρ zu. Die Flüssigkeit verläßt das rotierende Rohr an beiden Enden im Abstand r_0 von der Drehachse. Die Querschnittsfläche des vertikalen Fallrohrs ist 2A, die des rotierenden Rohres A. – a) Mit welcher Geschwindigkeit U_m strömt die Flüssigkeit stationär aus? – b) Wie groß sind der Druck p_B im Punkt B unmittelbar stromab vom Einlauf in das Fallrohr und der Druck p_C an der Stelle C am Einlauf in das rotierende Rohr? – c)* Der Ausfluß sei zunächst durch einen geschlossenen Schieber in dem Fallrohr blockiert. Zur Zeit $t = 0$ wird der Schieber geöffnet. Wie hängt dann die Ausflußgeschwindigkeit U von der Zeit ab? – d) Welches Moment muß zum Drehen des Ausflußrohres bei stationärem Betrieb aufgebracht werden? – e) Wie lauten die Antworten auf die Fragen a) bis d), wenn das rotierende Rohr an beiden Enden in Düsen mit der Endquerschnittsfläche αA endet ($\alpha < 1$)? – Gegeben: $h, \ell, r_0, A, p_0, \alpha, \rho, \omega$.

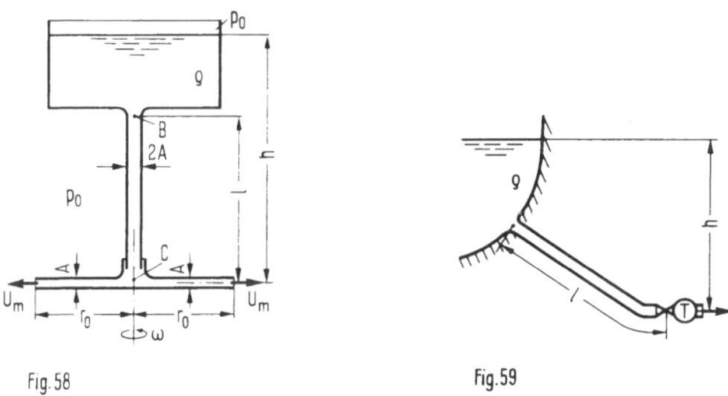

Fig. 58   Fig. 59

Aufgabe 55 (Fig. 59). In der Druckleitung einer Turbine ist unmittelbar vor der Turbine ein Schieber angebracht. Die Leitung hat konstanten Querschnitt. Beim Schließen des Schiebers nehme die Strömungsgeschwindigkeit U im Rohr linear mit der Zeit vom Anfangswert U_1 auf Null ab. Die Turbine liegt um die Strecke h tiefer als der Oberwasserspiegel. – a) Welcher Überdruck $p_1 - p_0$ herrscht bei stationärem Betrieb unmittelbar vor dem Schieber? – b) Wie groß muß die Schließzeit Δt mindestens sein, wenn der Überdruck vor dem Schieber während des Schließens nicht höher als $2\rho gh$ werden darf? – c) Man skizziere den Druckverlauf vor dem Schieber während dieser Schließzeit. – Gegeben: $h, \ell, U_1 (U_1^2 < 2gh), \rho$.

Aufgabe 56 (Fig. 60). Der Kolben einer Pumpe bewegt sich mit der Geschwindigkeit $U_K = U_0 \sin \omega t$ (U_0 = konstante Geschwindigkeitsamplitude, ω = Kreisfrequenz = $2\pi n$, wobei n = Drehzahl). – a) Man gebe für den Ansaugtrakt den Druckverlauf im Steigrohr unterhalb des Ventils als Funktion der Entfernung s_1 vom Einlauf und der Zeit t an. – b) Man gebe für den Ausschubtrakt den Druckverlauf im Ausflußrohr als Funktion der Entfernung s_2 von der Ausflußöffnung und der Zeit an. – c) An welcher Stelle s_{1m} und zu welchem Zeitpunkt t_m herrscht im Steigrohr während des Ansaugtaktes der kleinste Druck und welchen Wert p_{min} hat dieser? – Gegeben: h, ℓ, A_1, A_2, U_0, p_0, ρ, ω.

Aufgabe 57 (Fig. 61). Eine Kolbenpumpe fördert Flüssigkeit der Dichte ρ reibungsfrei durch eine Rohrleitung. Während eines Arbeitstaktes hängt die Geschwindigkeit U_1 am Pumpenaustritt wie folgt von der Zeit ab: $U_1(t) = U_0 \sin \omega t$ für $0 \leqslant \omega t \leqslant \pi$; $U_1(t) = 0$ für $\pi \leqslant \omega t \leqslant 2\pi$. – a) Mit welcher Geschwindigkeit $U_2(t)$ strömt die Flüssigkeit aus? – b) Welcher Druck $p_1(t)$ herrscht bei konstantem Gegendruck p_2 an der Stelle 1? – c) Wie groß sind an den Stellen 1 und 3 die kleinsten während eines Arbeitstaktes auftretenden Drücke p_{1min} und p_{3min}? Welcher Bedingung muß die Kreisfrequenz ω genügen, damit $p_{1min} < p_{3min}$ ist? Wie groß darf ω höchstens sein, damit zu keiner Zeit an irgendeiner Stelle der Leitung der Dampfdruck p_d unterschritten wird? – d) An welcher Stelle der Rohrleitung tritt der größte Druck p_{max} auf, und wie groß ist dieser? – Gegeben: h, ℓ_1, ℓ_2, A_1, A_2, p_2, p_d, U_0, ρ, ω.

Aufgabe 58 (Fig. 62). An ein zylindrisches Rohr von der Querschnittsfläche A_1 schließt sich ein anderes Rohr mit der kleineren Querschnittsfläche A_2 an. Im Ruhezustand ist das weitere Rohr bis zur Höhe h mit Flüssigkeit gefüllt; der Flüsisgkeitsfaden im anschließenden engeren Rohr hat dann die Länge ℓ. Wie groß ist die Kreisfrequenz ω kleiner Schwingungen um die Ruhelage? – Gegeben: h, ℓ, A_1, A_2, β.

H i n w e i s und A n m e r k u n g: Bei der Schwingung in einem abgewinkelten Rohr mit konstantem Querschnitt (dies entspricht dem Fall $A_1 = A_2$ in unserer Aufgabe) hängt die Kreisfrequenz ω nicht von der Amplitude der Schwingung ab (vgl. Textband, Abschn. 3.6). Dies ist hier aus verschiedenen Gründen anders. Die Gründe werden bei sorgfältiger Lösung der Aufgabe klar: Erstens heben sich die Staudrücke $\rho U_1^2/2$ und $\rho U_2^2/2$ nicht wie bei dem Rohr konstanten Querschnitts aus der Bernoullischen Gleich-

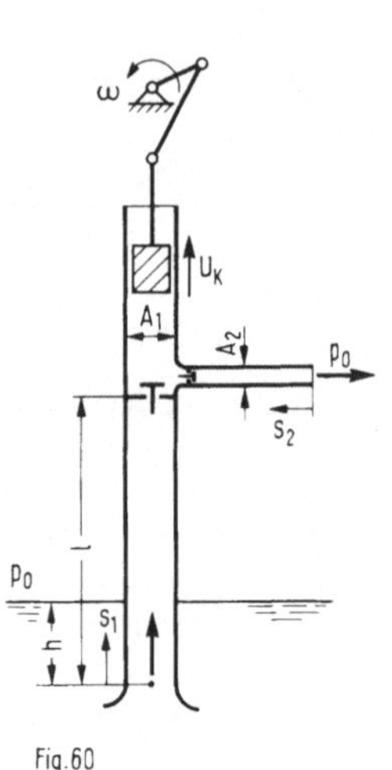

Fig. 60

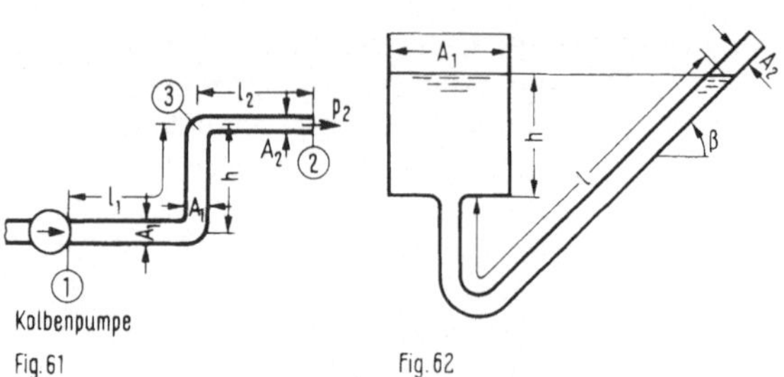

Fig. 61   Fig. 62

chung automatisch heraus. Allerdings kann man sie unter der bei der Aufgabenstellung ausdrücklich erwähnten Annahme „k l e i n e r" Schwingungen herausstreichen: Sie sind q u a d r a t i s c h in der Schwingungsamplitude und daher vernachlässigt gegenüber den anderen Gliedern in der Bernoullischen Gleichung, die sich als l i n e a r in der Schwingungsamplitude erweisen. Würde man die Staudrücke beibehalten, erhielte man keine lineare Schwingungs-Differentialgleichung mehr. Die Schwingungsfrequenz hängt aber nur dann nicht von der Schwingungsamplitude ab, wenn die Schwingung durch eine lineare Gleichung beschrieben wird. Zweitens ändern sich auch die Längen ℓ und h laufend während der Schwingung. Auch dies hat eine Nichtlinearität der Schwingungs-Differentialgleichung zur Folge. Nur wenn man diese Veränderlichkeit von ℓ und h vernachlässigt, wird die Schwingungs-Differentialgleichung linear. Diese Vernachlässigung setzt wieder „kleine" Schwingungen voraus. Schließlich muß man noch folgenden Effekt bedenken: Während der Zeitspanne, in der die Flüssigkeit vom engeren ins weitere Rohr strömt, wird an der ziemlich abrupten Querschnittsänderung ein Carnotscher Stoßverlust Δp_{vc} entstehen, der in der Bernoullischen Gleichung berücksichtigt werden müßte (vgl. Textband, Abschn. 4.2). Dieser Stoßverlust ist aber proportional zum Staudruck und damit als quadratisch kleines Glied in derselben Näherung zu vernachlässigen, in der die Staudrücke in der Bernoullischen Gleichung überhaupt gestrichen wurden.

Aufgabe 59 (Fig. 63). Ein dünnes U-Rohr mit vertikalen Schenkeln und konstanter Querschnittsfläche ist zunächst in Ruhe und mit ruhender Flüssigkeit der Gesamt-Fadenlänge ℓ gefüllt. Das U-Rohr wird dann ruckartig mit der konstanten Beschleunigung a in horizontaler Richtung in Bewegung gesetzt. – a) Wie groß ist die Kreisfrequenz ω der Schwingung, die sich einstellt? – b) Um welchen Betrag h_0 ändert sich maximal die Spiegelhöhe in den beiden Schenkeln, wenn diese um die Strecke b voneinander entfernt sind? – Gegeben: ℓ, b, a.

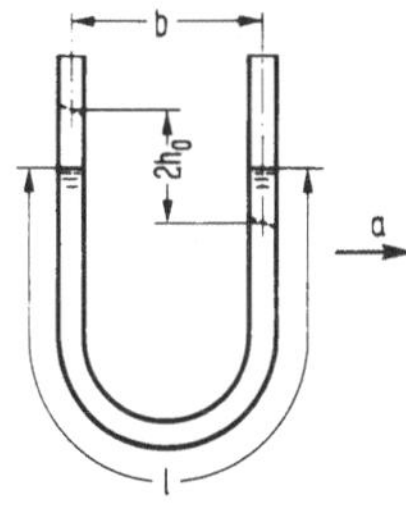

Aufgabe 60 (Fig. 4). In der skizzierten Anlage zur Reinigung von Gasen sinkt der Zulaufdruck plötzlich vom Wert p_1 auf p_0 ab. Infolge dieses plötzlichen Druckabfalls schnellt die Flüssigkeit im Zulaufrohr hoch. Man darf annehmen, daß sich die Spiegelhöhen und Gasdrücke in den Behältern nicht merklich ändern. Das Zulaufrohr sei am unteren Ende gut abgerundet, so daß die Flüssigkeit verlustfrei einlaufen kann. – a) Welcher Differentialgleichung genügt die Spiegelhöhe z(t) im Zulaufrohr? – b)* Wie hängt die Steiggeschwindigkeit $\dot z$ von z ab, und welche maximale Höhe z_{max} erreicht die Flüssigkeit? – Gegeben: p_0, p_1, ρ_1.

H i n w e i s: Zur Beantwortung von Frage b) muß man die in a) hergeleitete Differentialgleichung einmal integrieren. Hierzu setzt man $\dot z^2 = \varphi(z)$; durch Differentiation nach t folgt: $2\ddot z = \varphi'(z)$, wobei $'$ Ableitung nach z bedeutet. Geht man mit diesen Ausdrücken für $\dot z^2$ und $\ddot z$ in die unter a) hergeleitete Differentialgleichung ein, so erhält man eine lineare Differentialgleichung erster Ordnung für $\varphi(z)$. Die bei deren Integration auftretende Konstante wird durch die Bedingung festgelegt, daß $\varphi(0)$ einen endlichen Wert haben muß.

4 Impulssatz

Bei der Anwendung des Impulssatzes kommt es darauf an, ein geeignetes „Kontrollvolumen" in der Flüssigkeit zu wählen. Das Kontrollvolumen ist ein raumfestes, von der „Kontrollfläche" als Oberfläche begrenztes Volumen. In dieses Kontrollvolumen ströme pro Zeiteinheit die Flüssigkeitsmasse $\dot{m}$ mit der Geschwindigkeit $\vec{v}_1$ ein. Aus Kontinuitätsgründen muß bei dichtebeständiger Flüssigkeit dann auch die Masse $\dot{m}$ pro Zeiteinheit aus dem Kontrollvolumen ausströmen; die Austrittsgeschwindigkeit sei $\vec{v}_2$. $\dot{m}\vec{v}_1$ und $\dot{m}\vec{v}_2$ bezeichnet man kurz als „einströmenden Impuls" und „ausströmenden Impuls". Wie im Textband gezeigt wurde (Abschn. 4.1), ist bei stationärer Strömung die Differenz zwischen ausströmendem und einströmendem Impuls gleich der auf die Flüssigkeit im Kontrollvolumen ausgeübten Kraft $\vec{F}$

$$\dot{m}\vec{v}_2 - \dot{m}\vec{v}_1 = \vec{F} \tag{38}$$

Falls keine Volumenkräfte (z.B. Schwerkraft) auf die Flüssigkeit wirken oder falls ihre Wirkung bei dem konkreten Problem vernachlässigt werden kann, ergibt sich $\vec{F}$ allein aus den an der Kontrollfläche angreifenden Spannungen. Bei reibungsfreier Strömung ist dies nur der auf die Kontrollfläche wirkende Druck; in reibungsbehafteter Strömung tragen auch die an der Kontrollfläche angreifenden Schubspannungen zu $\vec{F}$ bei. Bei vielen Anwendungen fällt ein Teil der Kontrollfläche mit festen, den Strömungsraum begrenzenden Wänden zusammen. Derjenige Beitrag zu $\vec{F}$, der von diesem Teil der Kontrollfläche herrührt, ist mit umgekehrter Richtung gleich der Kraft, die von der strömenden Flüssigkeit auf die festen Begrenzungswände ausgeübt wird.

Ergänzend ist noch zu bemerken, daß die obige Formulierung der Impulsgleichung voraussetzt, daß alle einströmenden Flüssigkeitsteilchen die gleiche Geschwindigkeit $\vec{v}_1$ besitzen und alle ausströmenden Flüssigkeitsteilchen die gleiche Geschwindigkeit $\vec{v}_2$. Bei vielen Anwendungen ist dies, zumindest in guter Näherung, erfüllt. Anderenfalls sind ein- und ausströmender Impuls nicht mehr einfach durch $\dot{m}\vec{v}_1$ und $\dot{m}\vec{v}_2$ gegeben; an die Stelle dieser Ausdrücke treten dann Integrale über die ein- und ausströmende Flüssigkeit; zur Erläuterung sei auf das Kapitel über Mischvorgänge in Leitungen konstanten Querschnitts im Textband verwiesen.

Schließlich sei noch die — fast selbstverständliche — Tatsache erwähnt, daß man bei konkreter Anwendung der Impulsgleichung natürlich die Vektoren $\vec{v}_1$, $\vec{v}_2$ und $\vec{F}$ in Komponenten in zweckmäßig gewählten Richtungen zerlegen muß.

4.1 Freistrahlaufgaben

Wenn bei einer Strömung freie Strahlränder auftreten, mit denen die strömende Flüssigkeit an die ruhende Atmosphäre vom Druck p_0 grenzt, dann hat der Druck auf dem Strahlrand den konstanten Wert p_0, und deshalb ist nach der Bernoullischen Gleichung auch die Geschwindigkeit auf dem Strahlrand konstant. Bei vielen Anwendungsbeispie len wird ein ankommender Parallelstrahl mit der über den ganzen Strahlquerschnitt konstanten Geschwindigkeit U umgelenkt oder in mehrere Teilstrahlen zerteilt. In einiger Entfernung hinter dem Gebiet, in dem der Strahl umgelenkt oder zerteilt wird, sind die abgehenden Strahlen wieder Parallelstrahlen mit der über den Strahlquerschnitt konstanten Geschwindigkeit U.

Als erstes Beispiel einer Freistrahlaufgabe bringt Aufgabe 61 eine Ergänzung zu dem im Textband in Abschn. 4.2 durchgerechneten Beispiel einer Peltonschaufel.

Aufgabe 61 (Fig. 64). Aus einer festen Düse tritt mit der Geschwindigkeit U ein Flüssigkeitsstrahl aus. Die Strahlquerschnittsfläche ist A; die Flüssigkeit hat die Dichte ρ. Der Strahl trifft auf ein System von Schaufeln, z.B. auf den Schaufelkranz eines Pelton-Turbinenrades. Jede Schaufel zerteilt den Strahl symmetrisch und lenkt ihn dabei um den Winkel β um. U_0 ist die Geschwindigkeit, mit der sich die Schaufeln von der Düse fortbewegen und ℓ der Schaufelabstand. Die Schaufeldicke ist gegenüber ℓ vernachlässigbar. Bei Eintauchen einer neuen Schaufel in den Flüssigkeitsstrahl wird diese sofort von ihm voll beaufschlagt. Der abgeschnittene Strahl leistet noch so lange an einer Schaufel Arbeit, solange er sie benetzt. — a) Welche Kraft wird auf jede beaufschlagte Schaufel ausgeübt? — b) Bei welchem Verhältnis U_0/U gibt das Schaufelsystem die größte Leistung P_{max} ab und welchen Wert hat P_{max}? — c) Wie groß ist der Wirkungsgrad η der Anlage? — Gegeben: $\ell, A, U, U_0, \beta, \rho$.

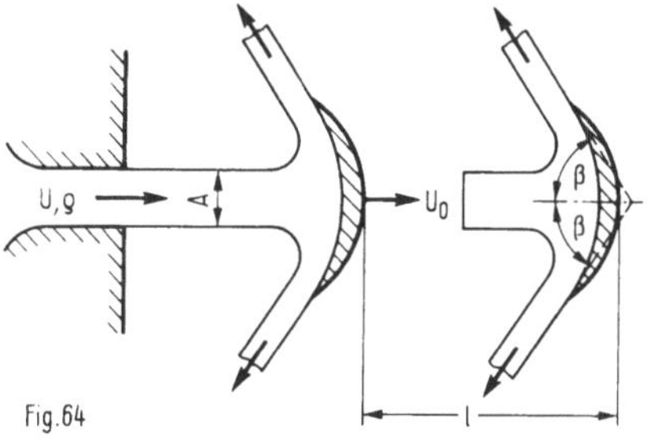

L ö s u n g : Die Antwort auf Frage a) kann man unmittelbar dem Textband entnehmen; die Kraft F auf eine Schaufel ist entsprechend der Herleitung in Abschn. 4.2 gegeben durch

$$F = \rho(U - U_0)^2 A(1 + \cos\beta). \tag{39}$$

Zur Beantwortung von Frage b) muß man sich zunächst überlegen, während welcher Zeitspanne Δt eine einzelne Schaufel vom Strahl beaufschlagt wird. Hierzu bedenkt man, daß nach Eintauchen einer Schaufel in den Strahl die Zeit $\Delta t_0 = \ell/U_0$ vergeht, bis die nächste Schaufel in den Strahl eintaucht. Bei Eintauchen der nächsten Schaufel hört die Beaufschlagung der vorangehenden Schaufel nicht sofort auf, da der abgeschnittene Teil des Strahles die Schaufel noch während einer Zeitspanne Δt_1 benetzt. Da das Ende des abgeschnittenen Strahls sich mit der Geschwindigkeit $U - U_0$ auf die Schaufel zubewegt, vergeht die Zeit $\Delta t_1 = \ell/(U - U_0)$ bis dieses Ende die Schaufel erreicht und die Beaufschlagung der Schaufel damit aufhört. Die gesamte Beaufschlagungszeit einer Schaufel ist also

$$\Delta t = \Delta t_0 + \Delta t_1 = \frac{\ell}{U_0} + \frac{\ell}{U - U_0} = \frac{\ell U}{U_0(U - U_0)} \tag{40}$$

Die Gesamtzahl Z der Schaufeln, die im Mittel gleichzeitig beaufschlagt werden, ist gleich dem Verhältnis der Beaufschlagungszeit Δt zur Zeitspanne Δt_0, in der Schaufeln aufeinanderfolgend in den Strahl eintauchen:

$$Z = \frac{\Delta t}{\Delta t_0} = \frac{U}{U - U_0} \tag{41}$$

Man beachte, daß sich die Zahl der jeweils beaufschlagten Schaufeln immer dann unstetig um 1 ändert, wenn eine neue Schaufel in den Strahl eintaucht und wenn das Ende eines abgeschnittenen Strahls die Schaufel erreicht hat. Z ist das zeitliche Mittel dieser Schaufelzahl, wie sich aus der Herleitung von Gl. (41) ergibt. Entsprechend der mit der Zeit variierenden Zahl der beaufschlagten Schaufeln variiert auch die abgegebene Leistung mit der Zeit. Im zeitlichen Mittel erhält man für diese Leistung

$$P = ZFU_0 = \rho U^3 A(1 + \cos \beta) \frac{U_0}{U} \left(1 - \frac{U_0}{U}\right) \tag{42}$$

Bei fester Strahlgeschwindigkeit U und festen Abmessungen der Anordnung ist der Faktor $\rho U^3 A(1 + \cos \beta)$ eine die Maschine kennzeichnende Konstante. Die Leistung P hängt dann nur noch von dem Verhältnis U_0/U der Schaufel- zur Strahlgeschwindigkeit ab. Die Größe $\frac{U_0}{U} \left(1 - \frac{U_0}{U}\right)$ hat als Funktion von U_0/U ein Maximum beim Wert $U_0/U = 1/2$; das Maximum hat den Wert 1/4, so daß die gesuchte Maximalleistung durch

$$P_{max} = \frac{1}{4} \rho U^3 A(1 + \cos \beta) \tag{43}$$

gegeben ist.

Die Antwort auf Frage c) ergibt sich folgendermaßen. Pro Volumeneinheit hat der austretende Strahl die kinetische Energie $\rho U^2/2$. Der Volumenstrom ist $\dot{V} = UA$, so daß als Energie pro Zeiteinheit zur Verfügung steht:

$$\widetilde{P} = \dot{V} \cdot \frac{\rho}{2} U^2 = \frac{1}{2} \rho U^3 A \tag{44}$$

Die an das Rad abgegebene Leistung P wurde oben berechnet. Als Wirkungsgrad η definiert man $\eta = P/\widetilde{P}$; es ergibt sich

$$\eta = \frac{\rho U^3 A(1 + \cos \beta)}{\frac{1}{2} \rho U^3 A} \cdot \frac{U_0}{U}\left(1 - \frac{U_0}{U}\right) \tag{45}$$

d.h. $$\eta = 2(1 + \cos \beta) \frac{U_0}{U}\left(1 - \frac{U_0}{U}\right) \tag{46}$$

Das Wirkungsgradmaximum wird für $U_0/U = 1/2$ erreicht.

$$\eta_{max} = \frac{1}{2}(1 + \cos \beta) \tag{47}$$

Bei Umlenkung des Strahls um 180°, d.h. für $\beta = 0$ wird $\eta_{max} = 1$. In diesem Fall kommt die Flüssigkeit nach Umlenkung durch die Schaufel gerade zur Ruhe; ihre gesamte kinetische Energie wird daher in nutzbare Arbeit umgesetzt. Natürlich kann man den Wirkungsgrad 1 in praxi nicht erreichen, weil die hier vernachlässigten Reibungsverluste stets vorhanden sind. Zudem muß aus konstruktiven Gründen $\beta \gtrless 5°$ sein.

Aufgabe 62 (Fig. 65). Aus einer Düse der Querschnittsfläche A tritt mit der Geschwindigkeit U_1 ein Flüssigkeitsstrahl aus. Der Strahl trifft auf eine Schaufel, die sich mit der Geschwindigkeit U_0 von der Düse fortbewegt. Für einen mit der Schaufel bewegten Beobachter wird der Strahl um den Winkel β umgelenkt; ein ruhender Beobachter stellt dagegen fest, daß der Strahl um einen Winkel α umgelenkt wird. – a) Wie hängt der Umlenkwinkel α vom Winkel β ab? (Man gebe $\tan\alpha$ als Funktion von β an.) – b) Mit welcher Geschwindigkeit U_2 verläßt der umgelenkte Strahl die Schaufel? – c) Welche Kraft $\vec{F}$ mit den Komponenten F_x, F_y wird auf die Schaufel ausgeübt? – d) Welche Leistung P nimmt die Schaufel auf? – Gegeben: A, U_0, U_1, β, ρ.

H i n w e i s : Bei den Fragen a) und b) handelt es sich um rein kinematische Probleme; zur Beantwortung braucht man keine strömungsmechanischen Gesetze heranzuziehen.

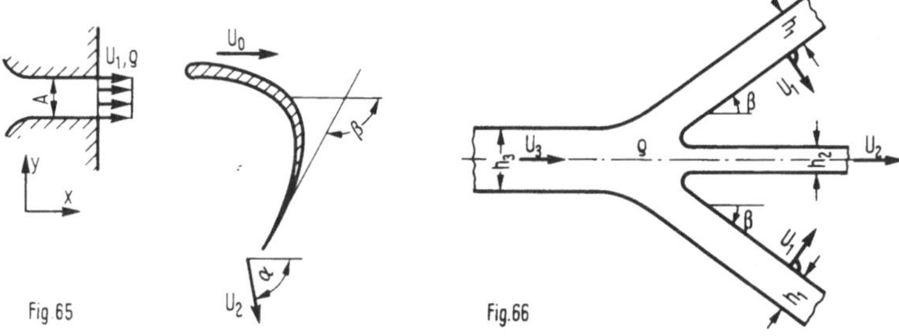

Aufgabe 63 (Fig. 66). Zwei ebene Flüssigkeitsschichten der Dicke h_1 sind unter dem Winkel β gegen ihre Symmetrieebene geneigt und bewegen sich mit der Geschwindigkeit U_1 aufeinander zu (U_1 ist die Laufgeschwindigkeit in der Richtung senkrecht zu den Flüssigkeitsschichten). Wo sich die Flüssigkeitsschichten treffen, werden sie in zwei Strahlen der Dicken h_2 und h_3 zerteilt; diese transportieren die Flüssigkeit mit den Geschwindigkeiten U_2 und U_3 fort. In einem geeigneten Bezugssystem wird der ganze Vorgang stationär. – a) Mit welcher Geschwindigkeit U_0 und in welcher Richtung bewegt sich dieses Bezugssystem? – b) Welche Dicken h_2 und h_3 haben die abgehenden Strahlen? – c) Mit welchen Geschwindigkeiten U_2 und U_3 bewegt sich die Flüssigkeit in den abgehenden Strahlen? – d) Welche Massenströme $\dot{m}_2$ und $\dot{m}_3$ werden pro Breiteneinheit (senkrecht zur Zeichenebene) in den abgehenden Strahlen transportiert? – Gegeben: h_1, U_1, β, ρ.

A n m e r k u n g : In dem Bezugssystem, in dem der Vorgang stationär ist, ist er völlig identisch mit der im Abschnitt 4.2 des Textbandes erörterten Zerteilung eines Strahles, der schräg auf eine ebene Wand auftrifft. Der ebenen Wand dort entspricht hier die Symmetrieebene.

Dem Ergebnis ist zu entnehmen, daß die Strahlgeschwindigkeit U_2 bei gegebener Geschwindigkeit U_1 sehr groß wird, wenn der Neigungswinkel β sehr klein ist. Ein Strahl sehr hoher Geschwindigkeit ist imstande, in festes Material bis zu beachtlichen Tiefen einzudringen. Die in der Aufgabe betrachtete Anordnung zur Erzeugung eines solchen Strahls wird daher auch technisch verwendet. Bei solchen Anwendungen sind die beiden Flüssigkeitsschichten allerdings dünne Metallplatten, die mit der Geschwindigkeit U_1 unter dem Winkel β durch eine auf der Rückseite der Platten angebrachte Sprengladung aufeinandergeschossen werden. Bei den extrem hohen Beanspruchungen, die beim Aufeinandertreffen der Metallplatten entstehen, wird die Fließgrenze des Metalls weit überschritten und das Metall verhält sich in der Tat wie eine Flüssigkeit. Der Strahl flüssigen Metalls, der sich mit der Geschwindigkeit U_2 von der Zusammentreffstelle entfernt, kann selbst dicke Metallplatten zerschneiden, die ihm im Wege stehen. Eine der ersten Anwendungen dieser Tatsache war — leider — militärischer Art: Man verwendet eine Anordnung, die sich von der hier diskutierten nur dadurch unterscheidet, daß sie rotationssymmetrisch statt eben ist, als panzerbrechende Waffe (Hohlladung).

Aufgabe 64 (Fig. 67). Ein ebener Flüssigkeitsstrahl der Breite h strömt in vertikaler Richtung mit der Geschwindigkeit U gegen einen Keil und wird von diesem symmetrisch in zwei Teilstrahlen zerlegt. Die Flüssigkeit hat die Dichte ρ_f, das Material des Keils die Dichte ρ_k. — Wie groß muß die Anströmgeschwindigkeit U sein, damit der Keil gegen die Wirkung seines Gewichtes in Schwebe gehalten wird? — Gegeben: h, ℓ, β, ρ_f, ρ_k.

H i n w e i s: Obwohl hier die Schwerkraft eine Rolle spielt, denn sie ist für das Gewicht des Keils verantwortlich, soll die Schwerkraft als Volumenkraft auf die Flüssigkeit vernachlässigt werden. Das heißt, der Strahl soll mit dem Impulssatz in der Form, in der die Volumenkräfte vernachlässigt sind, behandelt werden. Man kann eine Bedingung dafür angeben, daß die auf die Flüssigkeit wirkende Schwerkraft nicht berücksichtigt zu werden braucht: Die bei Lösung der Aufgabe zu berechnende Differenz zwischen dem in die Kontrollfläche ein- und dem aus ihr ausströmenden Impuls muß nicht nur das Gewicht des Keils, sondern auch das Gewicht der von der Kontrollfläche umschlossenen Flüssigkeit tragen. Nur wenn dieses Flüssigkeitsgewicht sehr klein gegen das Keilgewicht ist, darf man die auf die Flüssigkeit wirkende Schwerkraft im Impulssatz vernachlässigen.

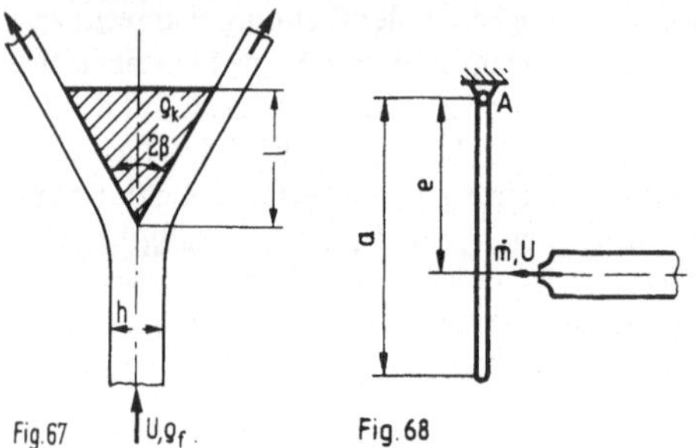

Eine Abschätzung unter Verwendung des Ergebnisses für U ergibt, daß dies bei festem Keilwinkel β gerade dann der Fall ist, wenn die mit der Keillänge ℓ gebildeten dimensionslose „Froudezahl"

$$Fr = U/\sqrt{g\ell}$$

sehr groß gegen 1 ist: $Fr \gg 1$.

Aufgabe 65 (Fig. 68). Ein Flüssigkeitsstrahl tritt horizontal mit dem Massenstrom $\dot m$ und der Geschwindigkeit U aus einer Düse. Der Strahl trifft auf eine reibungsfrei um das Gelenk A drehbare homogene Rechteckplatte vom Gewicht G und lenkt diese seitlich aus. – a) Unter welchem Neigungswinkel α gegenüber der Vertikalen stellt sich die Platte ein? – b) Wie groß sind die horizontale und die vertikale Komponente F_{ax} bzw. F_{ay} der Gelenkkraft in A? – Gegeben: a, e, G, $\mathbf{u}$, $\dot{m}$.

Aufgabe 66 (Fig. 69). Zwei große Behälter sind beide bis zur Höhe h über der Ausflußöffnung mit Flüssigkeit der Dichte ρ gefüllt. Die Ausflußöffnung hat bei beiden Behältern die Querschnittsfläche A. Aus dem Behälter (1) tritt die Flüssigkeit in vertikaler, aus dem Behälter (2) in horizontaler Richtung aus. Nach Durchlaufen der Fallhöhe ℓ treffen die Strahlen jeweils den horizontalen Teller einer Federwaage und laufen seitlich ab. – Welche Kräfte F_1 und F_2 zeigen die beiden Waagen an? – Gegeben: h, ℓ, A, ρ.

H i n w e i s : Bei der Berechnung der auf die Waagen wirkenden Kräfte darf angenommen werden, daß das Gewicht der Flüssigkeit auf den Waagentellern vernachlässigbar ist.

Die Aufgabe 67 und 68 sollen die sog. Strahltheorie des Propellers erläutern. Zur Vorbereitung wird in Aufgabe 67 der Durchgang eines Freistrahls durch ein Sieb studiert.

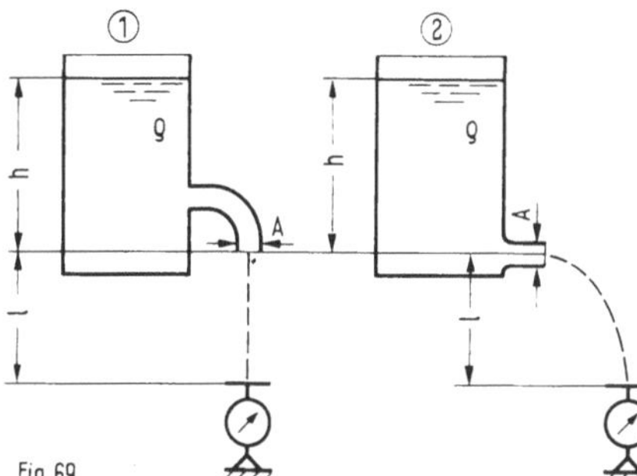

Aufgabe 68, die die Strömung durch eine Propellerscheibe behandelt, ist in gewisser Weise die Umkehrung von Aufgabe 67.

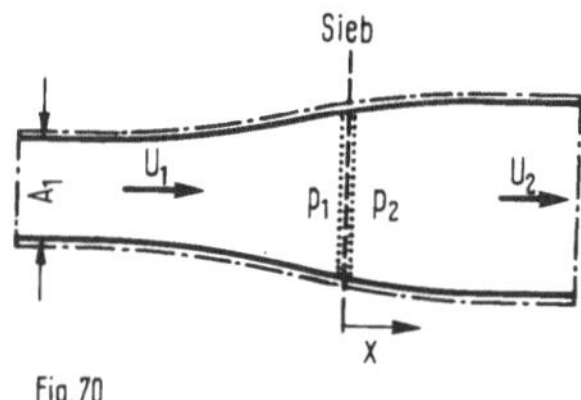

Aufgabe 67 (Fig. 70). Ein Flüssigkeitsstrahl der Querschnittsfläche A_1 und der Geschwindigkeit U_1 durchströmt ein Sieb und wird dabei auf die Geschwindigkeit U_2 verzögert. – a) Welche Kraft F wird auf das Sieb ausgeübt? – b) Mit welcher Geschwindigkeit U_0 wird das Sieb durchströmt? – c) Wie groß ist die Widerstandszahl c_w des Siebes, bezogen auf den Staudruck $\rho U_0^2/2$? – Gegeben: A_1, U_1, U_2, ρ.

L ö s u n g : Wir nehmen als Kontrollfläche die in Fig. 70 strichpunktiert gezeichnete Fläche plus der Oberfläche der Siebdrähte. Auf dem Strahlrand ist der Druck konstant gleich dem Umgebungsdruck, den wir ohne Beschränkung der Allgemeinheit Null setzen können. Die den Strahl schneidenden Teile der Kontrollfläche liegen so weit vor bzw. hinter dem Sieb, daß der Strahl dort parallel und der Druck deshalb auch dort Null ist. Die Beantwortung der Frage a) ergibt sich dann unmittelbar aus der Impulsgleichung

$$\dot{m}(U_2 - U_1) = -F \tag{49}$$

wobei $-F$ die von dem Sieb auf die Flüssigkeit ausgeübte Kraft ist. Die gesuchte Kraft auf das Sieb ist $+F$. Man erhält mit $\dot{m} = \rho A_1 U_1$

$$F = \rho A_1 U_1 (U_1 - U_2) \tag{50}$$

Zur Beantwortung von Frage b) wählen wir die in Fig. 70 punktierte, das Sieb eng umschließende Kontrollfläche. Da aus Kontinuitätsgründen die Geschwindigkeit unmittelbar vor dem Sieb mit derjenigen unmittelbar hinter dem Sieb übereinstimmt, sind ein- und ausfließender Impuls gleich und die Kraft auf das Sieb kann nur von der Druckdifferenz $p_1 - p_2$ aufgebracht werden. Selbstverständlich kann diese Druckdifferenz nicht bis an den Strahlrand bestehen, da ja dort der Druck mit dem Umgebungsdruck übereinstimmt. Bei feinmaschigem Sieb, und wenn sich die Geschwindigkeiten U_1 und U_2 nicht sehr voneinander unterscheiden (was wir annehmen wollen), ist jedoch diese Druckdifferenz bis nahe an den Strahlrand vorhanden, und man kann die (strömungsmechanisch recht komplizierten) Vorgänge in der Nähe des Ortes, wo der Strahlrand das Sieb durchsetzt, außer acht lassen. Es gilt also

$$F = \rho A_1 U_1 (U_1 - U_2) = (p_1 - p_2) A_0 \tag{51}$$

Hierbei ist A_0 die Querschnittsfläche des Strahls unmittelbar am Sieb. Nun schreiben wir die Bernoullische Gleichung an, einmal für eine Stromlinie die von weit links bis unmittelbar ans Sieb führt

$$0 + \frac{\rho}{2} U_1^2 = p_1 + \frac{\rho}{2} U_0^2 \tag{52}$$

und einmal für eine Stromlinie die von der Abströmseite des Siebs weit nach rechts führt

$$p_2 + \frac{\rho}{2} U_0^2 = 0 + \frac{\rho}{2} U_2^2 \tag{53}$$

Hieraus ergibt sich durch Differenzbildung

$$p_1 - p_2 = \frac{\rho}{2} (U_1^2 - U_2^2) \tag{54}$$

Setzt man dies in Gl. (51) ein, so erhält man

$$\rho A_1 U_1 (U_1 - U_2) = \frac{\rho}{2} (U_1^2 - U_2^2) A_0 \tag{55}$$

Auf der linken Seite kann man noch nach der Kontinuitätsgleichung $A_1 U_1 = A_0 U_0$ setzen und erhält schließlich das gesuchte Ergebnis

$$U_0 = \frac{1}{2} (U_1 + U_2) \tag{56}$$

Die Beantwortung der Teilfrage c) bleibe dem Leser überlassen! Zur Veranschaulichung der hier betrachteten Strömung durch ein Sieb sind in Fig. 71 Geschwindigkeits- und Druckverlauf im Strahl als Funktion des Abstandes x vom Sieb qualitativ aufgetragen. (Wir tragen den tatsächlichen Verhältnissen Rechnung, indem wir einen endlichen Wert p_0 des Umgebungsdruckes voraussetzen. In der Rechnung wurde der Einfachheit halber $p_0 = 0$ gesetzt, ohne daß dies die Ergebnisse beeinflußt.)

Aufgabe 68 (Fig. 72). In der sog. Strahltheorie des Schraubenpropellers ersetzt man den Propeller, der sich mit der konstanten Geschwindigkeit U_1 durch eine ruhende, unendlich ausgedehnte Flüssigkeit (z.B. Wasser oder Luft) bewegt, durch eine fiktive Kreisscheibe gleicher Fläche A_0, die auf die durchströmende Flüssigkeit eine Schubkraft F in Durchströmrichtung ausübt. Diese Propellerscheibe spielt gewissermaßen die Rolle eines Siebes mit negativer Widerstandszahl (vgl. Aufgabe 67). Für einen mit dem Propeller bewegten Beobachter wird der Strömungsvorgang stationär. Die den Propellerkreis durchsetzende Flüssigkeit strömt im Bezugssystem eines solchen Beobachters mit der Vorschubgeschwindigkeit U_1 des Propellers in einem Strahl der Querschnittsfläche A_1 gegen den Propeller an und strömt in einiger Entfernung hinter dem Propeller als Strahl der Querschnittsfläche A_2 mit der Geschwindigkeit U_2 ab. Man definiert als „Belastungsgrad" des Propellers die dimensionslose Zahl

$$c_s = \frac{F}{\frac{\rho}{2}U_1^2 A_0} = \frac{p_2 - p_1}{\frac{\rho}{2}U_1^2} \tag{57}$$

Hierbei ist p_2 der Druck unmittelbar hinter, p_1 der Druck unmittelbar vor der Propellerscheibe. Die beiden angegebenen Definitionen für c_s sind identisch, da $F = (p_2 - p_1) A_0$ ist; dies zeigt man genau so, wie die Gültigkeit der analogen Relation (51) in Aufgabe 67. — a) Wie hängen die mittlere Geschwindigkeit U_0, mit der die Flüssigkeit durch den Propeller strömt, und die Abströmgeschwindigkeit U_2 von der Geschwindigkeit U_1 und dem Belastungsgrad c_s ab? — b) Der „theoretische Wirkungsgrad" oder „Strahlwirkungsgrad" η_{th} des Propellers wird folgendermaßen definiert: Die Nutzleistung (Schubleistung) des Propellers ist gleich dem Produkt aus Schubkraft und Vorschubgeschwindigkeit: $P = FU_1$. Die vom Propeller aufzubringende Leistung ist $\tilde{P} = (p_2 - p_1)\,\dot{V} = (p_2 - p_1)\,A_0 U_0 = FU_0$ (vgl. hierzu auch Abschn. 3.7 des Textbandes). Der theoretische Wirkungsgrad ist $\eta_{th} = P/\tilde{P}$. — Wie hängt η_{th} vom Belastungsgrad c_s ab? — Gegeben: U_1, c_s.

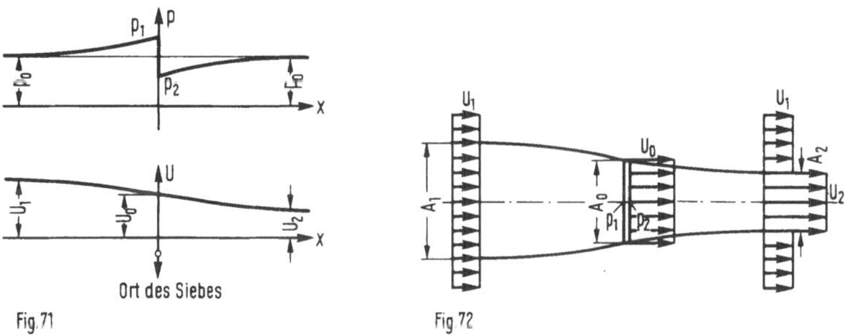

A n m e r k u n g: Man kann den theoretischen Wirkungsgrad auch auf die folgende, mit der obigen Definition äquivalente Weise definieren: Die Nutzleistung des Propellers ist $P = FU_1$. Der Strahl hinter dem Propeller hat relativ zur umgebenden Flüssigkeit die Geschwindigkeit $U_2 - U_1$. Pro Masseneinheit steckt also die kinetische Energie $(U_2 - U_1)^2/2$ im Strahl. Bezeichnet man den Massenstrom durch die Propellerscheibe mit $\dot{m}$, so repräsentiert diese kinetische Energie eine Verlustleistung vom Betrag $P_v = \dot{m}(U_2 - U_1)^2/2$. Der theoretische Wirkungsgrad wird damit $\eta_{th} = P/(P + P_v)$. Der Leser möge sich davon überzeugen, daß man mit dieser Definition auf dasselbe Ergebnis für $\eta_{th}(c_s)$ wie mit der oben gegebenen Definition kommt.

Der tatsächliche Wirkungsgrad η eines Propellers ist kleiner als der berechnete Wirkungsgrad η_{th}. Daran sind nicht nur die unvermeidlichen Reibungskräfte schuld, sondern auch die Tatsache, daß die Flüssigkeit im Strahl hinter dem Propeller um die Strahlachse im Sinne der Propellerumdrehung rotiert. Die kinetische Energie dieser Rotationsbewegung stellt ebenfalls einen Verlust dar, der in der einfachen Strahltheorie aber nicht berücksichtigt wird.

Man kann den Strahlwirkungsgrad eines Propellers übrigens durch Ummantelung in dem Sinne erhöhen, daß bei gleicher aufzuwendender Leistung die Schubleistung des ummantelten Propellers größer ist als die des nicht ummantelten. Der Propeller wird in diesem Fall von einer ringförmigen Düse mit gut abgerundetem Einlauf umgeben („Kortdüse"). Die Düse läuft in einem zylindrischen Kanal aus, dessen Querschnittsfläche gleich der Propellerfläche ist (Fig. 73). Dadurch erzwingt man, daß der Querschnitt des abgehenden Strahls denselben Inhalt wie der Propellerkreis hat. Bei Ummantelung wird nur ein Teil der gesamten Schubkraft der Anordnung vom Propeller geliefert, den Rest bringt die Ummantelung selbst auf. Die variable Druckverteilung auf der Ummantelung ergibt insgesamt eine Saugkraft in Fahrtrichtung. Der Leser möge sich davon überzeugen, daß diese Saugkraft gerade den

$$\text{Betrag } F_s = \frac{\rho}{2}(U_2 - U_1)^2 A_0 \text{ hat.}$$

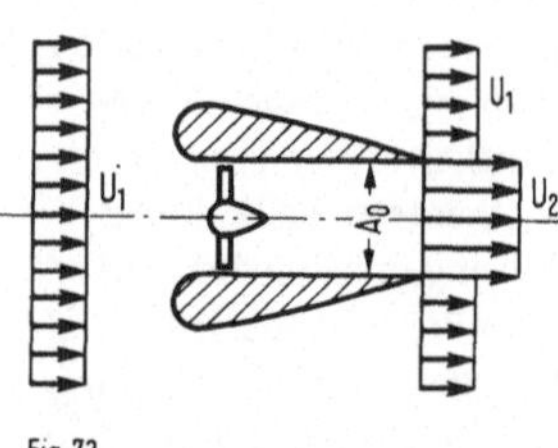

Fig.73

Für einen Propeller am Stand ($U_1 = 0$), etwa für eine ruhende Hubschraube, wird die oben gegebene Definition des theoretischen Wirkungsgrades sinnlos. In diesem Fall ist es erforderlich, den Zusammenhang zwischen der Schubkraft F, der Propellerfläche A_0 und der vom Propeller aufzubringenden Leistung $\widetilde{P} = F U_0$ zu ermitteln. Durch eine ähnliche Rechnung wie sie zu den Ergebnissen von Aufgabe 68 führt, findet man: $\widetilde{P} = (F^3/2\rho A_0)^{1/2}$.

4.2 Kraftberechnung

Zur Berechnung der Kräfte, die eine strömende Flüssigkeit auf feste, den Strömungsraum begrenzende Wände ausübt, kann man häufig den Impulssatz verwenden. Dabei kommt es darauf an, diese begrenzenden Wände als Teil der Kontrollfläche zu wählen.

Aufgabe 69 (Fig. 74). Ein Krümmer von rechteckigem Querschnitt (Tiefe b senkrecht zur Zeichenebene) lenkt die Strömung um einen Winkel β um und verengt sich dabei von der Breite h_1 auf die Breite h_2. Bei der Umlenkung tritt ein Druckverlust $\Delta p_v = \zeta \cdot \rho U_1^2/2$ auf; Volumenkräfte wirken nicht. — a) Mit welcher Geschwindigkeit U_2 und

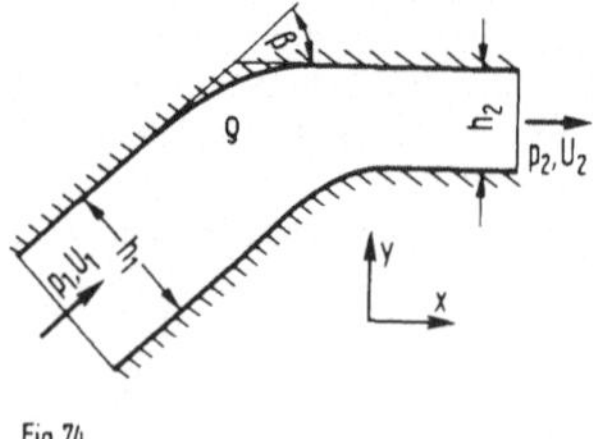

Fig.74

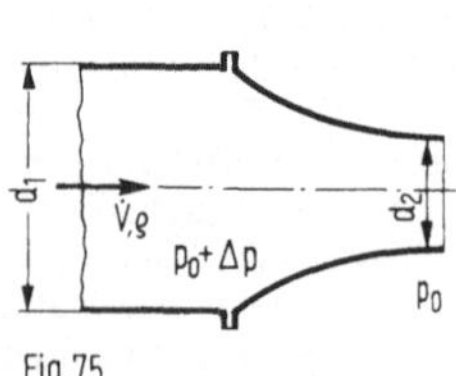

Fig.75

welchem Druck p_2 verläßt die Flüssigkeit den Krümmer? — b) Welche Kraft $\vec{F}$ (mit den Komponenten F_x und F_y) wird auf den Krümmer ausgeübt? — Gegeben: h_1, h_2, b, U_1, p_1, β, ζ, ρ.

Aufgabe 70 (Fig. 75). Aus dem Mundstück eines Feuerwehrschlauchs (Eintrittsdurchmesser d_1, Austrittsdurchmesser d_2) tritt der Volumenstrom $\dot{V}$ (Dichte ρ). Die Druckverlustzahl des Mundstücks, bezogen auf den Staudruck im Schlauch, ist ζ. — a) Wie groß ist der Überdruck Δp im Schlauch unmittelbar vor dem Mundstück? — b) Welche Zugkraft F tritt im Verbindungsflansch zwischen dem Mundstück und dem Schlauchende auf? — Gegeben: d_1, d_2, $\dot{V}$, ζ, ρ.

Aufgabe 71 (Fig. 76). Ein mit Flüssigkeit der Dichte ρ gefülltes Rohr der Querschnittsfläche A_1 mündet in eine Düse der Querschnittsfläche A_2 und wird dadurch geleert, daß ein Kolben mit der konstanten Geschwindigkeit U_1 durch das Rohr geschoben wird. Reibungseinflüsse sind zu vernachlässigen. — a) Mit welcher Kraft F muß man den Kolben verschieben? — b) Welche Kräfte F_A und F_B treten an den beiden symmetrischen Lagern auf, in denen das Rohr festgehalten wird? — Gegeben: A_1, A_2, U_1, ρ.

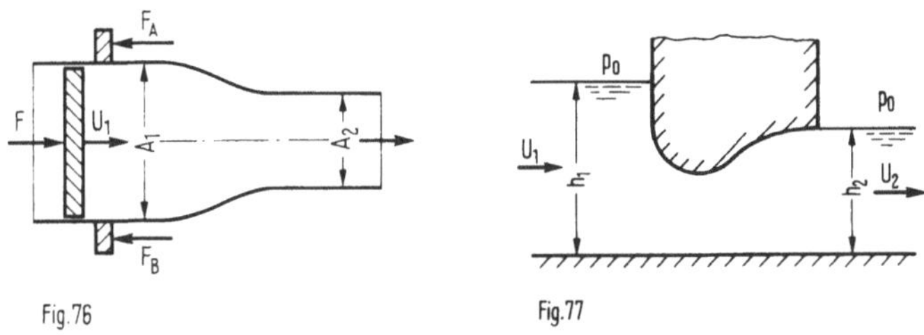

Fig.76   Fig.77

Aufgabe 72 (Fig. 77). Durch den skizzierten Wasserdurchlaß wird die Spiegelhöhe eines offenen Gerinnes der Breite b von h_1 auf h_2 abgesenkt. — a) Wie groß sind die Geschwindigkeiten U_1 und U_2 des an- und des abströmenden Wassers? — b) Ist die Strömung im Ablauf über- oder unterkritisch (vgl. Aufgabe 47)? — c) Welche Kraft F_x wird in Strömungsrichtung auf die Durchlaßmauer ausgeübt? — Gegeben: b, h_1, h_2, ρ.

H i n w e i s: Bei der Berechnung von F_x muß, wenn man große Fehler vermeiden will, die vom Gewicht des Wassers verursachte hydrostatische Druckverteilung in der Strömung in einigem Abstand vom Durchlaß berücksichtigt werden.

Aufgabe 73 (Fig. 78). Ein zylindrischer Körper wird senkrecht zu seiner Achse mit konstanter Geschwindigkeit U_0 von einer Flüssigkeit der Dichte ρ angeströmt. Die Strömungsrichtung falle mit der Richtung einer Symmetrieachse des Zylinderquerschnitts zusammen. Dann wird von der Flüssigkeit nur eine Kraft in Strömungsrichtung auf den Zylinder ausgeübt: die Widerstandskraft F_w. In einiger Entfernung hinter dem Körper sind die Stromlinien in guter Näherung wieder parallel, aber in Umgebung der Symmetrieachse ist die Geschwindigkeit $U(y)$ kleiner als die Anströmgeschwindigkeit U_0. Es existiert dort eine sog. Nachlaufdelle. Durch Messung des Geschwindigkeitsverlaufs $U(y)$ in dieser Nachlaufdelle kann man die Widerstandskraft F_w auf den Körper ermitteln, denn es gilt

$$F_w = \rho U_0^2 b \int_{y_B}^{y_C} \frac{U(y)}{U_0} \left(1 - \frac{U(y)}{U_0}\right) dy \tag{58}$$

(b = Länge des zylindrischen Körpers in Achsenrichtung, d.h. hier: senkrecht zur Zeichenebene). Das Kontrollvolumen muß sich in y-Richtung nach beiden Seiten so weit erstrecken, daß die gesamte Nachlaufdelle erfaßt wird. – Man beweise Formel (58).

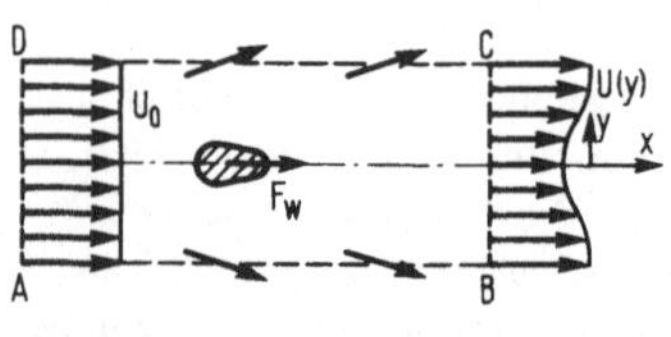

H i n w e i s : Als Kontrollfläche benutze man die in Fig. 78 strichlierte Fläche ABCD + Körperoberfläche. Die Fläche ABCD umschließe den Körper in so weiter Entfernung, daß auf ihr die vom Körper erzeugte Störung des Druckes abgeklungen ist, d.h. daß auf ihr der Druck einen konstanten Wert hat. Außerdem kann man dann annehmen, daß auch Reibungsspannungen auf der Kontrollfläche vernachlässigbar sind. Man beachte, daß Flüssigkeit durch die Fläche AD mit der Geschwindigkeit U_0 einströmt; durch die Fläche BC strömt Flüssigkeit mit der von y abhängigen Geschwindigkeit U(y) aus, durch die Flächen AB und DC annähernd mit der konstanten Geschwindigkeit U_0. Bei der Herleitung der Formel für F_w kann man sich im übrigen an den Überlegungen orientieren, die in Abschn. 8 des Textbandes der Berechnung der Widerstandskraft dienten, die auf eine in Strömungsrichtung angeströmte ebene Platte wirkt.

A n m e r k u n g : Mit zunehmender Entfernung vom Körper wird die Nachlaufdelle immer flacher, d.h. U(y) unterscheidet sich immer weniger von U_0. Die Formel für F_w läßt sich daher für eine weit stromabwärts vom Körper gemessene Nachlaufdelle vereinfachen, indem man in dem Produkt $(U/U_0)(1 - U/U_0)$ den ersten Faktor durch 1 ersetzt:

$$F_w = \rho U_0^2 b \int_{y_B}^{y_C} \left(1 - \frac{U(y)}{U_0}\right) dy \tag{59}$$

Schließlich sei noch angemerkt, daß die Beschränkung auf zylindrische, zur Anströmrichtung symmetrische Körper nur das Problem vereinfachen sollte. Die erhaltene Formel für F_w hat allgemeinere Bedeutung auch für nichtsymmetrische, dreidimensionale umströmte Körper, wo sie sinngemäß durch

$$F_w = \rho U_0^2 \int \left(1 - \frac{U}{U_0}\right) dA \tag{60}$$

zu ersetzen ist; dA ist das Flächenelement der Fläche BC, und das Integral erstreckt sich über die gesamte Nachlaufdelle.

4.3 Mischvorgänge; Stoßverlust

Aufgabe 74 (Fig. 79). In einem Kanal konstanter Querschnittsfläche A befindet sich ein schlanker keilförmiger Körper, der an seinem stumpfen Hinterende gerade ein Drittel des Kanalquerschnitts versperrt. Durch den Kanal strömt Flüssigkeit der Dichte ρ; die Strömungsgeschwindigkeit beträgt in einiger Entfernung vom Keil U. Von Reibung an den Kanalwänden und am Keil soll abgesehen werden. Die Strömung löst am Keil in der skizzierten Weise ab; in einiger Entfernung stromabwärts vom Keil herrscht wegen der Vermischung wieder gleichmäßige Strömung über den ganzen Kanalquerschnitt. – a) Wie groß sind die Druckdifferenzen $p_1 - p_2$ und $p_1 - p_3$? – b) Welche Kraft F wird in Strömungsrichtung auf den Keil ausgeübt? – c) Wie groß ist der mechanische Energieverlust P_v pro Zeiteinheit, der infolge der Strahlvermischung zwischen den Stellen 2 und 3 auftritt? – Gegeben: A, U, ρ.

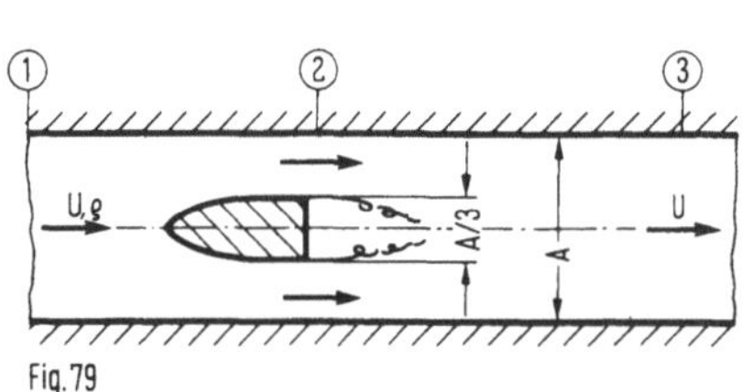

Fig. 79

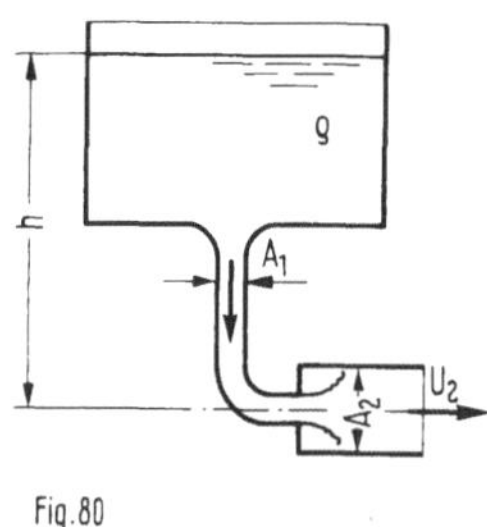

Fig. 80

Aufgabe 75 (Fig. 80). Aus einem Behälter strömt Flüssigkeit durch ein Fallrohr aus, das sich unstetig von der Querschnittsfläche A_1 auf die Querschnittsfläche A_2 erweitert. – a) Für welchen Wert des Flächenverhältnisses A_1/A_2 wird die Strömungsschwindigkeit U_1 im Fallrohr möglichst groß? – b) Wie groß sind in diesem Fall U_1 und die Ausströmgeschwindigkeit U_2? – c) Wie groß sind dann der Druckverlust Δp_v und die Druckverlustzahl ζ bezogen auf $\rho U_1^2/2$? – d) Welche mechanische Energie P_v wird dann der Strömung pro Zeiteinheit entzogen und in Wärme umgewandelt? – Gegeben: A_1, h, ρ.

Aufgabe 76 (Fig. 81). In einem Rohr konstanter Querschnittsfläche A strömt an der Stelle (1) Flüssigkeit der Dichte ρ mit gebietsweise konstanten Geschwindigkeiten ($U_a = U_1/2$, $U_b = U_1$, $U_c = U_1/3$, jeweils auf 1/3 der Querschnittsfläche). Die Geschwindigkeitsunterschiede gleichen sich aus, so daß stromabwärts an der Stelle (2) die Geschwindigkeit U_2 gleichmäßig über den Querschnitt verteilt ist. – a) Wie groß ist U_2 und welchen Wert haben die relativen Geschwindigkeitsabweichungen ϵ_a, ϵ_b, ϵ_c in den Teilbereichen a, b, c des Querschnitts (1)?   b) Wie groß ist der Druckanstieg $p_2 - p_1$? – c) Wie groß ist der mechanische Energieverlust P_v pro Zeiteinheit? – d) Um wieviel erhöht sich die Temperatur der Flüssigkeit zwischen den Querschnitten (1) und (2), wenn durch die Rohrwand keine Wärme zu- oder abfließt? Die spezifische Wärme der Flüssigkeit wird mit c bezeichnet. – Gegeben: A, U_1, c, ρ.

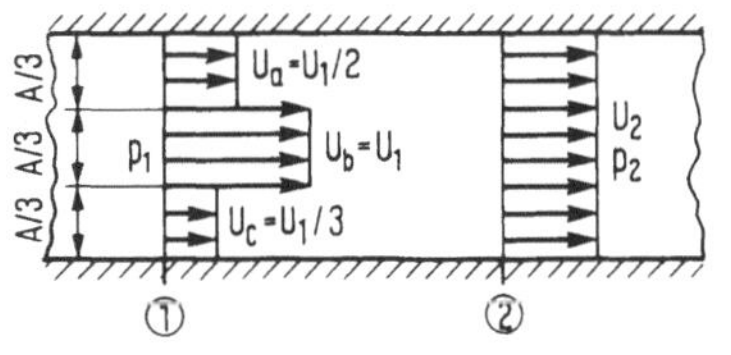

Fig. 81

H i n w e i s : Um Frage c) zu beantworten, schreibt man die pro Zeiteinheit durch den Querschnitt (1) „einfließende" mechanische Energie hin:

$$\dot{E}_1 = (p_1 + \frac{\rho}{2} U_a^2)\, U_a\, \frac{A}{3} + (p_1 + \frac{\rho}{2} U_b^2)U_b\, \frac{A}{3} + (p_1 + \frac{\rho}{2} U_c^2)U_c\, \frac{A}{3} \qquad (61)$$

Die pro Zeiteinheit durch den Querschnitt 2 „ausfließende" mechanische Energie ist

$$\dot{E}_2 = (p_2 + \frac{\rho}{2} U_2^2)\, U_2 A \qquad (62)$$

Der gesuchte Energieverlust ist dann $P_v = \dot{E}_1 - \dot{E}_2$. Er wird in Wärme umgewandelt, was bei der Beantwortung von Frage d) zu beachten ist.

A n m e r k u n g : Die Ausdrücke $\dot{E}_1$ und $\dot{E}_2$ für die Energieströme kann man verstehen, wenn man auf die Ausführung in Abschn. 3.7 des Textbandes zurückgreift. Dort wird die Leistung P einer Strömungsmaschine durch Druck, Geschwindigkeit und Höhe der strömenden Flüssigkeit vor und hinter der Maschine ausgedrückt; es gilt ($\dot{V}$ ist der Volumenstrom)

$$\dot{V}(p_2 + \rho g z_2 + \frac{\rho}{2} U_2^2) = \dot{V}(p_1 + \rho g z_1 + \frac{\rho}{2} U_1^2) + P \qquad (63)$$

Denkt man sich die Begrenzung der zur Herleitung dieser Gleichung betrachteten Flüssigkeitsmenge als raumfeste Kontrollfläche, so läßt sich $\dot{V}(p_2 + \rho g z_2 + \rho U_2^2/2)$ als die pro Zeiteinheit durch die Kontrollfläche einfließende und $\dot{V}(p_1 + \rho g z_1 + \rho U_1^2/2)$ als die durch die Kontrollfläche einfließende Energie interpretieren. P ist die über die Maschine der Flüssigkeit in dem Kontrollvolumen pro Zeiteinheit zugeführte Energie. Die Gleichung besagt kurz: „ausfließende Leistung = einfließende Leistung + zugeführte Maschinenleistung".

Die oben angegebenen Ausdrücke $\dot{E}_1$ und $\dot{E}_2$ haben genau dieselbe Form wie die in Gl. (63) auftretenden Energieströme. Man hat nur zu bedenken, daß die Schwerkraft bei dieser Aufgabe keine Rolle spielt, womit die Ausdrücke der Form $\rho g z$ entfallen. Außerdem ist zu beachten, daß die Geschwindigkeit über den Einströmquerschnitt (1) bei Aufgabe 76 nicht gleichmäßig verteilt ist, so daß der gesamte Energiestrom $\dot{E}_1$ in die Summe der drei stückweise konstanten Energieströme zerlegt werden muß.

In den Ausdrücken für die Energieströme kommen Glieder der Form $p\dot{V} = pAU$ vor (p = Druck, A = Flächeninhalt, pA = Kraft auf die Fläche vom Inhalt A, U = Verschiebegeschwindigkeit der Fläche, oder wenn man die Fläche raumfest nimmt: U = Geschwindigkeit mit der die Fläche durchströmt wird, $\dot{V}$ = UA = Volumenstrom durch die Fläche). Um noch besser zu verstehen, daß man diese Glieder als Energieströme deuten kann, überlegen wir uns folgendes: Eine riemengetriebene Maschine verbrauche pro Zeiteinheit die Energie P. Der Riemen läuft mit der Geschwindigkeit U, der straffe Teil des Riemens überträgt die Kraft F, der schlaffe ist kraftfrei. Um die Maschine denken wir uns eine Kontrollfläche (in Fig. 82 gestrichelt).

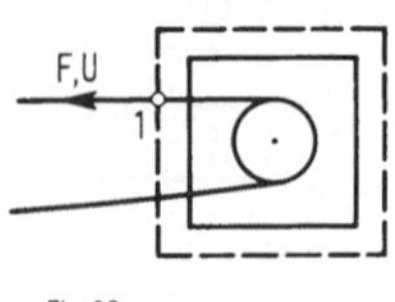

Fig. 82

Im Inneren der Kontrollfläche wird ständig die Energie P verbraucht. Diese Energie muß irgendwo in die Kontrollfläche einströmen, und hierfür kommt nur die Stelle (1) in Frage, wo der straffe Riemen die Kontrollfläche durchsetzt. Offenkundig ist P = FU. Dieser Energiestrom entspricht dem Energiestrom pAU bei einer Flüssigkeit. Es verblüfft bei unserem Beispiel zunächst, daß Energie dort einfließt, wo der Riemen „ausfließt", doch ist dieser Schluß zwingend, weil der schlaffe Riemen als Energieüberträger ausscheidet. Bei der Flüssigkeit fließt Energie dort ein, wo Flüssigkeit einfließt. Der Unterschied zu unserem Beispiel klärt sich sofort auf, wenn man bedenkt, daß pA als D r u c k kraft positiv ist, während wir bei der riemengetriebenen Maschine stillschweigend F als Z u g kraft positiv gerechnet haben.

Aufgabe 77 (Fig. 83). In einem Rohr von der Querschnittsfläche A_1 strömt Flüssigkeit der Dichte ρ mit ungleichförmiger Geschwindigkeitsverteilung: in der einen Hälfte der Querschnittsfläche herrscht die Geschwindigkeit U_1, in der anderen $3U_1/4$. In einem anschließenden Diffusor steigt der Druck um $p_2 - p_1 = 3\rho U_1^2/16$ an; danach folgt eine Ausgleichsstrecke (Fig. 83a). – a) Wie groß sind die erforderliche Querschnittsfläche A_2 sowie die Geschwindigkeiten U_{2o} und U_{2u} unmittelbar hinter dem Diffusor und U_3 am Ende der Ausgleichsstrecke? – b) Welcher Druckanstieg $p_3 - p_1$ stellt sich ein? – Alternativ wird die Ausgleichstrecke dem Diffusor vorgeschaltet (Fig. 83b). Der Diffusor soll sich auf dieselbe Fläche A_2 wie vorher erweitern. – c) Wie groß ist der Druckanstieg $p_3^* - p_1$ jetzt? – d) Bei welcher Anordnung ist der Enddruck am größten? – e) Man kann einen Wirkungsgrad für den ungleichförmig durchströmten Diffusor (Fall a)) definieren, indem man die Druckerhöhung $p_2 - p_1$ mit der Druckerhöhung $p_3^* - p_2^*$ vergleicht, die entsteht, wenn der Diffusor vom gleichen Volumenstrom mit gleichmäßig verteilter Geschwindigkeit durchströmt wird: $\eta = (p_2 - p_1)/(p_3^* - p_2^*)$. – Wie groß ist hier η? – Gegeben: A_1, U_1, ρ, $p_2 - p_1 = 3\rho U_1^2/16$.

A n m e r k u n g : Das Ergebnis von d) hat allgemeine Bedeutung und zeigt, daß es zweckmäßiger ist, die Geschwindigkeit vor Eintritt in den Diffusor auszugleichen, als erst hinter dem Diffusor. Dies empfiehlt sich auch schon deshalb, weil die Strömung bei nicht ausgeglichenem Geschwindigkeitsprofil im Diffusor stärker zur „Ablösung" neigt als sonst.

Aufgabe 78 (Fig. 84). In einem chemischen Betrieb wird bei einer Reaktion in zwei großen Behältern Flüssigkeit der Dichte ρ unter den Drücken $p_0 + \Delta p_a$ und $p_0 + \Delta p_b$ erzeugt; (zur Vereinfachung der Formeln führen wir die folgende Abkürzung ein: $\Delta p_b/\Delta p_a = \Psi$). Die Flüssigkeit wird wie skizziert durch zwei Rohre der Querschnittsfläche A abgeleitet. Die Rohre vereinigen sich zu einem einzigen Rohr von der doppelten Querschnittsfläche 2A. Aus diesem Mischrohr strömt die Flüssigkeit nach Aus-

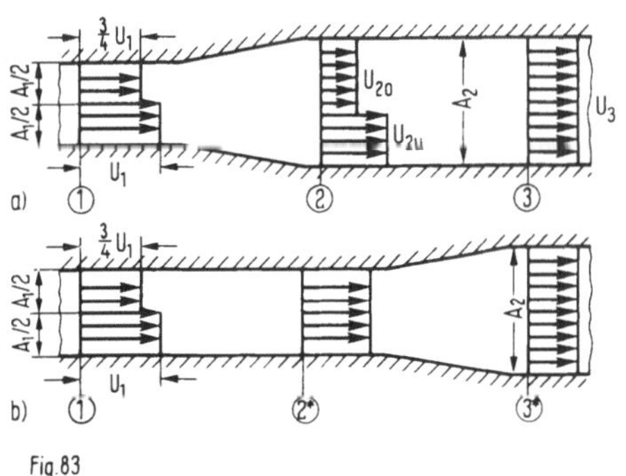

Fig. 83

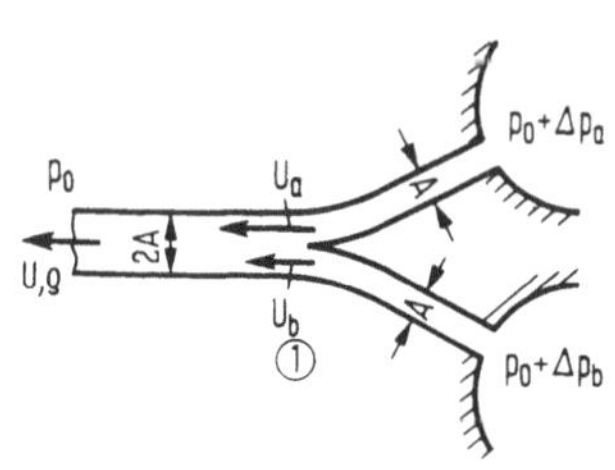

Fig. 84

gleich der Geschwindigkeitsunterschiede mit der Geschwindigkeit U in die Atmosphäre vom Druck p_0 aus. – a) Wie groß ist das Geschwindigkeitsverhältnis $\varphi = U_b/U_a$? – b) Wie groß ist die Austrittsgeschwindigkeit U? – c) Welche Reaktionskraft wird vom austretenden Strahl auf die ganze Anlage ausgeübt? – d) Welche speziellen Ergebnisse erhält man unter a) bis c) für $\Psi \to 0$; $\Psi = 1$; $\Psi \to \infty$? – Gegeben: A, Δp_a, $\Psi (= \Delta p_b/\Delta p_a)$, ρ.

Aufgabe 79 (Fig. 85). Die Skizze zeigt das Schema einer einfachen Ejektorpumpe. Der Treibstrahl einer Flüssigkeit der Dichte ρ tritt mit der Geschwindigkeit U_a und der Querschnittsfläche A_a in das Ausflußrohr eines Behälters ein. Das Ausflußrohr hat die Querschnittsfläche $A_a + A_b$. Im Behälter befindet sich Flüssigkeit der gleichen Dichte ρ unter dem Druck p_0, von dem wir zur Vereinfachung der Aufgabe annehmen, daß er mit dem Außendruck übereinstimmt. Der Treibstrahl reißt nun Flüssigkeit aus dem Behälter mit, die im Querschnitt (1) (d.h. dort, wo das Treibrohr endet) die Geschwindigkeit U_b besitzt. Im Ausflußrohr gleicht sich der

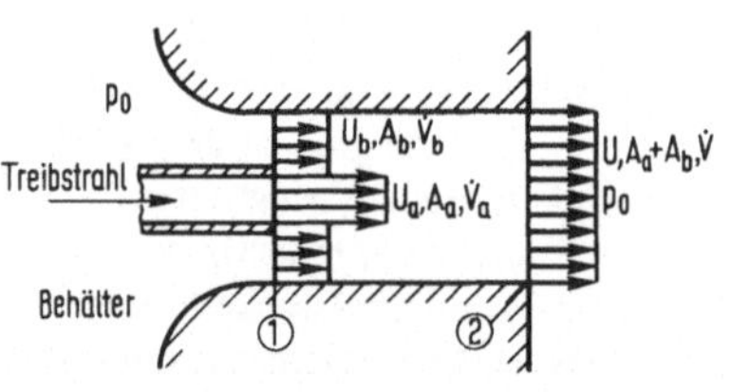

Fig. 85

Unterschied zwischen den Geschwindigkeiten U_a und U_b aus; die Flüssigkeit strömt mit der gleichmäßigen Geschwindigkeit U aus. – a) Wie hängen die Geschwindigkeitsverhältnisse $\varphi = U/U_a$ und $\varphi_b = U_b/U_a$ vom Flächenverhältnis $\alpha = A_a/(A_a + A_b)$ ab? – b) In welchen Verhältnissen $\Phi = \dot{V}/\dot{V}_a$ und $\Phi_b = \dot{V}_b/\dot{V}_a$ stehen die Volumenströme zueinander? – c) Wie groß ist der „Wirkungsgrad" η der Ejektorpumpe? – Gegeben: α.

H i n w e i s: Der unter c) gesuchte Wirkungsgrad wird als Verhältnis der Nutzstrahlleistung P_n im Austrittsquerschnitt 2 zur aufgewendeten Leistung P_a definiert. Hierbei ist $P_n \doteq \dot{V}_b \cdot \rho U^2/2$ und $P_a = \dot{V}_a(p_1 + \rho U_a^2/2 - p_0)$ (vgl. Abschn. 3.7 des Textbandes). Es ist $p_1 + \rho U_a^2/2 - p_0$ der Betrag, um den der Gesamtdruck des Treibstrahls über dem Umgebungsdruck p_0 liegt. Entnimmt man die Flüssigkeit des Treibstrahls einem Raum mit dem Druck p_0, muß sie zunächst unter Zuführung der Leistung P_a auf den höheren Gesamtdruck gebracht werden.

A n m e r k u n g: Ein einfaches Beispiel für ein Gerät, in dem die Ejektorwirkung benutzt wird, ist der Bunsenbrenner. Im Bunsenbrenner besteht der Treibstrahl aus Leuchtgas. Das Gas reißt durch seitlich am Brennerrohr angebrachte Öffnungen aus der Umgebung Luft mit und vermischt sich mit dieser. Beim Austritt aus dem Brennerrohr verbrennt das Gemisch. Durch Vergrößerung oder Verkleinerung der Öffnungen kann man die Menge der im Brennerrohr dem Gas beigemischten Luft regulieren und damit die Flamme beeinflussen. Einen Teil der zur Verbrennung nötigen Luft reißt übrigens die Flamme selbst aus der Umgebung mit. Bei einer Kerze muß die gesamte zur Verbrennung nötige Luft von der Flamme aus der Umgebung angesaugt werden.

Die folgende Aufgabe 80 mag auf den ersten Blick etwas unrealistisch erscheinen. Sie hat aber insofern praktische Bedeutung, als in ihr an einem sehr einfachen Beispiel das Prinzip des „peristaltischen" Pumpens erläutert wird.

Aufgabe 80 (Fig. 86). In einem mit Flüssigkeit der Dichte ρ gefüllten, ringförmig geschlossenen Rohr konstanten Querschnitts befindet sich an einer Stelle ein Sieb mit vorgegebenem Widerstandsbeiwert $c_W = \Delta p/(\rho U_0^2/2)$ (Δp = Druckabfall am Sieb, U_0 = Geschwindigkeit, mit der das Sieb durchströmt wird).

Durch das Rohr bewegt sich mit konstanter Geschwindigkeit U_1 ein Verdrängungskörper, der lokal die Querschnittsfläche des Rohres vom Wert A auf den kleineren Wert αA verengt ($\alpha < 1$). Hinter dem Verdrängungskörper löst die Strömung ab, so daß ein Carnotscher Stoßverlust entsteht. Der Körper schiebt nun durch seine Bewegung die Flüssigkeit in Bewegungsrichtung mit der Geschwindigkeit U_0 durch das Sieb. – Wie groß ist U_0? – Gegeben: U_1, c_W, ρ.

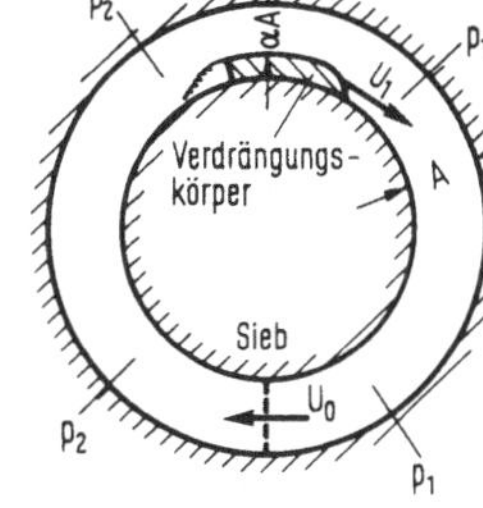

Fig. 86

L ö s u n g : Wir nehmen an, daß die Strömung im Rohr reibungsfrei behandelt werden kann. Durch Betrachtung des Siebes ergibt sich zunächst

$$p_1 - p_2 = c_W \frac{\rho}{2} U_0^2 \tag{64}$$

Andrerseits ist p_1 der Druck vor dem Verdrängungskörper (Fig. 86), p_2 der Druck hinter dem Verdrängungskörper. Der Unterschied zwischen beiden ist gleich dem Carnotschen Stoßverlust, der durch Ablösung der Strömung am hinteren Ende des Verdrängungskörpers entsteht. Diesen Stoßverlust berechnet man am einfachsten, indem man ein mit dem Körper mitbewegtes Bezugssystem wählt. Die Strömung in diesem Bezugssystem ist in Fig. 87 skizziert. Die Flüssigkeit strömt mit der Geschwindigkeit $U_1 - U_0$ gegen den in diesem System ruhenden Körper an. Am hinteren Ende des Körpers hat sie wegen der Verengung des Querschnitts einen Wert U_2, der sich aus der Kontinuitätsgleichung ergibt:

$$U_2 \alpha A = (U_1 - U_0) A \tag{65}$$

oder $\quad U_2 = (U_1 - U_0)/\alpha \tag{66}$

Der Carnotsche Stoßverlust ist

$$\Delta p_{vc} = \frac{\rho}{2} \left[U_2 - (U_1 - U_0) \right]^2 = \frac{\rho}{2} (U_1 - U_0)^2 \left(\frac{1}{\alpha} - 1 \right)^2 \tag{67}$$

Aus $\Delta p_{vc} = p_1 - p_2$ ergibt sich in Verbindung mit der oben angegebenen Formel für $p_1 - p_2$

$$c_W \frac{\rho}{2} U_0^2 = \frac{\rho}{2} (U_1 - U_0)^2 \left(\frac{1}{\alpha} - 1 \right)^2 \tag{68}$$

Kürzt man durch $\rho/2$ und zieht auf beiden Seiten die Wurzel, so erhält man schließlich

$$\frac{U_1}{U_0} = 1 + \frac{\alpha}{1 - \alpha} \sqrt{c_W} \tag{69}$$

$$\text{oder} \qquad U_0 = \frac{U_1}{1 + \dfrac{a\sqrt{c_w}}{1-\alpha}} = U_1 \, \frac{1-\alpha}{1-\alpha(1-\sqrt{c_w})} \qquad (70)$$

Wenn man das Sieb wegnimmt, bedeutet dies $c_w = 0$; in diesem Fall wird $U_0 = U_1$, d.h. die Flüssigkeit bewegt sich mit der Geschwindigkeit des Verdrängungskörpers durch das Rohr. Dasselbe tritt für $\alpha = 0$ ein, d.h. dann, wenn der Verdrängungskörper den ganzen Rohrquerschnitt ausfüllt (vgl. Fig. 160). Im Sonderfall $c_w = 1$ wird $U_2 = U_1$ (vgl. Fig. 87). Unter diesen Umständen ruht die Flüssigkeit am jeweiligen Ort des Verdrängungskörpers.

A n m e r k u n g: Zur praktischen Verwendung dieses Apparates als Pumpe, die Flüssigkeit durch ein Sieb oder eine andere, der Strömung Widerstand entgegensetzende Anordnung drückt, ersetzt man das starre Rohr mit dem umlaufenden Verdrängungskörper durch ein flexibles Rohr, dem von außen eine Querschnittsverengung aufgezwungen wird, die in Rohrrichtung wandert. Eine technisch verwendete Pumpe, die auf diesem Prinzip beruht („Rollenpumpe"), ist schematisch in Fig. 88 skizziert. Allerdings hat beim peristaltischen Pumpen die Zähigkeit der Flüssigkeit gewöhnlich einen wesentlichen Einfluß auf den Vorgang. Wir betrachten daher in Aufgabe 101 nochmals das peristaltische Pumpen unter Beachtung der Zähigkeit. Das peristaltische Pumpen spielt bei biologischen Systemen eine große Rolle. Man denke nur daran, daß durch die Speiseröhre Material nicht etwa, wie manchmal fälschlicherweise angenommen, durch die Schwerkraft befördert wird, sondern durch peristaltische Verengungen, die in Richtung auf den Magen laufen. (Man kann auch auf dem Kopf stehend essen!) Rollenpumpen der in Fig. 88 skizzierten Art werden u.a. in der Medizin eingesetzt, wo sie z.B. bei komplizierten Operationen zeitweise die Funktion des Herzens übernehmen und das Blut des Patienten, das über einen flexiblen Schlauch am Herz vorbei durch die Rollenpumpe geleitet wird, in Bewegung halten.

Die folgende Aufgabe ist mit der vorhergehenden eng verwandt. Zu ihrer Lösung dienen dieselben Hilfsmittel.

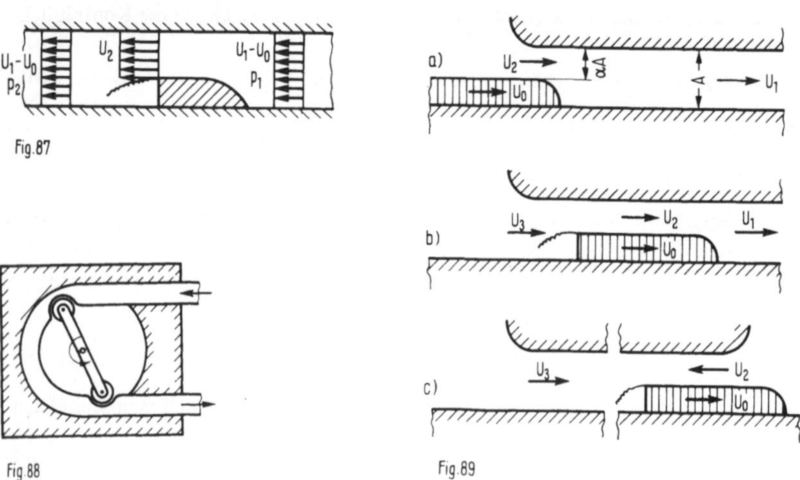

Fig. 87

Fig. 88

Fig. 89

Aufgabe 81 (Fig. 89). Ein Zug fährt mit der Geschwindigkeit U_0 durch einen Tunnel. Dabei sind drei Fälle zu unterscheiden: a) Zug fährt in den Tunnel ein, b) Zug ist vollständig im Tunnel, c) Zug verläßt den Tunnel. Der Zug verringert den freien Tunnelquerschnitt vom Flächeninhalt A auf αA. Am Zugende löst die Strömung ab und erzeugt dadurch einen Carnotschen Stoßverlust. In den Tunnel kann Luft verlustfrei einströmen; beim Ausströmen geht dagegen der Staudruck der Luft verloren (d.h. die Luft tritt als Strahl aus dem Tunnel aus). Reibungsverluste können im übrigen vernachlässigt werden. – Zu ermitteln sind folgende Geschwindigkeitsverhältnisse in Abhängigkeit vom Verengungsverhältnis α:

$$\varphi_1 = U_1/U_0 \quad \text{(für Fälle a) und b))}$$

$$\varphi_2 = U_2/U_0 \quad \text{(für Fälle a), b) und c))}$$

$$\varphi_3 = U_3/U_0 \quad \text{(für Fälle b) und c))}$$

Ferner bestimme man die Druckänderungen

$$\Psi_2 = \frac{p_0 - p_2}{\frac{\rho}{2} U_0^2} \quad \text{(für Fälle a), b) und c))}$$

$$\Psi_3 = \frac{p_0 - p_3}{\frac{\rho}{2} U_0^2} \quad \text{(für Fälle b) und c)).}$$

H i n w e i s : Im Fall c) ist die in Fig. 89 eingezeichnete Strömungsrichtung hinter dem Zug nur für hinreichend kleine Werte des Flächenverhältnisses α möglich. Für größere Werte von α dreht sich das Vorzeichen von U_3 um.

5 Strömungsmaschinen; Drallsatz; Gitter

Zur Vorbereitung auf die Aufgaben 82–85 sind einige Vorbemerkungen nötig: In einem zylindrischen Rohr befinde sich ein axiales Gebläse. Um eine konkrete Vorstellung zu haben, denken wir uns, das Gebläse fördere Luft; sollte es sich bei dem geförderten Medium nicht um ein Gas, sondern um eine tropfbare Flüssigkeit handeln, spricht man im allgemeinen nicht von einem Gebläse, sondern von einer Pumpe.

Das Gebläse treibt Luft mit der Geschwindigkeit U durch das Rohr. Der Volumenstrom, der das Gebläse durchsetzt, ist also $\dot{V} = UA$, wobei A die Rohrquerschnittsfläche bedeutet. Vor dem Gebläse herrsche der Druck p, hinter dem Gebläse der Druck $p + \Delta p_g$ (Fig. 90). Man nennt Δp_g die vom Gebläse gelieferte Gesamtdruckerhöhung. Das Gebläse gibt an die Luft die Leistung $P = \Delta p_g \dot{V}$ ab (vgl. Abschn. 3.7 des Textbandes). Die Gesamtdruckerhöhung Δp_g hängt bei fest vorgegebener Drehzahl des Gebläses vom Volumenstrom $\dot{V}$ ab. Man kann $\dot{V}$ und damit auch Δp_g bei der in Fig. 90 skiz-

zierten Anordnung dadurch ändern, daß man am Rohrende Siebe (oder Blenden) mit
verschiedenen Druckverlustzahlen einbaut. Der Zusammenhang zwischen Δp_g und $\dot{V}$,
wie er für normale Gebläse experimentell ermittelt wird, ist in Fig. 91 schematisch

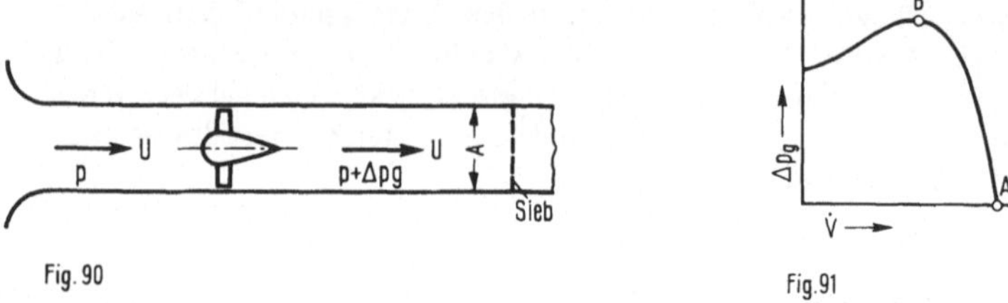

Fig. 90   Fig. 91

dargestellt. Der nutzbare Betriebsbereich des Gebläses ist durch den Teil der „Gebläsekennlinie" zwischen den Punkten A und B gegeben. Im Punkt B „reißt das Gebläse ab",
eine Erscheinung, die auf die Ablösung der Strömung von den Gebläseschaufeln zu-
rückgeht.

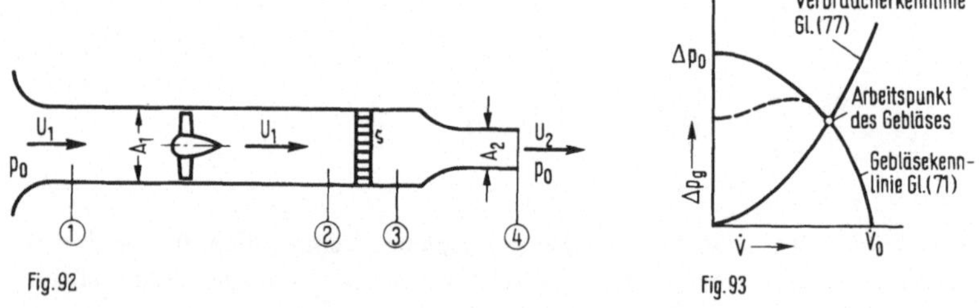

Fig. 92   Fig. 93

Aufgabe 82 (Fig. 92). In die skizzierte Anordnung ist ein Gebläse eingebaut. Es saugt
Luft der Dichte ρ aus der Atmosphäre an und drückt sie durch ein Gleichrichtergitter
(oder Sieb) mit der Druckverlustzahl ζ. Anschließend strömt die Luft durch eine Düse
wieder in die Atmosphäre aus. Der Querschnitt des Rohres, in dem das Gebläse arbeitet, hat den Flächeninhalt A_1, der Endquerschnitt der Düse den Flächeninhalt A_2. Die
Kennlinie des Gebläses lasse sich durch eine Parabel mit der Gleichung

$$\Delta p_g = \Delta p_0 \left(1 - \frac{\dot{V}^2}{\dot{V}_0^2}\right) \tag{71}$$

annähern (Fig. 93); Δp_0 und $\dot{V}_0$ sind Konstanten, die für das Gebläse bei vorgegebener
Drehzahl charakteristisch sind. — a) Welchen Volumenstrom $\dot{V}$ fördert das Gebläse? —
b) Welche Gesamtdruckerhöhung Δp_g liefert das Gebläse? — c) Welche Leistung P gibt
das Gebläse an die Luft ab? — Gegeben: A_1, A_2, $\dot{V}_0$, Δp_0, ζ, ρ.

L ö s u n g : Wir notieren zuerst die Drücke in den vier in Fig. 92 markierten Querschnitten 1 bis 4:

$$p_1 = p_0 - \frac{\rho}{2} U_1^2 \tag{72}$$

$$p_2 = p_1 + \Delta p_g \tag{73}$$

$$p_3 = p_2 - \zeta \cdot \frac{\rho}{2} U_1^2 \tag{74}$$

$$p_4 = p_3 + \frac{\rho}{2} U_1^2 - \frac{\rho}{2} U_2^2 \tag{75}$$

Addiert man diese Gleichungen auf, so erhält man

$$p_4 = p_0 + \Delta p_g - \zeta \cdot \frac{\rho}{2} U_1^2 - \frac{\rho}{2} U_2^2 \tag{76}$$

Nun bedenken wir, daß $p_4 = p_0$ ist und erhalten, indem wir noch nach der Kontinuitätsgleichung $U_1 = \dot{V}/A_1$ und $U_2 = \dot{V}/A_2$ setzen

$$\Delta p_g = \frac{\rho}{2} \dot{V}^2 \left(\frac{\zeta}{A_1^2} + \frac{1}{A_2^2} \right) \tag{77}$$

Dies muß übereinstimmen mit dem vom Gebläse gelieferten Wert von Δp_g, der durch Gl. (71) gegeben wird:

$$\Delta p_0 \left(1 - \frac{\dot{V}^2}{\dot{V}_0^2} \right) = \frac{\rho}{2} \dot{V}^2 \left(\frac{\zeta}{A_1^2} + \frac{1}{A_2^2} \right) \tag{78}$$

Hieraus ergibt sich die Antwort auf die Frage a)

$$\dot{V} = \frac{\dot{V}_0}{\sqrt{1 + \frac{\rho}{2} \cdot \frac{\dot{V}_0^2}{A_1^2 \Delta p_0} \left(\zeta + \frac{A_1^2}{A_2^2} \right)}} \tag{79}$$

Die Beantwortung der Fragen b) und c) bleibt dem Leser überlassen.

A n m e r k u n g: Der durch Gl. (77) gegebene Zusammenhang zwischen Δp_g und $\dot{V}$ ist in Fig. 93 eingetragen. Es ist eine durch den Nullpunkt des Diagramms laufende Parabel, die man auch als „Verbraucherkennlinie" bezeichnet. Diese Kennlinie gibt an, welche Gesamtdruckerhöhung Δp_g durch ein Gebläse nötig ist, um einen Volumenstrom $\dot{V}$ durch die gegebene Anordnung zu drücken.

Der Schnittpunkt der Verbraucherkennlinie mit der Gebläsekennlinie ist der Punkt, in dem Δp_g nach Gl. (71) und nach Gl. (77) gleich sind; die zu diesem Punkt gehörigen Werte von Δp_g und $\dot{V}$ stellen sich in praxi ein. Die Aufgabe 82 ließe sich also auch graphisch lösen, indem man die beiden Kennlinien zeichnet und ihren Schnittpunkt ermittelt. Für diese graphische Lösung kann man natürlich sofort die wirkliche Kennlinie des Gebläses nehmen (Fig. 91) und nicht die durch Gl. (71) idealisierte (vgl. Aufgaben 121−123). − Ein Gebläse arbeitet in verschiedenen Punkten seiner Kennlinie mit verschieden guten Wirkungsgraden. Gebläse und Verbraucher sind optimal aufeinander abgestimmt, wenn der Schnittpunkt der beiden Kennlinien, der „Arbeitspunkt" des Gebläses, mit dem Punkt maximalen Wirkungsgrades auf der Gebläsekennlinie übereinstimmt.

Aufgabe 83 (Fig. 94). Ein zylindrischer Kanal führt aus einem Raum, in dem der Druck p_0 herrscht, in einen anderen Raum mit dem Druck p_0. Die Querschnittsfläche des Kanals hat den Inhalt A/α. In diesem Kanal befindet sich ein Rohr der Querschnittsfläche A; in diesem Rohr arbeitet ein Gebläse, dessen Kennlinie durch Gl. (71) gegeben ist. Das Gebläse erzeugt einen Treibstrahl der Geschwindigkeit U_a, der Umgebungsluft mit der Geschwindigkeit U_b mitreißt (vgl. Aufgabe 79). Stromabwärts vom inneren Rohr gleicht sich der Unterschied zwischen den Geschwindigkeiten U_a und U_b aus. – a) Welcher Volumenstrom $\dot{V}_a$ tritt durch das Gebläse? – b) Welcher Volumenstrom $\dot{V}$ tritt aus dem Kanal aus? – c) Welche Gesamtdruckerhöhung Δp_g muß das Gebläse aufbringen? – d) Wir nehmen an, die beiden Räume seien einfach durch ein Rohr der Querschnittsfläche A verbunden, in dem das Gebläse arbeitet. Welcher Volumenstrom $\dot{V}$ wird unter diesen Umständen zwischen den beiden Räumen gefördert? – Gegeben: $A, \dot{V}_0, \Delta p_0, \alpha, \rho$.

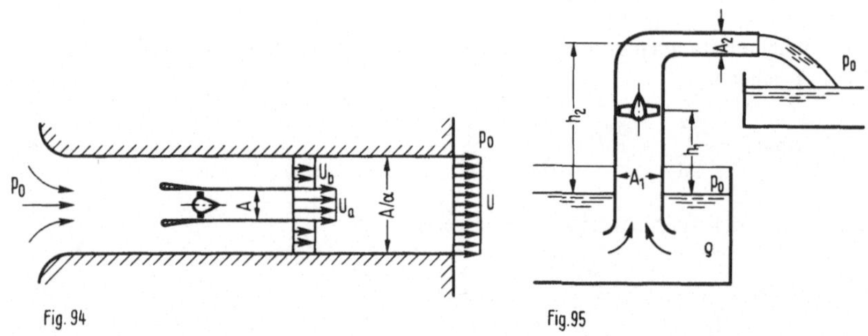

A n m e r k u n g: Die Wirkungsweise moderner Strahlbelüftungen nicht zu langer Straßentunnels beruht auf dem in dieser Aufgabe untersuchten Mischvorgang. Allerdings muß man bei Projektierung einer solchen Belüftungsanlage sowohl die Luftreibung an den Tunnelwänden als auch die Unvollkommenheit der Strahlvermischung berücksichtigen. Zudem genügt die Installation eines einzigen Gebläses meist nicht zur hinreichenden Durchlüftung des Tunnels oder sie wäre der Verwendung mehrerer kleinerer Gebläse wirtschaftlich unterlegen.

Aufgabe 84 (Fig. 95). Eine Pumpe fördert Flüssigkeit der Dichte ρ von einem tiefer liegenden in einen höher liegenden Behälter. Die Ausflußöffnung der Rohrleitung liegt in der Höhe h_2 über dem Unterwasserspiegel; ihr Querschnitt hat die Fläche A_2, und das Wasser fließt in einem freien Strahl aus ihr aus. Die Saugleitung, in der die Pumpe sitzt, hat die Querschnittsfläche A_1. Die Pumpenkennlinie sei wieder durch Gl. (71) gegeben. – a) Welchen Volumenstrom $\dot{V}$ fördert die Pumpe? – b) Wie groß darf h_2 höchstens sein, damit die Pumpe noch fördert? – c) Welche Gesamtdruckdifferenz Δp_g bringt die Pumpe auf? – d) Wo tritt der kleinste Druck p_{min} in der Rohrleitung auf, und welchen Wert hat dieser? – e) Wo setzt man demnach die Pumpe zweckmäßig hin, wenn man die Kavitationsgefahr (infolge örtlicher Unterschreitung des Dampfdruckes) herabsetzen will? Gegeben: $h_1, h_2, A_1, A_2, \dot{V}_0, \Delta p_0, p_0, \rho$.

A n m e r k u n g: Bei Beantwortung der Frage b) wird vorausgesetzt, daß die Pumpenkennlinie auch noch bei verschwindendem Volumenstrom, $\dot{V} = 0$, durch Gl. (71) gegeben ist. Ein Blick auf Fig. 93 zeigt, daß diese Annahme nicht immer ganz realistisch ist. Das Abreißen der Pumpe hat zur Folge, daß die maximal erreichbare Höhe h_2 kleiner als die hier berechnete ist.

Aufgabe 85 (Fig. 96). Eine Axialturbine (Kaplan-Turbine) arbeitet zwischen zwei Wasserspeichern, deren Spiegel die Höhendifferenz h besitzen. Stromabwärts von der Turbine wird das Wasser über einen Diffusor, dessen Endquerschnitt die Fläche A hat, in das untere Becken eingeleitet. An der Turbinenwelle wird die Leistung P abgenommen; (von Verlusten in der Turbine soll abgesehen werden). — Welcher Volumenstrom $\dot{V}$ muß durch die Turbine fließen? — Gegeben: h, A, P, ρ.

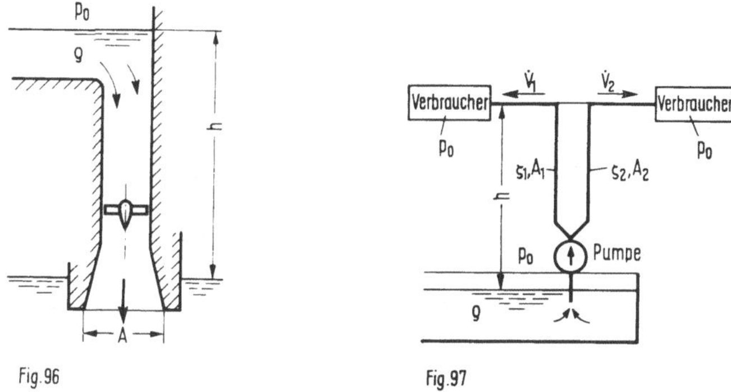

Fig. 96   Fig. 97

Aufgabe 86 (Fig. 97). Eine Pumpe, deren Kennlinie durch Gl. (71) gegeben ist, saugt Flüssigkeit der Dichte ρ aus einem großen Behälter an und fördert sie durch getrennte Leitungen zu zwei Verbrauchern, die in der Höhe h über dem Flüssigkeitsspiegel im Behälter liegen. Die Verbraucherzuleitungen haben die Querschnittsflächen A_1 bzw. A_2; die Reibungsverluste in den Leitungen und alle übrigen Verluste sind insgesamt durch Druckverlustzahlen ζ_1 bzw. ζ_2 zu berücksichtigen. — a) Welche Volumenströme $\dot{V}_1$ und $\dot{V}_2$ werden gefördert? — b) Welche Leistung P gibt die Pumpe an die Flüssigkeit ab? — Gegeben: $h, A_1, A_2, \dot{V}_0, \Delta p_0, \zeta_1, \zeta_2, \rho$.

Zur Lösung der Aufgaben 87 und 88 muß man den Drallsatz kennen.

Aufgabe 87 (Fig. 98). Ein zwei armiger Rasensprenger mit vertikaler Achse muß bei stationärer Drehung ein Reibungsmoment M_R überwinden. Der Wasserdruck in der Zuleitung unmittelbar vor Eintritt in die beiden Arme beträgt $p_0 - \Delta p$ ($p_0 =$ Atmosphärendruck). Die Querschnittsfläche der Zuleitung ist 2A, die Querschnitts-

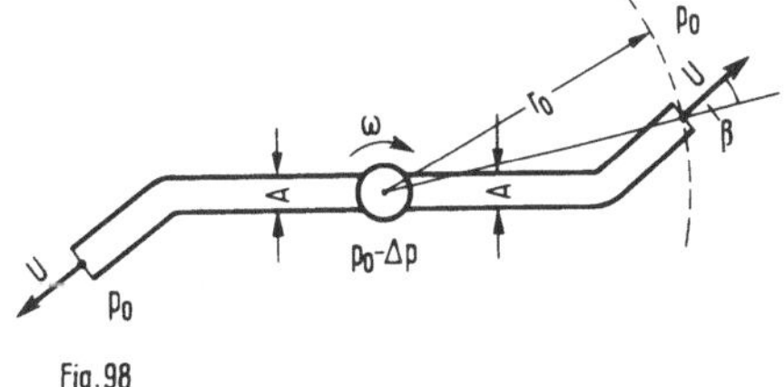

Fig. 98

fläche jedes Arms ist A. — a) Mit welcher Winkelgeschwindigkeit ω dreht sich der Sprenger? — b) Welches Volumen $\dot{V}$ strömt pro Zeiteinheit aus dem Sprenger aus? — Gegeben: r_0, A, Δp, M_R, β, ρ.

Bei den Aufgaben 88, 89, 90 ist die Bezeichnungsweise gegenüber derjenigen im Textband etwas geändert und dadurch der für Strömungsmaschinen üblichen Bezeichnungsweise angepaßt. Die Geschwindigkeiten werden wie folgt bezeichnet:

Im „Absolutsystem", d.h. von einem ruhenden Beobachter beurteilt:

$\vec{c}$ = Absolutgeschwindigkeit

c_d = gittersenkrechte Komponente von $\vec{c}$ („Durchtrittskomponente")

c_u = gitterparallele Komponente von $\vec{c}$ i n Bewegungsrichtung des Gitters („Umfangskomponente")

Im „Relativsystem", d.h. von einem mit dem Gitter bewegten Beobachter beurteilt:

$\vec{w}$ = Relativgeschwindigkeit

w_d = c_d = gittersenkrechte Komponente von $\vec{w}$

w_u = gitterparallele Komponente von $\vec{w}$ e n t g e g e n der Bewegungsrichtung des Gitters („Umfangskomponente")

Bei einem ruhenden Gitter (Leitgitter einer Strömungsmaschine) entfällt der Unterschied zwischen Absolut- und Relativsystem, und $\vec{w}$ und $\vec{c}$ stimmen überein. Bei einem bewegten Gitter führt man noch folgende Bezeichnung ein:

$\vec{u}$ = Geschwindigkeit des Gitters (von einem ruhenden Beobachter beurteilt)

Diese Bezeichnungsweisen sind in Fig. 99 erläutert, aus der man auch die Definition der Richtungswinkel α und β von Absolut- und Relativgeschwindigkeit ($\vec{c}$ und $\vec{w}$) entnimmt. In dieser Figur sind die Geschwindigkeitsdreiecke stromauf und stromab von einem ebenen Gitter skizziert; aus Kontinuitätsgründen ist hier $c_{d1} = c_{d2} = c_d$.

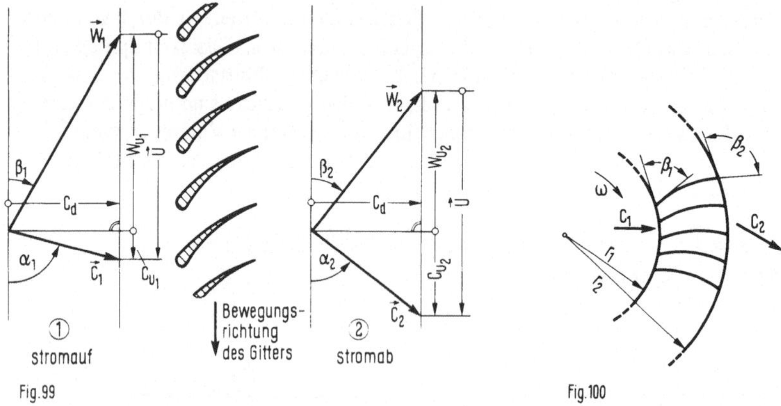

Fig. 99   Fig. 100

Aufgabe 88 (Fig. 100). Das Laufrad einer Radialpumpe mit konstanter Breite b senkrecht zur Zeichenebene besteht aus einer Reihe sehr eng stehender dünner Schaufeln. Die Schaufeleintritts- und Austrittsrichtung sind durch die Winkel β_1 und β_2 gegeben.

Flüssigkeit der Dichte ρ strömt dem Schaufelrad von innen in radialer Richtung zu; die Strömungsrichtung im mitdrehenden System stimme überall mit der Schaufelrichtung überein. Das Rad dreht sich mit vorgegebener Winkelgeschwindigkeit ω. – a) Wie groß sind die absolute Eintrittsgeschwindigkeit c_1 und die absolute Austrittsgeschwindigkeit c_2? – b) Welches Volumen $\dot{V}$ strömt pro Zeiteinheit durch das Rad? – c) Mit welchem Moment M muß man das Rad antreiben? – d) Um welchen Betrag Δp_g ändert sich der Gesamtdruck der Flüssigkeit bei Durchgang durch das Rad? – Gegeben: b, r_1, r_2, β_1, β_2, ω, ρ.

H i n w e i s: Die gesuchte Gesamtdruckerhöhung Δp_g ist gegeben durch $\Delta p_g =$

$(p_2 + \frac{\rho}{2} c_2^2) - (p_1 + \frac{\rho}{2} c_1^2)$. Die Druckdifferenz $p_2 - p_1$ erhält man aus der Bernoulli-

schen Gleichung in einem mitrotierenden Bezugssystem, in dem die Strömung stationär ist ("Relativsystem"); man betrachtet in diesem System eine zwischen zwei Schaufeln von einem Punkt im Abstand r_1 zu einem Punkt im Abstand r_2 von der Achse führende Stromlinie. Im vorliegenden Beispiel ist es allerdings einfacher, die Gesamtdruckdifferenz nach Lösung der Fragen a) bis c) aus der Formel $M\omega = \dot{V}\Delta p_g$, zu bestimmen.

Aufgabe 89 (Fig. 101). Durch ein ebenes Schaufelgitter (Gitterteilung t, Breite senkrecht zur Strömungsebene: b) strömt Flüssigkeit der Dichte ρ. Es handelt sich um ein Verzögerungsgitter; während die zum Gitter senkrechte Geschwindigkeitskomponente aus Kontinuitätsgründen vor und hinter dem Gitter denselben Wert w_d besitzt, wird die gitterparallele Geschwindigkeit von w_{u1} auf $w_{u2} < w_{u1}$ verringert. Dadurch wird der Druck beim Durchgang durch das Gitter von p_1 auf $p_2 > p_1$ erhöht. Wenn keine Verluste auftreten, gilt

$$p_2' - p_2 = \frac{\rho}{2} (w_1^2 - w_2^2) \qquad (80)$$

Mit p_2' bezeichnen wir den durch verlustfreie Umlenkung hinter dem Gitter zu erreichenden Druck.
In Wirklichkeit wird bei der Durchströmung des
Gitters ein Druckverlust Δp_v eintreten und anstelle
von Gl. (80) gilt

$$p_2 - p_1 = \frac{\rho}{2} (w_1^2 - w_2^2) - \Delta p_v \qquad (81)$$

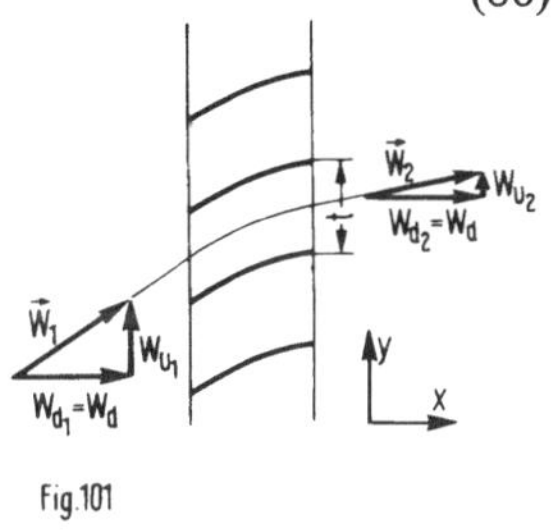

Fig.101

Als Gitterwirkungsgrad definiert man für ein Verzögerungsgitter das Verhältnis der wirklichen Drucksteigerung $p_2 - p_1$ zur verlustfrei bei derselben Umlenkung zu erreichenden Drucksteigerung $p_2' - p_1$:

$$\eta = \frac{p_2 - p_1}{p_2' - p_1} = 1 - \frac{2\Delta p_v}{\rho(w_1^2 - w_2^2)} \qquad (82)$$

– a) Man drücke die Komponenten F_x und F_y der auf eine Schaufel wirkenden Kraft durch die nachstehenden gegebenen Größen aus. – b) Wie hängt der Wirkungsgrad η

vom „Gleitwinkel" ϵ (vgl. Fig. 102) und dem Richtungswinkel β_∞ der mittleren Strömungsgeschwindigkeit $\vec{w}_\infty$ ab? – Gegeben: b, t, $\vec{w}_1$, $\vec{w}_2$, (w_d, w_{u1}, w_{u2}), ϵ, ρ.

H i n w e i s : Der Gleitwinkel ϵ ist derjenige Winkel, um den sich die Richtung der auf die Schaufel wirkenden Kraft $\vec{F}$ von der Richtung senkrecht zu $\vec{w}_\infty$ unterscheidet (Fig. 102). Dort liest man ab: $- F_y/F_x = \tan(\beta_\infty + \epsilon)$. Setzt man hier links für F_x und F_y die Ergebnisse von a) ein, so erhält man den gewünschten Zusammenhang $\eta(\epsilon, \beta_\infty)$. Da der Gleitwinkel ϵ im allgemeinen sehr klein ist, kann man im Ergebnis übrigens $\tan \epsilon \approx \epsilon$ setzen.

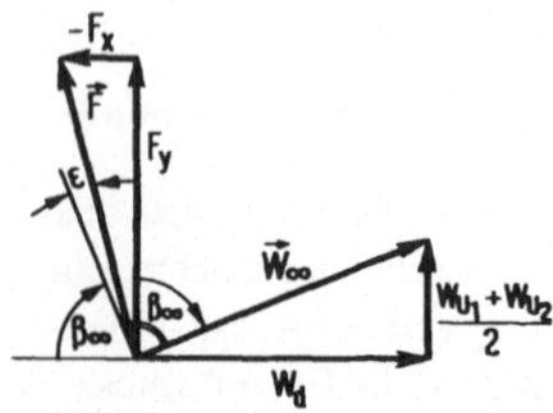

Fig. 102

A n m e r k u n g : Auch für Beschleunigungsgitter kann man einen Wirkungsgrad η definieren. Aufgabe des Beschleunigungsgitters ist es, eine zur Verfügung stehende Druckdifferenz $p_1 - p_2 > 0$ in Geschwindigkeit umzusetzen ($w_2 > w_1$). Bei idealer Umsetzung gilt

$$p_1 - p_2 = \frac{\rho}{2}\,(w_2'^{\,2} - w_1^2) \qquad (83)$$

In Wirklichkeit wird hinter dem Gitter nicht die Geschwindigkeit w_2', sondern eine kleinere Geschwindigkeit w_2 erreicht:

$$p_1 - p_2 = \frac{\rho}{2}\,(w_2^2 - w_1^2) + \Delta p_v \qquad (84)$$

Eine sinnvolle Definition des Wirkungsgrades ist nun

$$\eta = \frac{\dfrac{\rho}{2}\,(w_2^2 - w_1^2)}{\dfrac{\rho}{2}\,(w_2'^{\,2} - w_1^2)} = 1 - \frac{2\Delta p_v}{\rho(w_2'^{\,2} - w_1^2)} \approx 1 - \frac{2\Delta p_v}{\rho(w_2^2 - w_1^2)} \qquad (85)$$

Die letzte Relation gilt nur angenähert unter der Voraussetzung, daß $w_2^2 - w_1^2$ nicht sehr von $w_2'^{\,2} - w_1^2$ verschieden ist. Durch eine ähnliche Betrachtung wie in Aufgabe 89 kann man η durch den Gleitwinkel ϵ und den Richtungswinkel β_∞ der mittleren Geschwindigkeit ausdrücken. Die Ergebnisse für Beschleunigungs- und Verzögerungsgitter sind im folgenden zusammengestellt:

Verzögerungsgitter	Beschleunigungsgitter	
$\eta = \dfrac{\tan \beta_\infty}{\tan(\beta_\infty + \epsilon)}$	$\eta = \dfrac{\tan(\beta_\infty - \epsilon)}{\tan \beta_\infty}$	(86a, b)
$\eta \approx \dfrac{1 - \epsilon \tan \beta_\infty}{1 + \epsilon \cot \beta_\infty}$	$\eta \approx \dfrac{1 - \epsilon \cot \beta_\infty}{1 + \epsilon \tan \beta_\infty}$	(87a, b)
$\eta \approx \dfrac{1 - \epsilon\,\dfrac{2w_d}{w_{u1}+w_{u2}}}{1 + \epsilon\,\dfrac{w_{u1}+w_{u2}}{2w_d}}$	$\eta \approx \dfrac{1 - \epsilon\,\dfrac{w_{u1}+w_{u2}}{2w_d}}{1 + \epsilon\,\dfrac{2w_d}{w_{u1}+w_{u2}}}$	(88a, b)

Die 2. und 3. Zeile gilt jeweils unter der Voraussetzung, daß ϵ sehr klein ist.

Aufgabe 90 (Fig. 103). Ein Gitter mit engstehenden dünnen Schaufeln bewegt sich in Gitterrichtung mit der konstanten Geschwindigkeit u. Dabei strömt Flüssigkeit mit der zum Gitter senkrechten Anströmgeschwindigkeit $c_1 = c_d$ durch das Gitter hindurch. Hinter dem Gitter hat die Flüssigkeit zusätzlich zu c_d noch eine gitterparallele Geschwindigkeitskomponente c_u („Umfangskomponente"). – a) Wie groß muß c_u sein, damit die Flüssigkeit hinter dem Gitter einen um Δp_g höheren Gesamtdruck als vor dem Gitter hat? Strömungsverluste sollen vernachlässigbar sein. – b) Wie groß müssen die Schaufelwinkel β_1 am Eintritt ins Gitter und β_2 am Austritt aus dem Gitter sein, damit bei stoßfreier Anströmung eine gewünschte Durchflußgeschwindigkeit c_d erreicht wird? „Stoßfrei" bedeutet hierbei, daß die Flüssigkeit tangential zu den Schaufeln in das Gitter einströmt; sie verläßt bei engstehenden Schaufeln das Gitter auch wieder in tangentialer Richtung. – c) Wie groß ist die auf eine Gitterschaufel ausgeübte Kraft $\vec{F}_Q$ mit dem Komponenten F_x und F_y? (Gitterteilung t; Breite des Gitters senkrecht zur Zeichenebene b). Zeigen Sie, daß sich das Ergebnis durch $F_Q = \rho w_\infty \Gamma b$ darstellen läßt, wobei Γ die Zirkulation einer Gitterschaufel und w_∞ der Betrag des Vektors $\vec{w}_\infty = (\vec{w}_1 + \vec{w}_2)/2$ (arithmetisches Mittel der relativen An- und Abströmgeschwindigkeit) sind (vgl. Fig. 104). – d) Wie groß ist der Querkraftbeiwert c_Q einer Gitterschaufel, bezogen auf die mittlere (relative) Strömungsgeschwindigkeit w_∞ im Gitter? (Definition nach Abschn. 5.2 des Textbandes: $c_Q = 2F_Q/\rho w_\infty^2 b\ell$; dabei ist ℓ die Schaufeltiefe). – e) Welche Leistung P wird von einer Gitterschaufel an die Flüssigkeit abgegeben? Man überzeuge sich davon, daß $P = F_y u = \dot{V}\Delta p_g$ gilt, wobei $\dot{V}$ der Volumenstrom durch einen Gitterkanal ist. – Gegeben: b, ℓ, t, c_d, u, Δp_g, ρ.

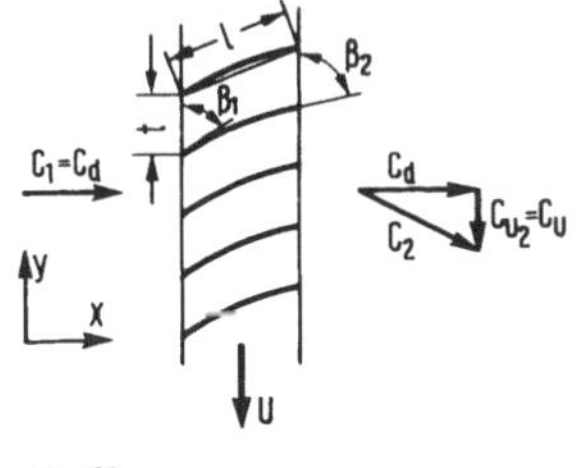

Fig.103

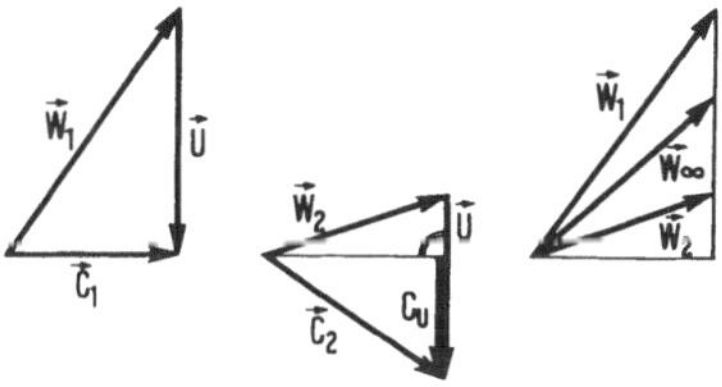

Fig.104

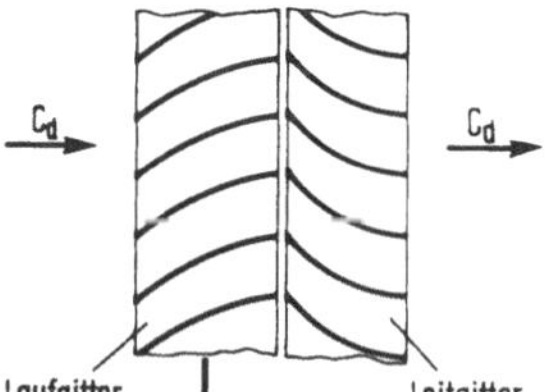

A n m e r k u n g : Man kann die Umfangskomponente c_u der Geschwindigkeit hinter dem bewegten Gitter („Laufgitter") in einem feststehenden „Leitgitter" wieder rückgängig machen (Fig. 105). Eine solche Kombination von Lauf- und Leitgitter nennt man eine Gitterstufe. Vor und hinter dieser Stufe strömt die Flüssigkeit in Richtung senkrecht zum Gitter mit derselben Geschwindigkeit c_d. Der Gesamtdruck der Flüssigkeit hinter dem Gitter ist aber um Δp_g höher als vor dem Gitter.

Fig. 105

Man kann das Leitgitter übrigens auch vor dem Laufgitter anordnen; die Flüssigkeit hat dann beim Eintritt ins Laufgitter eine Umfangskomponente c_u und verläßt dieses Gitter in Richtung senkrecht zum Gitter. Indem man mehrere Gitterstufen in Durchflußrichtung hintereinander anordnet, kann man die Gesamtdruckdifferenz Δp_g vervielfachen. Das hier Gesagte gilt nicht nur für Verzögerungsgitter, die vorwiegend in Pumpen und Verdichtern vorkommen, sondern in sinngemäßer Übertragung auch für Beschleunigungsgitter, die man vorwiegend in Turbinen antrifft.

Die Lösung von Aufgabe 90 ist das einfachste Beispiel einer Gitterberechnung für axiale Strömungsmaschinen. Da angenommen wurde, daß die Schaufeln eng stehen ($t/\ell \ll 1$) und somit enge Strömungskanäle bilden, spricht man von „Kanaltheorie". Die Kanaltheorie liefert die Schaufelwinkel β_1 und β_2, nicht aber die Schaufelform zwischen Ein- und Austritt. Diese wählt man nach strömungsmechanischen Gesichtspunkten, die wir hier nicht erörtern können, so daß die Strömungsverluste im Gitter möglichst klein bleiben. Auf Gitter mit weit stehenden Schaufeln (Teilungsverhältnis $t/\ell \gtrsim 1$) läßt sich die Kanaltheorie nicht anwenden. Man geht hier zur Berechnung der Schaufelform davon aus, daß sich jede Schaufel näherungsweise wie ein einfacher Tragflügel in unendlich ausgedehnter Strömung der Geschwindigkeit $\vec{w}_\infty$ verhält. In diesem Fall ist die für alle Werte von t/ℓ gültige Lösung des Teilproblems d) der Schlüssel zur Auswahl eines geeigneten Schaufelprofils: Aus einem Profilkatalog sucht man sich ein Schaufelprofil aus, das so gegen die Richtung der mittleren Geschwindigkeit $\vec{w}_\infty$ angestellt werden muß, daß es den berechneten c_Q-Wert liefert. Den Angaben im Profilkatalog kann man auch den Gleitwinkel ϵ für das Schaufelprofil entnehmen und nach den in Aufgabe 89 hergeleiteten Formeln den Gitterwirkungsgrad η berechnen. Um sicherzustellen, daß das Gitter den Gesamtdruck wirklich um den geforderten Betrag Δp_g erhöht, kann man so vorgehen, daß man es nach den hier hergeleiteten Formeln formal für eine Gesamtdruckdifferenz $\Delta p_g' = \Delta p_g/\eta$ auslegt.

6 Ebene Schichtenströmung

Das wichtigste Hilfsmittel für die Lösung der Aufgaben in diesem Abschnitt ist neben der Beziehung $\tau = \eta\,\partial u/\partial y$ für die Schubspannung in einer Newtonschen Flüssigkeit die in Abschn. 6.1 des Textbandes angegebene Beziehung

$$\dot{V} = (\frac{u_w h}{2} - \frac{p_2 - p_1}{12\eta\ell}\, h^3)\, b = (\frac{u_w h}{2} - \frac{h^3}{12\eta}\, \frac{dp}{dx})b \tag{89}$$

Sie gibt den Volumenstrom $\dot{V}$ im Spalt zwischen zwei ebenen, parallelen Wänden, die voneinander den Abstand h besitzen. Die eine Wand steht fest, die andere bewegt sich mit der Geschwindigkeit u_w. Der Druck in der Flüssigkeit ändert sich in Strömungsrichtung auf der Strecke ℓ vom Wert p_1 auf den Wert p_2. Die Breite der Anordnung senkrecht zur Strömungsrichtung ist b. Das erste Glied auf der rechten Seite von Gl. (89) gibt den Beitrag der „Schleppströmung" infolge Wandbewegung, das zweite Glied den Beitrag der „Druckströmung" zum gesamten Volumenstrom.

Die Kombination einer festen mit einer bewegten Wand wirkt dann als Pumpe, wenn die Schleppströmung eine Druckströmung in umgekehrter Richtung überwiegt, d.h., wenn der Volumenstrom infolge der Schleppströmung größer ist als der Volumenstrom infolge eines Druckabfalles in umgekehrter Richtung. Die technische Realisierung einer auf diesem Effekt beruhenden einfachen Pumpe (sog. Reibungspumpe) wird in der folgenden Aufgabe studiert:

Aufgabe 91 (Fig. 106). In einem zylindrischen Gehäuse rotiert eine Welle vom Radius r_0 mit der Winkelgeschwindigkeit ω. Abgesehen von einem schmalen Dichtsteg bleibt zwischen der Welle und dem Gehäuse ein Spalt der Breite h_2 frei. Anfang und Ende dieses Spaltes sind jeweils durch einen Spalt der Länge ℓ und Breite h_1 mit zwei großen Flüssigkeitsbehältern verbunden. Im linken Behälter steht die Flüssigkeit unter dem Druck p_1, im rechten unter dem Druck $p_2 > p_1$. – a) Welcher Volumenstrom $\dot V$ einer Newtonschen Flüssigkeit der Zähigkeit η fließt von A nach D, wenn die Breite der ganzen Anordnung senkrecht zur Zeichenebene b beträgt? – b) Wie groß muß die Winkelgeschwindigkeit ω mindestens sein, damit $\dot V > 0$ wird? – c) Man skizziere den Druckverlauf längs ABCD. – d) Wie groß ist der Wirkungsgrad η_p der Reibungspumpe? – Gegeben: $b, h_1, h_2, \ell, r_0, (h_1, h_2) \ll (\ell, r_0)), p_2 - p_1, \eta, \omega$.

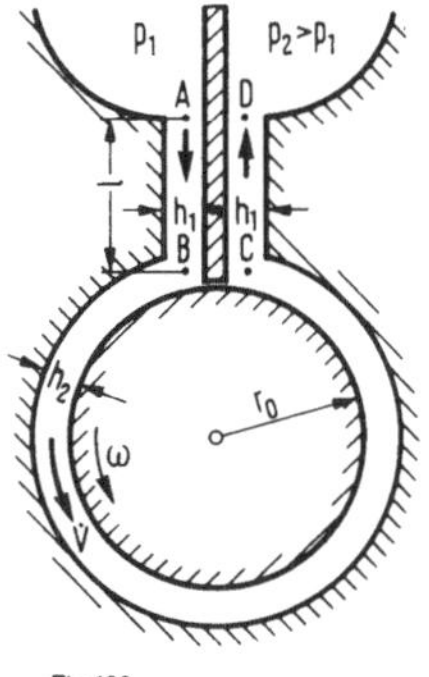

H i n w e i s : Strömungsverluste an Ein- und Austritt der Spalte sind zu vernachlässigen.

A n m e r k u n g : Die Molekularluftpumpe nach Gaede ist im Prinzip ebenso gebaut wie die in Fig. 106 skizzierte Pumpe. Allerdings läßt sich die Strömung in der Molekularluftpumpe nicht nach den hier benutzten Formen berechnen, da das strömende Medium dort keine inkompressible zähe Flüssigkeit, sondern ein sehr hoch verdünntes Gas ist.

Aufgabe 92 (Fig. 107). Ein Schwingungsdämpfer besteht aus einem geschlossenen zylindrischen Topf, in dem sich ein Kolben vom Radius r_0 bewegen kann. Zwischen Kolben und Gefäßwand bleibt ein konzentrischer Ringspalt der Länge ℓ und der Breite h ($h \ll (r_0, \ell)$) frei. Die Querschnittsfläche der Kolbenstangen ist gegenüber πr_0^2 vernachlässigbar. Der Topf ist mit einer Flüssigkeit der Zähigkeit η gefüllt. – Wie hängt die auf den Kolben wirkende Kraft F mit der Kolbengeschwindigkeit u_k zusammen? – Gegeben: h, ℓ, r_0, u_k, η.

H i n w e i s : Wegen der Voraussetzung $h \ll r_0$ darf man den Ringspalt als ebenen Spalt betrachten. Bei der Berechnung der Kraft F darf man zwei Vernachlässigungen einführen: 1. Man kann die Schleppströmung infolge Verschiebung des Kolbens gegen die Druckströmung vernachlässigen. 2. Man kann den Beitrag der am Kolbenumfang an-

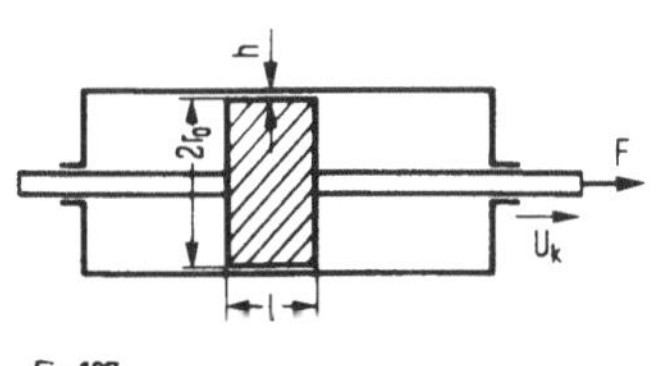

greifenden Schubspannung zur Kraft F gegenüber dem Beitrag des auf Boden- und Deckfläche des Kolbens wirkenden Druckes vernachlässigen.

Zusatzaufgabe 92a. Man überzeuge sich davon, daß diese beiden Vernachlässigungen gerechtfertigt sind (indem man die Kraft F ohne diese Vernachlässigungen berechnet und das Ergebnis mit dem Resultat für F vergleicht, das man unter diesen Vernachlässigungen erhält).

Zusatzaufgabe 92b. Wie hängt die Kraft F auf den Kolben von der Kolbengeschwindigkeit u_k ab, wenn man annimmt, daß die Flüssigkeit reibungsfrei durch den Spalt strömt und beim Austritt aus dem Spalt der gesamte Staudruck als Carnotscher Stoßverlust verloren geht? – Zusätzlich gegeben: ρ.

A n m e r k u n g : Nach dem Ergebnis der Aufgabe 92 hängt F linear von u_k ab, nach dem Ergebnis von Aufgabe 92b dagegen quadratisch. Im ersten Fall ist die Anordnung ein „linearer Dämpfer", im zweiten Fall ein „quadratischer Dämpfer". Welcher der beiden Fälle vorliegt, hängt von dem Wert einer dimensionslosen Kennzahl ab, nämlich von Re · h/ℓ, wobei Re $= \bar{u}h/\nu$ die mit der mittleren Geschwindigkeit $\bar{u}$ im Spalt gebildete Reynoldszahl ist. Für sehr kleine Werte von Re · h/ℓ ist die lineare Dämpfung realisiert, für sehr große Werte die quadratische Dämpfung. Hiervon kann man sich leicht überzeugen, indem man den Staudruck $\rho\bar{u}^2/2$ mit dem bei Lösung von Aufgabe 92 berechneten Druckabfall über die Spaltlänge vergleicht; nur wenn der Staudruck klein gegen diese Druckdifferenz bleibt, ist die lineare Dämpfung realisiert. Man vergleiche hierzu die Diskussion der beiden Formeln für den Ausfluß aus einem Gefäß in Abschn. 7.1 des Textbandes.

Aufgabe 93 (Fig. 108). Die Skizze zeigt das Prinzip einer Vorrichtung zur Ummantelung von Drähten mit Kunststoff. In einer größeren Ringkammer befindet sich der erhitzte flüssige Kunststoff unter dem Druck $p_0 + \Delta p$, wobei Δp der Überdruck gegen den Außendruck p_0 ist. Eine zylindrische Düse der Länge ℓ führt von der Ringkammer ins Freie. Der zu ummantelnde Draht wird mit der axialen Geschwindigkeit u_d konzentrisch durch diese Düse gezogen, wobei ein Ringspalt der Weite h_1 ($h_1 \ll r_0$, ℓ) verbleibt. Infolge der Schleppwirkung und wegen des Überdruckes Δp fließt Kunststoff durch den Ringspalt zwischen Draht und Düsenwand. Nach Austritt aus der Düse verändert sich die Schichtdicke im allgemeinen auf einen von h_1 verschiedenen Wert h_2. Dabei gleicht sich das Geschwindigkeitsprofil in der Kunststoffschicht aus; in einiger Entfernung hinter dem Düsenaustritt bewegt sich der Kunststoff mit der konstanten Geschwindigkeit u_d des Drahtes. Schließlich erstarrt die Kunststoffschicht durch Abkühlung und bildet den gewünschten festen Mantel des Drahtes. Der flüssige Kunststoff möge als Newtonsche Flüssigkeit der Zähigkeit η angesehen werden. Wegen $h_1 \ll r_0$ kann man den Ringspalt und die Kunststoffschicht auf dem Draht als eben betrachten. – a) Wie groß ist h_2? – b) Für welche Drahtgeschwindigkeit $u_d = u_0$ wird $h_2 = h_1$? –c) Wie groß ist der Volumenstrom $\dot{V}$ des Kunststoffes? – d) Warum muß sich hinter dem Düsenaustritt die Geschwindigkeit in der flüssigen Kunststoffschicht ausgleichen, wenn man voraussetzt, daß die Zähigkeit der Luft vernachlässigbar ist? (Wir nehmen an, der Kunststoff erstarre erst, nachdem sich die Enddicke h_2 unter Ausgleich der Geschwindigkeit eingestellt hat.) – Gegeben: h_1, ℓ, r_0, u_d, Δp, η.

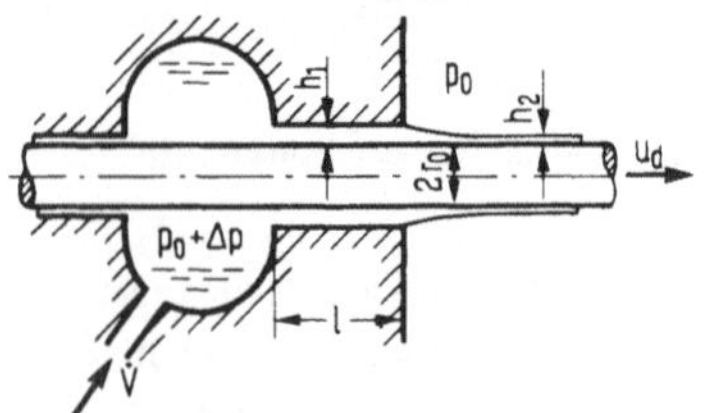

Fig.108

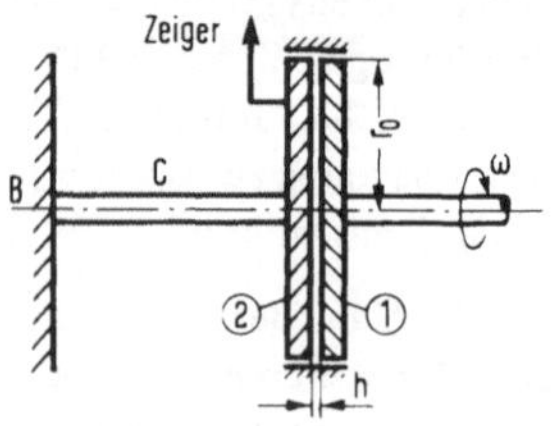

Fig.109

Aufgabe 94 (Fig. 109). Zwischen zwei parallelen kreisförmigen Scheiben vom Radius r_0 befindet sich Flüssigkeit der Zähigkeit η. Der Scheibenabstand und damit die Schichtdicke der Flüssigkeit hat den Wert h. Ein Dichtring am Scheibenumfang verhindert, daß Flüssigkeit entweichen kann. Die Scheibe (1) wird mit der Winkelgeschwindigkeit ω angetrieben. Die Scheibe (2) ist über eine dünne Welle mit der Torsionssteifigkeit c an der Stelle B festgehalten und trägt einen Zeiger, der die jeweilige Verdrehung dieser Scheibe anzeigt. Die Reibung zwischen den Scheiben und dem Dichtring kann vernachlässigt werden. Bei hinreichend kleiner Schichtdicke h bewegen sich alle Flüssigkeitsteilchen auf Kreisbahnen um die Achse. – a) Wie hängt die Schubspannung τ in der Flüssigkeit vom Abstand r von der Drehachse ab? – b) Welches Moment M wird von einer Scheibe auf die andere übertragen? – c) Wie hängt der Zeigerausschlag φ von der Winkelgeschwindigkeit ω ab (für $\omega = 0$ sei $\varphi = 0$)? – Gegeben: h, r_0, c, η, ω.

A n m e r k u n g : Die Anordnung ist ein Tachometer mit linearem Zusammenhang zwischen der Winkelgeschwindigkeit (Drehzahl) und dem Zeigerausschlag.

Aufgabe 95 (Fig. 110). Ein ebener Spalt der Weite h_1 erweitert sich längs der Strecke ℓ auf die Weite h_2. Die Spaltweite nimmt dabei linear mit dem Abstand x vom Beginn der Erweiterung zu. Die konstante Breite des Spalts senkrecht zur Zeichenebene hat den Wert b. Durch den Spalt fließt der Volumenstrom $\dot{V}$ einer Flüssigkeit der Zähigkeit η. Der Erweiterungswinkel sei so klein, daß an jeder Stelle im Spalt Gl. (89), allerdings mit einem von x abhängigen Wert des Druckgradienten dp/dx, gilt. – a) Wie groß ist die Druckdifferenz $p_2 - p_1$, berechnet unter Zuhilfenahme von Gl. (89)? – b) Welche Bedingung muß für die Gültigkeit des Ergebnisses von a) erfüllt sein? – Gegeben: b, h_1, h_2, ℓ, $\dot{V}$, η, ρ.

H i n w e i s : Bei der Beantwortung von Frage b) bedenkt man, daß wegen der Verzögerung der Strömung ein Druckanstieg, neben dem für die Strömung im Spalt charakteristischen Druckabfall, eintreten wird. Nur wenn dieser Druckanstieg, verglichen mit dem in a) berechneten Druckabfall, klein bleibt, ist das Ergebnis von a) anwendbar. Zur Abschätzung des zur Verzögerung nötigen Druckanstiegs benutzt man die Bernoullische Gleichung; als Geschwindigkeit setzt man die über den Spalt gemittelte Geschwindigkeit, d.h. $\dot{V}/(bh)$ ein. (Man vergleiche hierzu auch die Anmerkung zu Aufgabe 92b.)

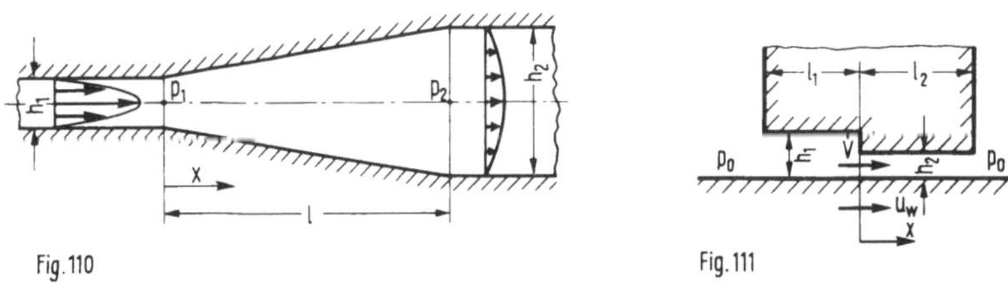

Fig. 110   Fig. 111

Aufgabe 96 (Fig. 111). Unter dem Tragschuh eines Stufenlagers der Länge $\ell_1 + \ell_2$ und der Breite b senkrecht zur Zeichenebene verschiebt sich eine ebene Wand mit der Geschwindigkeit u_w. Der Spalt zwischen Schuh und Wand ist mit Flüssigkeit der Zähigkeit η gefüllt. – a) Man ermittle den Verlauf $\Delta p(x) = p(x) - p_0$ des Überdruckes unter dem

Schuh. – b) Welcher Volumenstrom $\dot{V}$ fließt durch den Spalt? – c) Wie groß ist die Tragkraft F des Schuhs? – Gegeben: $b, h_1, h_2, \ell_1, \ell_2, u_w, \eta$.

Aufgabe 97 (Fig. 112). Die ebene Unterseite eines Lagerschuhs der Länge ℓ und Breite b ist unter dem kleinen Winkel β gegen eine feste Wand geneigt, die mit der Geschwindigkeit u_w in ihrer Ebene verschoben wird. Über der Wand befindet sich Flüssigkeit der Zähigkeit η, von der ein Teil durch den Spalt zwischen Wand und Schuh in der Bewegungsrichtung der Wand hindurchgepreßt wird. Da β als klein vorausgesetzt wird, kann man (wie in Aufgabe 95) annehmen, daß an jeder Stelle x im Spalt für den Volumenstrom $\dot{V}$ Gl. (89) mit ortsabhängigem Wert von dp/dx gilt. – a) Wie groß ist der Volumenstrom $\dot{V}$? – b) Wie hängt der Überdruck $\Delta p = p - p_0$ im Spalt von der Koordinate x ab (Skizze)? – c) An welcher Stelle x_0 tritt der größte Überdruck Δp_{max} auf und wie groß ist dieser? Man zeige, daß stets gilt: $\ell/2 \leqslant x_0 \leqslant \ell$. – d) Wie groß ist die Tragkraft F des Lagerschuhs? – Gegeben: $b, \ell, s, u_w, \beta, \eta$.

H i n w e i s : Für das in der Lösung von d) vorkommende Integral gilt

$$\int_0^\ell \frac{x(\ell - x)}{(s - x)^2}\, dx = (2s - \ell)\,(\ln\frac{s}{s - \ell} - \frac{2\ell}{2s - \ell})$$

A n m e r k u n g: Man bezeichnet die hier betrachtete Anordnung als Michell-Lager. Sie hat technische Bedeutung u.a. für axiale Gleitlager (z.B. Drucklager von Schraubenwellen eines Schiffes, die den gesamten Schub aufnehmen müssen).

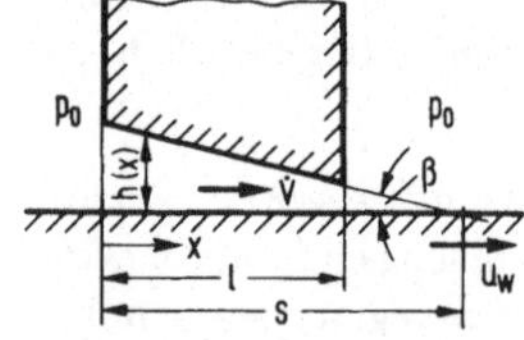
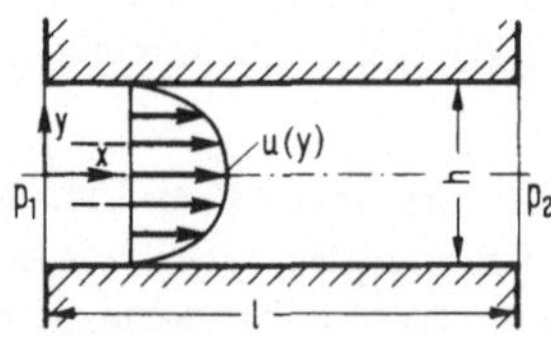

Fig.112   Fig.113

Aufgabe 98 (Fig. 113). Durch den skizzierten ebenen Spalt der Weite h und der Breite b strömt eine Flüssigkeit, die folgendem Fließgesetz genügt (τ bedeutet Schubspannung):

$$\tau = \kappa\left(\frac{\partial u}{\partial y}\right)^n \quad \text{für} \quad \frac{\partial u}{\partial y} \geqslant 0 \tag{90a}$$

$$\tau = -\kappa\left(-\frac{\partial u}{\partial y}\right)^n \quad \text{für} \quad \frac{\partial u}{\partial y} < 0 \tag{90b}$$

κ und n sind Materialkonstanten. Das Fließgesetz ist in Fig. 114 für verschiedene Werte von n skizziert; $n = 1$ und $\kappa = \eta$ gibt das Fließgesetz der Newtonschen Flüssigkeit. Der Druck soll auf der Strecke ℓ von p_1 auf $p_2 = p_1 - \Delta p$ abfallen. Die Flüssigkeit haftet an den Wänden. – a) Wie hängt die Geschwindigkeit u von y ab? – b) Welcher Volumenstrom $\dot{V}$ fließt durch den Spalt? – c) Welchen Wert hat das Verhältnis $\bar{u}/u_m$, wobei $\bar{u} = \dot{V}/(bh)$ die mittlere Geschwindigkeit und u_m die maximale Geschwindigkeit in Spaltmitte $(y = 0)$ ist? – Gegeben: $b, h, \Delta p/\ell, n, \kappa$.

H i n w e i s : Die Geschwindigkeit ist symmetrisch zur Spaltmitte verteilt. Es genügt daher, $y \geqslant 0$ zu betrachten. Hierbei sind folgende Randbedingungen zu erfüllen: $u(h/2) = 0$, $\partial u / \partial y \big|_{y=0} = 0$, d.h. auch $\tau(0) = 0$. Zur Probe kann man im Ergebnis $n = 1$ und $\kappa = \eta$ setzen und muß dann das für Newtonsche Flüssigkeit gültige Resultat erhalten.

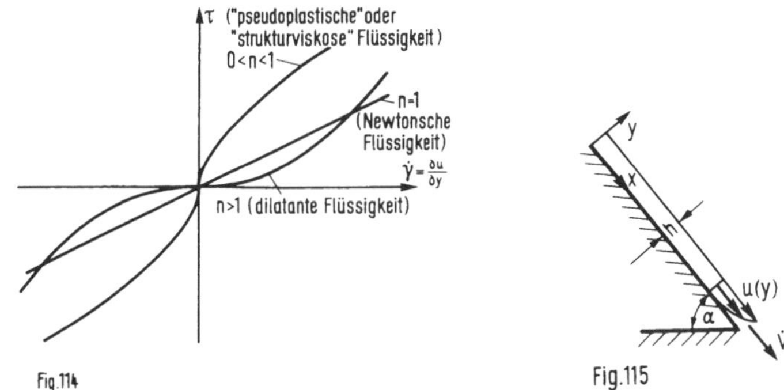

Fig.114

Fig.115

Aufgabe 99 (Fig. 115). An einer schiefen Ebene (Neigungswinkel α) fließt ein dünner Flüssigkeitsfilm (Dicke h, Breite b, Dichte ρ, Zähigkeit η) infolge der Wirkung seines Eigengewichts stationär hinab. – a) Welches Geschwindigkeitsprofil u(y) stellt sich bei laminarer Strömung ein, und wie groß ist die Maximalgeschwindigkeit u_m? – b) Wie groß ist der Volumenstrom $\dot{V}$, der die Ebene hinabfließt? – Gegeben: b, h, α, η, ρ.

H i n w e i s : Zeigen Sie zunächst, daß zwischen der Schubspannung τ und der Volumenkraft (Gewicht) folgender Zusammenhang besteht: $d\tau/dy = -\rho g \sin \alpha$. Die Randbedingung an der freien Filmoberfläche folgt aus dem Verschwinden der Schubspannung an dieser Stelle.

7 Rohrströmung

7.1 Laminare Rohrströmung

Bei der laminaren Strömung durch ein Kreisrohr vom Radius r_0, in dem der Druck auf der Strecke ℓ von p_1 auf p_2 abfällt, gilt für den Volumenstrom $\dot{V}$ das Hagen-Poiseuille-sche Gesetz

$$\dot{V} = \frac{\pi}{8} \frac{p_1 - p_2}{\eta \ell} r_0^4 \tag{91}$$

Die Geschwindigkeit ist parabelförmig über den Rohrquerschnitt verteilt, mit der maximalen Geschwindigkeit auf der Rohrachse. Die maximale Geschwindigkeit u_m ist das Zweifache der mittleren Geschwindigkeit $\bar{u} = \dot{V}/(\pi r_0^2)$.

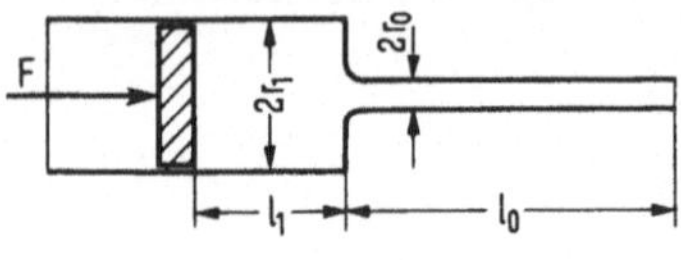

Fig. 116

Aufgabe 100 (Fig. 116). Der Inhalt einer Injektionsspritze vom Radius r_1 wird durch Bewegung eines Kolbens durch eine Kanüle von der Länge ℓ_0 und vom Radius r_0 ($\ll (r_1, \ell_0)$) hinausgedrückt. Der Kolben legt bis zur vollständigen Entleerung den Weg ℓ_1 zurück; die vom Kolben auf die Flüssigkeit wirkende Kraft hat während der Entleerung den konstanten Wert F. Die Injektionsflüssigkeit hat die Dichte ρ und die Zähigkeit η. Der Druckabfall im Zylinder (d.h. vom Kolben bis zum Eintritt in die Kanüle) sei vernachlässigbar klein; für die Strömung in der Kanüle gelte das Hagen-Poiseuillesche Gesetz. – a) Wie groß ist die Entleerungszeit Δt der Spritze? Speziell berechne man die Entleerungszeit für folgende Zahlenwerte: $F = 5$ N, $\ell_1 = 2$ cm, $\ell_0 = 4$ cm, $r_1 = 0,5$ cm, $r_0 = 0,02$ cm, $\eta = 2 \cdot 10^{-3}$ Ns/m^2; $\rho = 10^3$ kg/m^3. – b) Ist für diese Zahlenwerte die Anwendung des Hagen-Poiseuilleschen Gesetzes auf die Strömung in der Kanüle berechtigt?

H i n w e i s : Zwei Kriterien müssen erfüllt sein, damit das Hagen-Poiseuille-Gesetz anwendbar ist: 1. Die Strömung muß laminar sein; dies bedeutet: Re $<$ Re$_{\text{krit}}$ $\approx$2300, wo Re die mit dem Kanülendurchmesser und der mittleren Geschwindigkeit gebildete Reynoldszahl ist. 2. Die Einlauflänge muß klein gegen die Gesamtlänge der Kanüle sein: $0{,}03$Re $\cdot 2r_0 \ll \ell_0$.

In der nächsten Aufgabe wird nochmals das Prinzip des peristaltischen Pumpens an einem einfachen Modell behandelt; man vergleiche hierzu Aufgabe 80.

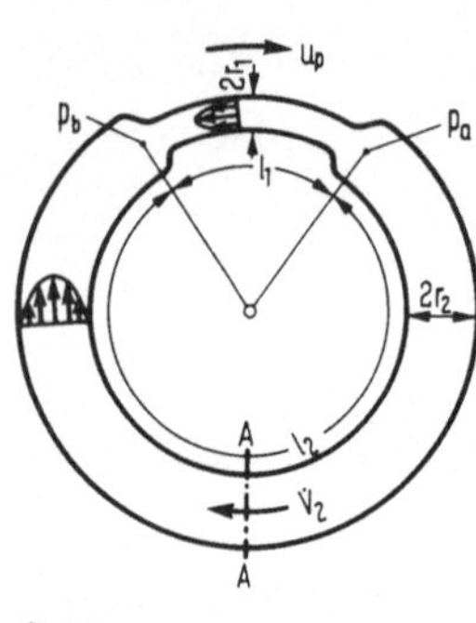

Fig. 117

Aufgabe 101 (Fig. 117). Auf einer Ringröhre aus elastischem Material (Länge $\ell_1 + \ell_2$) verengt sich der Querschnitt auf einer Strecke der Länge ℓ_1 vom Radius r_2 auf den Radius r_1. Die Verengung läuft mit der Geschwindigkeit u_p die Röhre entlang. Die Röhre ist mit Newtonscher Flüssigkeit der Zähigkeit η gefüllt. Sowohl im engen als auch im weiten Teil der Röhre stellt sich eine Strömung ein, von der wir annehmen, sie sei eine Poiseuille-Strömung. Strömungsverluste beim Übergang zwischen dem engen und dem weiten Teil der Röhre seien vernachlässigbar. – a) Welche Druckdifferenz $p_a - p_b$ wird von dieser einfachen Peristaltikpumpe erzeugt? – b) Welcher Volumenstrom $\dot{V}_2$ tritt durch den Querschnitt A – A? – Gegeben: $\ell_1, \ell_2, r_1, r_2, u_p, \eta$.

Aufgabe 102 (Fig. 118). Zur Erzeugung eines Kunststoffstabes oder -fadens wird erhitzter flüssiger Kunststoff aus einem Druckraum durch eine kreiszylindrische Düse von der Länge ℓ und vom Radius r_0 ins Freie gedrückt, wo er durch Abkühlung erstarrt. Der flüs-

sige Kunststoff wird aus einem Vorratsbehälter über eine rotierende Schnecke in die
Druckkammer gepumpt. Die Pumpwirkung der Schnecke beruht auf der Schleppwir-
kung der bewegten Schneckenwand. Es entsteht zwischen der rotierenden Schnecken-
welle und der feststehenden Gehäusewand ein Spalt der Weite h und Breite b ($h \ll b$).
Die Gesamtlänge dieses gewendelten Spaltes liegt durch die Geometrie der Schnecke
fest und habe den Wert L (L ist die Länge des Weges, den ein Flüssigkeitsteilchen in der
Schnecke zurücklegt). Die Wandgeschwindigkeit sei u_w. Der Druck am Einlauf in die
Schnecke stimmt praktisch mit dem Atmosphärendruck und damit mit dem Druck am
Austritt der Düse überein. Der flüssige Kunststoff möge als Newtonsche Flüssigkeit
konstanter Zähigkeit behandelt werden. — Welcher Volumenstrom $\dot{V}$ tritt aus? —
Gegeben: b, h, ℓ, r_0, u_w.

H i n w e i s : Die Wandgeschwindigkeit in der Schnecke hat nicht
genau die Richtung, in der sich
das geförderte Medium bewegt,
denn dieses hat nicht nur eine
Geschwindigkeit in Umfangs-
richtung, sondern auch in Axial-
richtung. Bei kleiner Steigung der
Schnecke ist die Axialkomponente

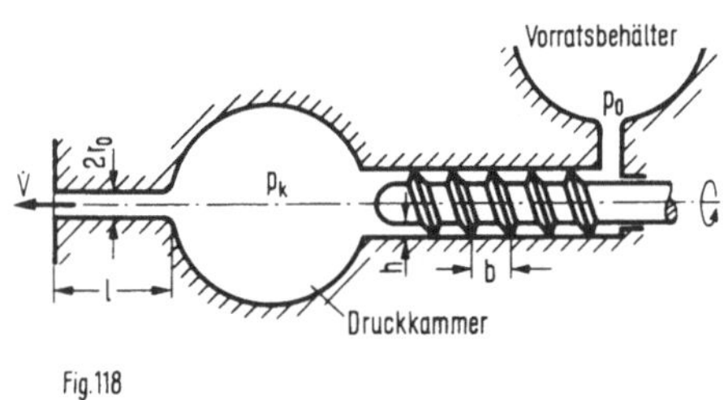

Fig. 118

aber klein gegen die Umfangskomponente der Geschwindigkeit, und auf die Strömung
in der Schnecke kann man näherungsweise Gl. (89) anwenden, wobei man u_w mit der
Umfangsgeschwindigkeit der Schneckenwelle identifiziert. Zur Lösung der Aufgabe
führe man den Druck p_k in der Druckkammer ein, der aus dem Ergebnis für $\dot{V}$ wieder
herausfällt.

Der aus der Düse austretende flüssige Kunststoffstrahl behält übrigens nicht seinen an-
fänglichen Radius r_0 bei, sondern er verändert diesen. Dieser Effekt ist Gegenstand der
Aufgabe 104 (vgl. auch Aufgabe 93).

Aufgabe 103 (Fig. 119). Eine Breitschlitzdüse zum Gießen von Kunststoffplatten der
Breite b besteht aus einem Kreisrohr mit veränderlichem Radius $r_0(x)$, dem Verteilerrohr, das auf seiner ganzen Länge in einen
Spalt der Weite h mündet. Der Einfachheit
halber wird angenommen, die Achse des
Verteilerrohrs sei geradlinig. Der erhitzte
flüssige Kunststoff, von dem der Volumenstrom $\dot{V}_0$ in das Verteilerrohr eintritt, verhal-
te sich wie eine Newtonsche Flüssigkeit der
Zähigkeit η. Der Kunststoff tritt aus dem
Spalt als ebene Schicht aus. — a) Wie muß der
Druck p im Verteilerrohr von x abhängen,
wenn die Flüssigkeit gleichmäßig, d.h. mit
konstanter mittlerer Geschwindigkeit
über die ganze Spaltbreite b austreten soll?

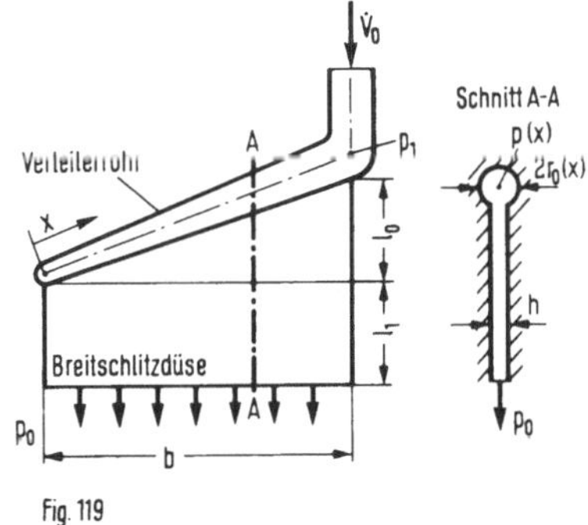

Fig. 119

Ein gleichmäßiger Austritt ist Voraussetzung dafür, daß die bei dem Vorgang entstehende Kunststofftafel konstante Dicke erhält. Wie groß ist speziell der Zulaufdruck p_1? – b) Wie muß der Verteilerrohrradius r_0 dann von x abhängen? – Gegeben: b, h, $\ell_0, \ell_1, \dot{V}_0, p_0, \eta$.

A n m e r k u n g : Bei der praktischen Realisierung von solchen Breitschlitzdüsen wird die Achse des Verteilerrohres gewöhnlich nicht geradlinig gewählt; die Annahme, die Achse sei gerade, dient nur zur Vereinfachung der Aufgabe, ohne daß hierdurch eine grundsätzliche Diskrepanz zur praktischen Realisierung solcher.Düsen einträte. Abweichungen der Rohrachse von der Geraden ergeben sich z.B. dann, wenn man fordert, daß an der Rohrwand unabhängig von x überall dieselbe „Schergeschwindigkeit" $\dot{\gamma} = \partial u/\partial r$ herrschen soll. Diese Forderung wird aus Gründen, die hier nicht erörtert werden können, oft gestellt.

Aufgabe 104 (Fig. 120). Am Ende eines Kreisrohres vom Radius r_1 strömt eine Flüssigkeit mit dem parabolischen Geschwindigkeitsprofil der ausgebildeten laminaren Rohrströmung. Die Maximalgeschwindigkeit hat den Wert U_1. Die Flüssigkeit tritt als Strahl ins Freie aus. Am freien Strahlrand hat die Schubspannung den Wert Null. Im Strahl kann daher nicht das parabolische Geschwindigkeitsprofil beibehalten werden, denn dieses liefert eine endliche Schubspannung am Rand. Die Geschwindigkeit im Strahl gleicht sich daher aus, und in einiger Entfernung strömt die Flüssigkeit mit konstanter Geschwindigkeit U_2 in einem Strahl vom Radius r_2 (vgl. auch Aufgabe 93). – a) Wie groß ist das Kontraktionsverhältnis $\alpha = r_2^2/r_1^2$? – b) Wie groß ist das Geschwindigkeitsverhältnis U_2/U_1? – Gegeben: r_1, U_1.

H i n w e i s : Zur Lösung benutzt man den Impulssatz und die Konitnuitätsgleichung.

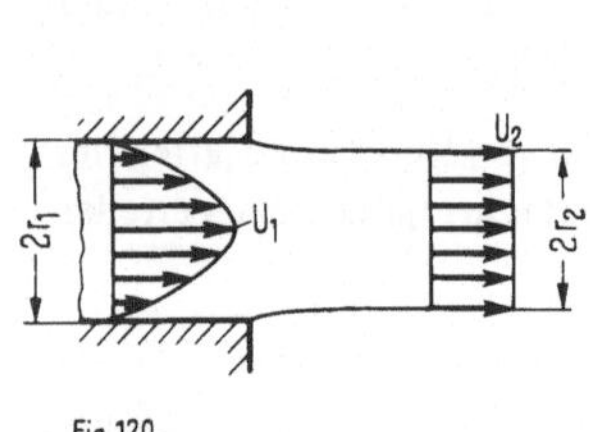

Fig. 120

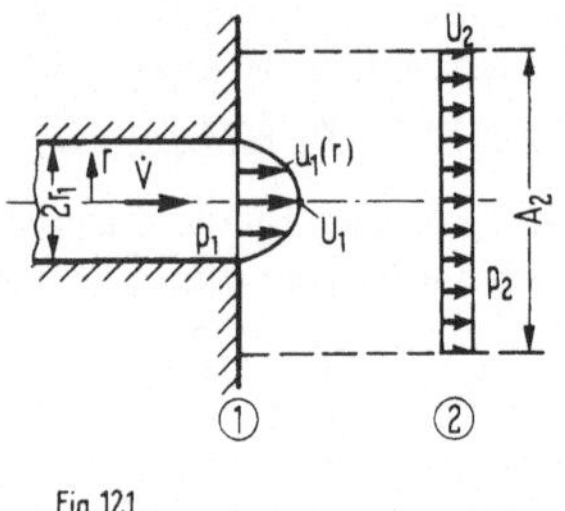

Fig. 121

Aufgabe 105 (Fig. 121). Am Ende eines zylindrischen Wärmetauscherrohres mit der Querschnittsfläche $A_1 = \pi r_1^2$ strömt der Volumenstrom $\dot{V}$ einer Flüssigkeit der Dichte ρ mit dem parabolischen Geschwindigkeitsprofil der laminaren Rohrströmung in einen erweiterten Sammelraum. Dort gleicht sich die Geschwindigkeit aus. Dem aus dem Rohr austretenden Volumenstrom steht dort die Fläche A_2 zur Verfügung. – a) Welcher Druckanstieg $p_2 - p_1$ tritt ein? – b) Welche mechanische Energie P_v geht bei dem Ausgleichsvorgang verloren und wird in Wärme umgesetzt (vgl. Aufgabe 76)? – c) Wie lautet das Ergebnis unter a), wenn man ein beliebiges Geschwindigkeitsprofil $u_1(r)$ am

Rohrende zuläßt und einen „Formfaktor" φ über die Beziehung $\varphi \bar{u}_1^2 A_1 = \int\limits_0^{r_1} u_1(r)^2 \cdot$

$2\pi r dr$ einführt? — Gegeben: $r_1, A_2, \dot{V}, \rho, \varphi$.

H i n w e i s : Zur Anwendung des Impulssatzes wähle man eine Kontrollfläche derart, daß sie zum Teil mit den in Fig. 121 gestrichelten Rändern zusammenfällt. Man kann dann annehmen, daß dort die Schubspannungen verschwinden; dies folgt aus Symmetriegründen.

Zur Lösung von Teil b) benötigt man für den an der Stelle (1) in den Kontrollraum einfließenden mechanischen Energiestrom $\dot{E}_1$ eine verallgemeinerte Form von Gl. (61):

$$\dot{E}_1 = \int\limits_{A_1} (p_1 + \frac{\rho}{2} u_1^2) u_1 \, dA_1 \tag{92}$$

Bei laminarer Strömung im Kreisrohr mit dem parabolischen Geschwindigkeitsprofil $u_1(r) = U_1(1 - r^2/r_1^2)$ nimmt Gl. (92) folgende spezielle Form an:

$$\dot{E}_1 = \int\limits_0^{r_1} [p_1 + \frac{\rho}{2} U_1^2 (1 - \frac{r^2}{r_1^2})^2] U_1 (1 - \frac{r^2}{r_1^2}) \cdot 2\pi r dr \tag{93}$$

$$= \frac{\pi}{2} r_1^2 U_1 (p_1 + \frac{\rho}{4} U_1^2)$$

Aufgabe 106 (Fig. 122). Eine Zerstäubungsanlage besteht aus einem dünnen zylindrischen Rohr vom Radius r_0, das gleichmäßig über seine Länge ℓ verteilt eine große Zahl feiner Düsen besitzt. Diese Düsen sind so beschaffen, daß durch sie pro Längeneinheit des Rohres der Volumenstrom $\dot{v} = \frac{\alpha}{\eta}(p - p_0)$ austritt, wenn im Rohr der Überdruck $p - p_0$ gegen den Außendruck p_0 herrscht; η ist die Zähigkeit der Flüssigkeit, α eine von Zahl und Abmessung der Düsen abhängige Größe. Im Rohr herrsche an jeder Stelle ausgebildete laminare Rohrströmung, wobei allerdings wegen des Abflusses durch die Düsen die mittlere Geschwindigkeit mit x abnimmt. Der in das Rohr eintretende Volumenstrom $\dot{V}_0$ sei bekannt. — a)* Wie hängt der durch den Schlauch fließende Volu-

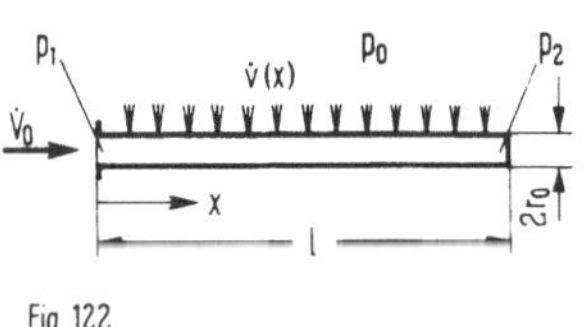

menstrom $\dot{V}$ von x ab und wie groß ist der pro Längeneinheit austretende Volumenstrom $\dot{v}(x)$? — b) Wie lang darf der Schlauch höchstens sein, wenn $\dot{v}(\ell)/\dot{v}(0) \geqslant 0,9$ sein soll, wenn also der am Schlauchende pro Längeneinheit austretende Volumenstrom mindestens 90% des entsprechenden Wertes am Schlauchanfang sein soll? — c) Welche Druckverteilung p(x) stellt sich im Schlauch ein, und wie groß ist speziell der Zulaufdruck p_1? — Gegeben: $\ell, r_0, p_0, \dot{V}_0, \alpha, \eta$.

A n m e r k u n g : Die lineare Abhängigkeit des pro Längeneinheit austretenden Volumenstroms $\dot{v}$ von der Druckdifferenz $p - p_0$ und die umgekehrte Proportionalität zu der Zähigkeit η setzen voraus, daß die Austrittsdüsen sehr klein sind, so daß der durch die Zähigkeit des strömenden Mediums verursachte Druckabfall in den Düsen weit größer als der Staudruck des austretenden Flüssigkeitstrahls ist. Sollte diese Voraussetzung nicht erfüllt sein, müßte man die oben angegebene Formel für $\dot{v}$ durch eine Formel des Typs $\dot{v} \sim \sqrt{p - p_0}$ ersetzen.

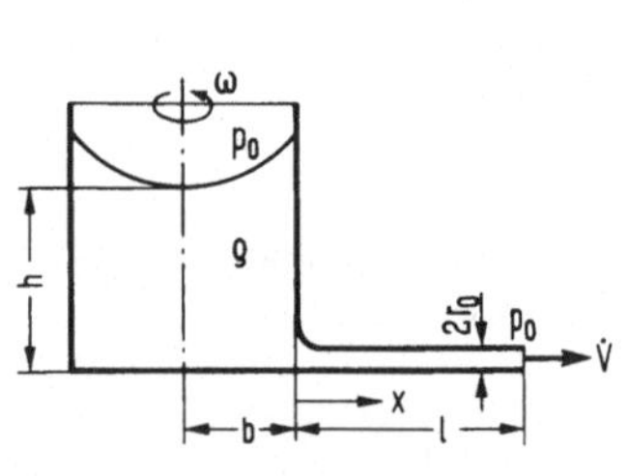

Fig. 123

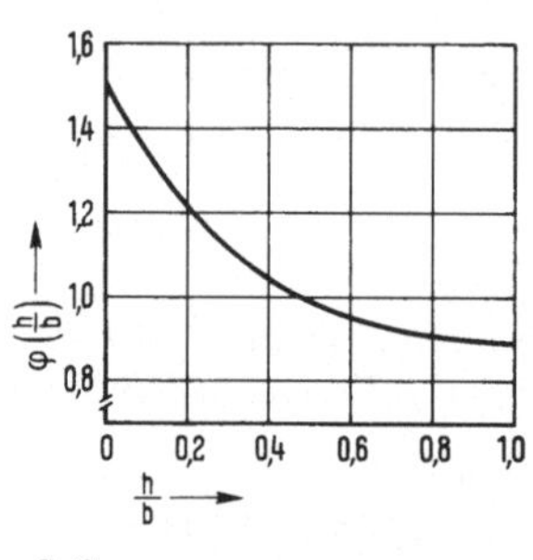

Fig. 124

Aufgabe 107 (Fig. 123). Ein zylindrischer Behälter vom Radius b rotiert mit der konstanten Winkelgeschwindigkeit ω um seine vertikale Achse. Der Behälter ist mit Flüssigkeit der Dichte ρ und Zähigkeit η gefüllt, die auf der Achse bis zur Höhe h steht. Die Flüssigkeit fließt durch ein horizontales, dünnes Rohr von der Länge ℓ und vom Radius r_0 aus. – a) Wie hängt der Überdruck $p(x) - p_0$ im Rohr von der Koordinate x ab? – b) Welcher Volumenstrom $\dot{V}$ tritt aus? – Gegeben: $h, \ell, r_0, b, \eta, \rho, \omega$.

H i n w e i s : Wir nehmen an, im Rohr herrsche ausgebildete laminare Rohrströmung, d.h. die Einlauflänge ℓ_e sei gegen ℓ vernachlässigbar. Nun ist zu bedenken, daß außer dem Druckgradienten hier auch eine Volumenkraft, nämlich die Zentrifugalkraft, die Flüssigkeit durch das Rohr treibt. Diese Kraft hat den Betrag $\rho\omega^2(b + x)$ und ist von der Drehachse nach außen gerichtet. Die in Abschn. 7.1 des Textbandes angegebene grundlegende Beziehung $2\pi r \delta x \cdot \tau(r) = \pi r^2 \cdot \delta p$ ist daher wie folgt abzuändern (da $\rho\omega^2(b + x)$ mit x veränderlich ist, betrachten wir einen Flüssigkeitszylinder infinitesimaler Länge dx):

$$2\pi r dx \cdot \tau(r) + \pi r^2 dx \cdot \rho\omega^2(b + x) = \pi r^2 \cdot dp \tag{94}$$

d.h.
$$\frac{2}{r}\tau(r) = \frac{dp}{dx} - \rho\omega^2(b + x) \tag{95}$$

An die Stelle des Druckgradienten dp/dx im nichtrotierenden Rohr tritt also jetzt die Größe $dp/dx - \rho\omega^2(b + x)$. Für den Volumenstrom erhält man damit

$$\dot{V} = \frac{\pi r_0^4}{8\eta} \left[\rho\omega^2(b + x) - \frac{dp}{dx} \right] \tag{96}$$

Mit $\omega^2 = 0$ und $dp/dx = -(p_1 - p_2)/\ell$ geht dies in Gl. (91) über. $\dot{V}$ muß von x unabhängig sein, und dies ist der Schlüssel zur Lösung der Aufgabe.

Aufgabe 108 Bei laminarer Strömung im Kreisrohr besteht zwischen der durch die Gleichung

$$\Delta p = \lambda \, \frac{\ell}{d} \cdot \frac{\rho}{2} \, \bar{u}^2 \tag{97}$$

definierten Widerstandszahl λ und der mit dem Rohrdurchmesser gebildeten Reynoldszahl $Re = \bar{u}d/\nu$ der Zusammenhang (vgl. auch Fig. 125)

$$\lambda = \frac{64}{Re} \tag{98}$$

Für Rohre mit anderen, vom Kreis nicht zu sehr abweichenden Querschnittsformen gilt dieses Gesetz näherungsweise, wenn man in den Definitionsgleichungen für λ und die Reynoldszahl den Rohrdurchmesser d durch den hydraulischen Durchmesser

$$d_h = \frac{4A}{s} \tag{99}$$

ersetzt (A = Rohrquerschnittsfläche; s = Länge des benetzten Rohrumfangs). — a) Wie groß ist der hydraulische Durchmesser eines schlanken Spaltes der Breite b und der Höhe h ($h \ll b$)? — b) Man bestimme für diesen Spalt die Widerstandszahl λ und schreibe das Ergebnis in der Form $\lambda = C/Re$. Man vergleiche den gefundenen Zahlenwert C mit dem für das Kreisrohr gültigen Wert 64 (vgl. Gl. (98)). — Gegeben: b, h, $\bar{u}$, ν.

H i n w e i s : Zur Lösung von Teil b) ersetze man in der Definitionsgleichung (97) für die Widerstandszahl λ den Druckgradienten $\Delta p/\ell$ durch den aus Gl. (89) mit $u_w = 0$ folgenden Ausdruck $\Delta p/\ell = 12\eta\bar{u}/h^2$ und führe anstelle der Spalthöhe h den unter a) gefundenen Wert für den hydraulischen Durchmesser ein.

A n m e r k u n g : Für Rechteckrohre mit beliebigem Seitenverhältnis h/b läßt sich die Widerstandszahl λ in der Form

$$\lambda = \varphi(\frac{h}{b}) \cdot \frac{64}{Re} \tag{100}$$

darstellen. Der Faktor φ, ein Maß für die Abweichung der wirklichen Widerstandszahl bei Rechteckrohren gegenüber dem Wert nach Gl. (98), ist in Fig. 124 dargestellt. Man erkennt, daß Gl. (98) für schmale Spalte ($h/b \to 0$) nur eine grobe Näherung für λ darstellt, denn der wirkliche Druckabfall liegt um den Faktor 1,5 höher. Bei allen Rechteckrohren, deren Seitenverhältnis h/b den Wert 1/3 übersteigt, stellt hingegen Gl. (98) eine recht brauchbare Näherung zur Abschätzung der Widerstandszahl dar.

Aufgabe 109 Indem man den Volumenstrom $\dot{V}$ durch eine Kapillare mit Kreisquerschnitt in Abhängigkeit vom Druckgefälle $\Delta p = p_1 - p_2$ mißt, d.h. $\dot{V} = \dot{V}(\Delta p)$, kann man das Fließgesetz $\dot{\gamma} = f(\tau)$ einer Flüssigkeit bestimmen. Der Radius der Kapillaren sei r_0, ihre Länge ℓ. — Man zeige, daß man aus den Gleichungen (vgl. Textband, Abschn. 7.1.4)

$$\tau_w = -\frac{r_0}{2} \frac{\Delta p}{\ell} \tag{101}$$

und

$$\dot{V} = -\frac{\pi r_0^3}{\tau_w^3} \int\limits_0^{\tau_w} \tau^2 f(\tau) d\tau \tag{102}$$

durch Differentiation von Gl. (102) nach Δp folgende Parameterdarstellung für das Fließgesetz erhält:

$$\tau_w = -\frac{r_0}{2}\frac{\Delta p}{\ell} \tag{103}$$

$$\dot{\gamma}_w = -\frac{1}{\pi r_0^3}\left(\Delta p\,\frac{d\dot{V}}{d(\Delta p)} + 3\dot{V}\right) \tag{104}$$

τ_w ist die Schubspannung an der Wand, $\dot{\gamma}_w = \left.\dfrac{\partial u}{\partial r}\right|_{r=r_0}$ die Schergeschwindigkeit an

der Wand des Kapillarrohres. Man überzeuge sich davon, daß sich das Fließgesetz einer Newtonschen Flüssigkeit ergibt, wenn man für $\dot{V}(\Delta p)$ das Hagen-Poiseuille-Gesetz einsetzt.

H i n w e i s : Bei der Differentiation verwende man die Kettenregel

$$\frac{d\dot{V}}{d(\Delta p)} = \frac{d\dot{V}}{d\tau_w}\cdot\frac{d\tau_w}{d(\Delta p)}$$

A n m e r k u n g : Das Ergebnis dieser Aufgabe zeigt unmittelbar einen Nachteil, den das Kapillar-Viskosimeter gegenüber dem Couette-Viskosimeter oder dem Drehkegel-Viskosimeter hat: zur Bestimmung der Fließfunktion muß man einen experimentell ermittelten Zusammenhang, nämlich $\dot{V}(\Delta p)$ numerisch oder graphisch differenzieren, was nur mit beschränkter Genauigkeit möglich ist.

Aufgabe 110 In Aufgabe 98 werde der ebene Spalt der Weite h durch ein Kreisrohr vom Radius r_0 ersetzt. — Wie lauten die sinngemäßen Antworten auf die in Aufgabe 98 gestellten Fragen?

7.2 Turbulente Rohrströmung

Der Druckabfall bei ausgebildeter Strömung in einem zylindrischen Rohr der Länge ℓ beträgt

$$\Delta p = \lambda\,\frac{\ell}{d}\cdot\frac{\rho}{2}\,\bar{u}^2 \tag{105}$$

Hierdurch ist die Widerstandszahl λ definiert; $\bar{u}$ ist die mittlere Geschwindigkeit, d beim Kreisrohr der Durchmesser, bei Rohren mit allgemeinem Querschnitt der hydraulische Durchmesser (Gl. 99). In Kreisrohren gilt für λ bei laminarer Strömung (Re < 2300)

$$\lambda = 64/\mathrm{Re} \tag{106}$$

bei turbulenter Strömung in glatten Rohren im unteren Reynoldszahlbereich ($5\cdot10^3 <$ Re $< 10^5$) gilt näherungsweise das Blasiussches Gesetz

$$\lambda = 0{,}316\cdot\mathrm{Re}^{-1/4} \tag{107}$$

λ
k/d
Re = ūd/ν
Re_krit = 2300
① laminar λ = 64/Re
② laminar-turbulenter Übergangsbereich
③ turbulent (hydraulisch glattes Rohr)
④ Übergangsbereich glatt-rauh
⑤ voll ausgebildete Rauhigkeitsströmung

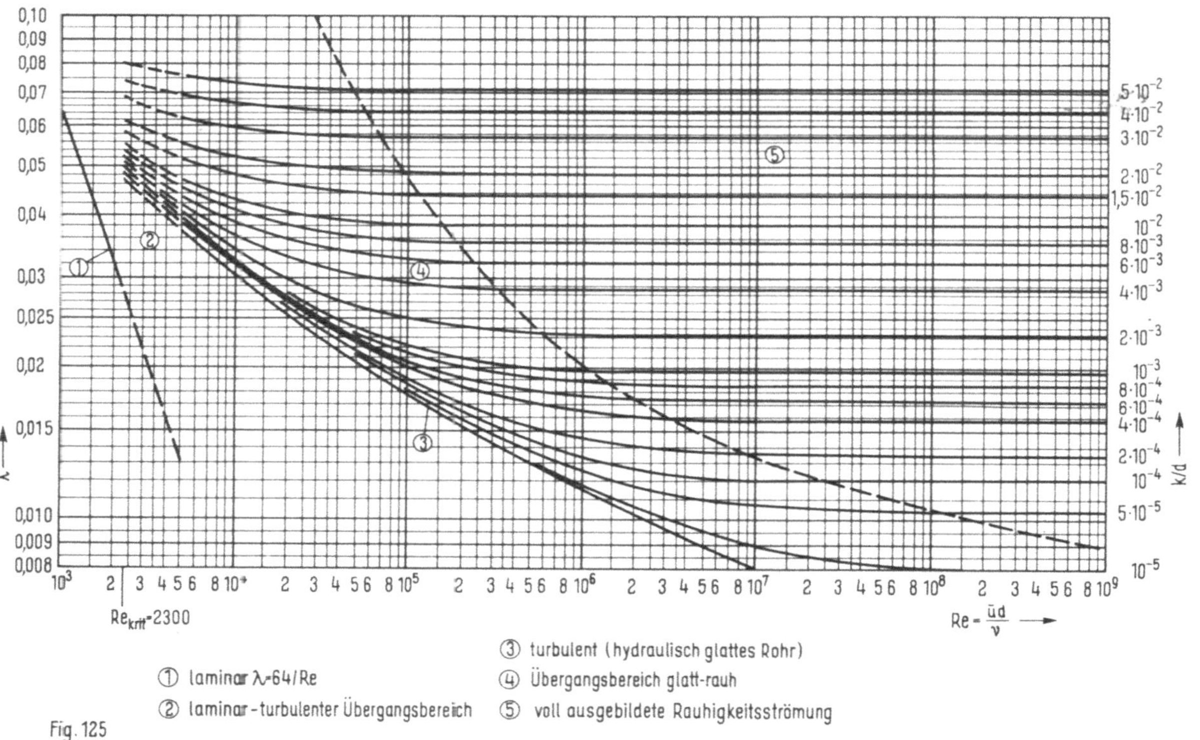

Fig. 125

Bei turbulenter Strömung im rauhen Rohr wird λ bei genügend hoher Reynoldszahl von dieser unabhängig und hängt nur noch von der relativen Rauhigkeit k/d des Rohres ab. Fig. 125 gibt eine Diagrammdarstellung von λ (siehe auch 3. Umschlagseite)

Bei mehreren der folgenden Aufgaben wird die „Bernoullische Gleichung mit Druckverlustglied" benutzt werden. Der Druckabfall in einem Rohr tritt hier als Druckverlust Δp_v in der Bernoullischen Gleichung auf, zusammen mit weiteren möglichen Druckverlusten, die durch Umlenkung plötzliche Erweiterungen, Verengungen o.ä. erzeugt werden. Schließlich sei noch darauf hingewiesen, daß bei verschiedenen Aufgaben die Widerstandzahl λ iterativ bestimmt werden muß, ausgehend von einem geschätzten Wert von λ. Man benutzt dazu zweckmäßigerweise das in Fig. 125 dargestellte Diagramm für λ.

Aufgabe 111. Durch eine gerade, horizontale Rohrleitung fließt der Volumenstrom $\dot V$ Heizöl. Die Rohrleitung hat die Länge ℓ, den Durchmesser d_0 und eine relative Rauhigkeit k/d_0; die Dichte des Öls ist ρ, seine kinematische Zähigkeit ν. – a) Wie groß ist der Druckverlust Δp_V in der Rohrleitung? – b) Welche Antriebsleistung P muß der Ölpumpe zur Überwindung dieses Druckverlustes zugeführt werden, wenn ihr Wirkungsgrad $\eta_P = 0{,}7$ beträgt? – c) Auf welchen Durchmesser d_1 müßte man unter sonst gleichen Verhältnissen die Leitung erweitern, wenn man mit der halben Antriebsleistung auskommen wollte? – Gegeben: $d_0 = 100$ mm; $k/d_0 = 2 \cdot 10^{-3}$; $\ell = 750$ m; $\dot V = 108$ m³/h; $\eta_P = 0{,}7$; $\nu = 8 \cdot 10^{-6}$ m²/s; $\rho = 860$ kg/m³.

H i n w e i s : Bei der Lösung von c) muß man iterativ vorgehen. Man leitet zunächst die im Lösungsteil angegebene allgemeine Beziehung $d_1/d_0 = (2\lambda_1/\lambda_0)^{1/5}$ her, worin λ_1 die Widerstandzahl für die Durchströmung des erweiterten Rohres und λ_0 diejenige für das engere Rohr ist. Als Ausgangswert für die Iteration kann man $\lambda_1 = \lambda_0$ wählen.

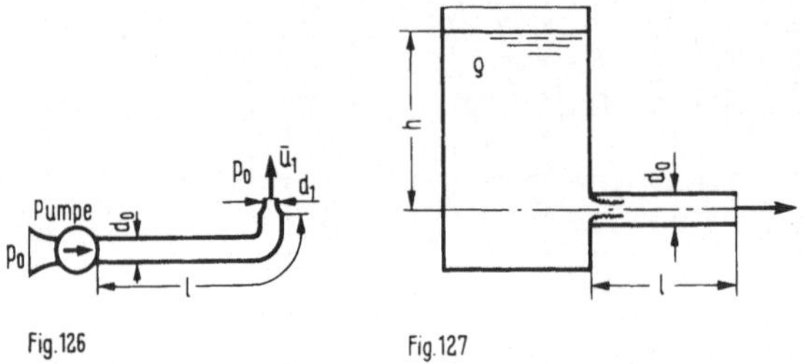

Fig.126   Fig.127

Aufgabe 112 (Fig. 126). Die Versorgungsleitung eines Springbrunnens hat den Durchmesser d_0 und die Länge ℓ; die relative Rauhigkeit hat den Wert k/d_0. Am Ende ist eine kurze Düse vom Austrittsdurchmesser d_1 angeschlossen. Druckverluste am Rohreinlauf, an der Umlenkstelle und an der Düse werden durch eine Druckverlustzahl ζ, bezogen auf $\rho\bar u_0^2/2$, berücksichtigt. Die Fontäne des Springbrunnens soll die Höhe h erreichen, wobei der Rechnung zur Berücksichtigung der Luftreibung die Höhe $\epsilon h (\epsilon > 1)$ zugrundezulegen ist. – a) Wie groß ist die erforderliche Austrittsgeschwindigkeit $\bar u_1$? – b) Wie groß sind die Reynoldszahl Re und die Widerstandzahl λ der Strömung im Zuleitungsrohr? – c) Welche Leistung P muß die Pumpe aufbringen? – Gegeben: h = 20 m; $d_0 =$

10 cm; $d_1 = 5$ cm; $\ell = 15$ m; $k/d_0 = 6 \cdot 10^{-3}$; $\epsilon = 1,5$; $\zeta = 0,8$; $\rho = 1000$ kg/m³; $\nu = 10^{-6}$ m²/s.

Aufgabe 113 (Fig. 127). An einen großen, bis zur Höhe h über der Ausflußöffnung gefüllten Flüssigkeitsbehälter ist eine glatte, horizontale Ausflußleitung mit der Länge ℓ und dem Durchmesser d_0 angeschlossen. Neben der Rohrreibung tritt am scharfkantigen Übergang vom Behälter zum Rohr ein Einlaufverlust auf. Man beobachtet nun, daß sich die Ausflußgeschwindigkeit vergrößert, wenn man an das Rohrende eine kurze Düse vom Austrittsdurchmesser $d_1 < d_0$ anschließt. — a) Wie erklärt sich diese Erscheinung? — b) Für die Zahlenwerte h = 1,5 m, $\ell = 3$ m, $d_0 = 25$ mm, $d_1 = 12$ mm, $\nu = 10^{-6}$ m²/s berechne man die Ausflußgeschwindigkeit $\bar{u}_0$ ohne und $\bar{u}_1$ mit Düse.

A n m e r k u n g : Die hier studierte Erscheinung ist übrigens der Grund dafür, daß man mit einem Gartenschlauch weiter spritzen kann, wenn man dessen Ausflußöffnung weitgehend mit dem Daumen (Düse!) verschließt.

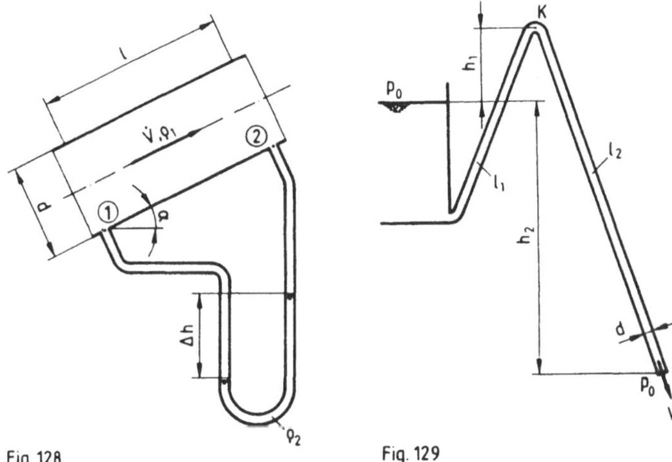

Fig. 128   Fig. 129

Aufgabe 114 (Fig. 128). Um die Widerstandszahl λ in einer um den Winkel α geneigten Rohrleitung vom Durchmesser d zu bestimmen, bringt man im Abstand ℓ zwei Druckbohrungen an, die an die beiden Schenkel eines U-Rohr-Manometers angeschlossen werden. a) Man drücke λ durch die gegebenen bzw. gemessenen Größen aus. — b) Warum hängt das Ergebnis unter a) nicht vom Neigungswinkel α ab (Vgl. Textband, Abschn. 3.3.3)? — Gegeben: d, ℓ, Δh, $\dot{V}$, ρ_1, ρ_2, α.

Aufgabe 115 (Fig. 129). Aus einem großen Behälter strömt Wasser durch eine Heberleitung mit konstantem Durchmesser d und der Gesamtlänge $\ell_1 + \ell_2$. Das Heberknie K liegt in der Höhe h_1 über dem Spiegel im Behälter, die Ausflußlösung um h_2 darunter. Die relative Rauhigkeit k/d der Leitung ist bekannt. Einzelverluste am Einlauf und am Knie seien vernachlässigbar. — a) Welcher Volumenstrom $\dot{V}$ tritt durch die Leitung? Hierfür nehme man an, daß am Knie der Dampfdeuck p_D nicht unterschritten wird und somit der Flüssigkeitsfaden in der Leitung nicht abreißt. — b) Wie groß darf h_1 unter sonst gleichen Bedingungen höchstens sein, damit die unter a) getroffene Annahme zutrifft? – c) Welche Ergebnisse erhält man sinngemäß unter a) und b), wenn reibungsfreie Strömung angenommen wird? Gegeben: $d = 50$ mm, $\ell_1 = 9{,}7$ m, $\ell_2 = 13{,}8$ m, $h_1 = 4{,}2$ m, $h_2 = 8{,}3$ m, $k/d = 2 \cdot 10^{-3}$, $p_0 = 1$ bar, $p_D \approx 0$, $\rho = 1$ Mg/m³, $\nu = 10^{-6}$ m²/s.

Aufgabe 116 (Fig. 130). Aus einem Stausee führt eine Rohrleitung vom Durchmesser d und von der Länge ℓ, die zunächst durch einen Schieber verschlossen ist. Der Schieber wird zur Zeit t = 0 plötzlich geöffnet. Für die dann einsetzende Strömung im Abflußrohr darf mit einer konstanten (von der Reynoldszahl unabhängigen) Widerstandszahl λ gerechnet werden. Am Rohreinlauf entsteht ein Druckverlust Δp_e, der durch $\Delta p_e = \zeta_e \cdot \dfrac{\rho}{2} \, \bar{u}^2$ gegeben ist, wobei $\bar{u}$ die mittlere Geschwindigkeit im Rohr bedeutet. – a) Mit welcher Anfangsbeschleunigung a_0 setzt sich die Flüssigkeit im Rohr in Bewegung? – b)* Wie hängt die mittlere Geschwindigkeit $\bar{u}$ von der Zeit t nach Öffnen des Schiebers ab? (Vgl. auch Aufgabe 51) – Gegeben: $d, h, \ell, \lambda, \zeta_e$.

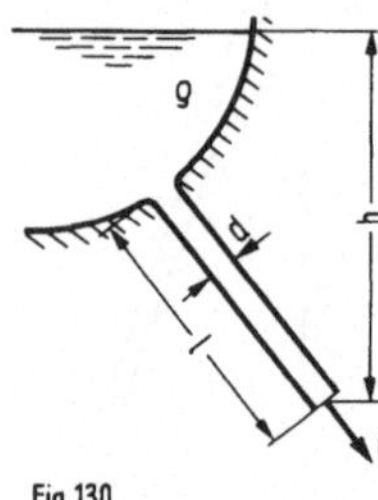

Fig. 130

A n m e r k u n g: Die Annahme, die Wiederstandszahl λ sei während des zeitlich instationären Anlaufs der Strömung konstant, ist bei laminarer Strömung sicher nicht zulässig. Allenfalls bei turbulenter Strömung ist die Annahme mehr oder weniger gut erfüllt, insbesondere wenn die Reynoldszahl so groß ist, daß es sich um „voll ausgebildete Rauigkeitsströmung" (s. Fig. 125, Bereich 5) handelt. Die für diese Aufgabe gewählten Zahlenwerte lassen die getroffene Annahme als sehr realistisch erscheinen, wird im Ausflußrohr doch bereits nach ca. 1 s eine Reynoldszahl von $5 \cdot 10^6$ erreicht.

Aufgabe 117 (Fig. 131). Eine Pumpe fördert Flüssigkeit der Dichte ρ gleichzeitig durch zwei parallelgeschaltete Kühler. Der eine Kühler besteht aus n_1 parallelgeschalteten Rohren (Durchmesser d_1, Länge ℓ_1), der andere aus n_2 parallelgeschalteten Rohren (d_2, ℓ_2). Für beide Kühler ist die relative Rohrrauhigkeit k/d. Der Volumenstrom durch die Pumpe ist $\dot{V}$; der Druckverlust in den Zuleitungen ist vernachlässigbar. – a) Welche Volumenströme $\dot{V}_1$ und $\dot{V}_2$ treten durch die beiden Kühler? – b) Wie groß sind die Reynoldszahlen Re_1 und Re_2 der Strömung in den Rohren der beiden Kühler? – c) Wie groß ist der Druckabfall Δp über den Kühlern? – Gegeben: $n_1 = 20$; $n_2 = 30$; $d_1 = 2{,}5$ mm; $d_2 = 4{,}0$ mm; $\ell_1 = 1{,}5$ m; $\ell_2 = 2{,}4$ m; $k/d = 10^{-2}$; $\dot{V} = 5 \cdot 10^{-3}$ m³/s; $\nu = 10^{-6}$ m²/s; $\rho = 1000$ kg/m³.

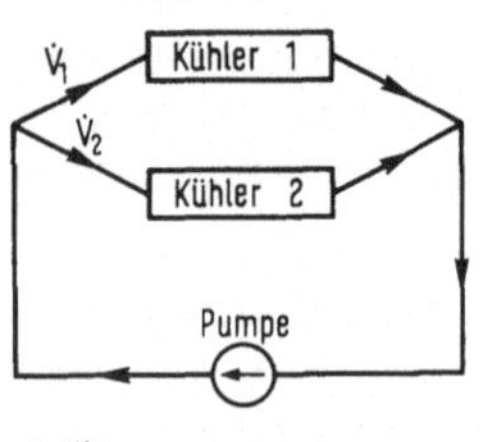

Fig. 131

H i n w e i s: Man beginne die Iteration der Widerstandszahlen λ_1 und λ_2 für die Rohre beider Kühler mit der gleichen, geschätzten Widerstandszahl $\lambda_1 = \lambda_2 = 0{,}04$.

Aufgabe 118 Welche Ergebnisse erhält man in Aufgabe 104, wenn am Rohrende anstelle der laminaren Strömung turbulente Strömung herrscht, deren Geschwindigkeitsprofil im Gültigkeitsbereich des Blasiusgesetzes (107) gut durch

$$u(y) = U_1 \cdot \left(\frac{y}{r_1}\right)^{1/7} \tag{108}$$

dargestellt wird? Hierin ist y die von der Wand aus gezählte Koordinate: $y = r_1 - r$. – Gegeben: r_1, U_1.

Aufgabe 119 a) Wie hängt bei ausgebildeter Strömung in einem Kreisrohr die Wandschubspannung τ_w von λ, ρ und $\bar{u}$ ab? – b) Wie hängt demnach die Wandschubspannung von Re, ρ, $\bar{u}$ ab für 1) laminare Strömung, 2) turbulente Strömung im Bereich des Blasiusschen Gesetzes (107)?

Aufgabe 120 Durch zwei Rohre gleicher Länge, aber verschiedener Durchmesser d_1 und d_2 trete der gleiche Volumenstrom. – In welchem Verhältnis stehen die Druckabfälle Δp_1 und Δp_2 bei a) laminarer Strömung, b) turbulenter Strömung im Gültigkeitsbereich des Blasiusgesetzes (107), c) turbulenter Strömung im hydraulisch rauhen Rohr, wobei die relative Rauhigkeit in beiden Rohren gleich sei? – d) Um wieviel Prozent ändert sich demnach der Druckabfall in einem Rohr unter den Strömungsbedingungen a), b), c), wenn sich der Durchmesser eines Rohres von d auf $(1 + \epsilon)d$ ($\epsilon \ll 1$) ändert? – Gegeben: d_1, d_2, ϵ

7.3 Strömungsmaschinen in technischen Anlagen

Bei den Aufgaben 121 bis 123 handelt es sich um Probleme, bei denen verschiedene Resultate nicht einfach formelmäßig angegeben werden können, um anschließend für spezielle Werte zahlenmäßig ausgewertet zu werden. Gewisse Ausgangsdaten sind nur numerisch gegeben, wie es in der Praxis häufig vorkommt, so daß die Beantwortung einiger Fragen gleichfalls nur numerisch erfolgen kann. Teilweise sind Daten zu verwenden, die in Diagrammform vorliegen oder erst in diese Form gebracht werden müssen, damit verschiedene Ergebnisse graphisch bestimmt werden können.

Aufgabe 121 (Fig. 132). Eine einfache Lüftungsanlage besteht aus einem mit scharfkantigem Einlauf versehenen, kreisrunden Ansaugrohr (Länge ℓ_1, Durchmesser d_1), einem Gebläse und einem druckseitig an das Gebläse anschließenden Kanal (Länge ℓ_2, Breite b; Höhe h). Am Kanalende wird die Luft über ein Filter ausgeblasen, dessen Querschnittsfläche dreimal so groß ist wie die des Kanals: $A_F = 3bh$. Das saubere Filter hat einschließlich vorangehender Umlenkung die Druckverlustzahl ζ_{Fs}, bezogen auf die Geschwindigkeit, mit der die Luft aus dem Filter austritt. Die Rauhigkeitshöhe der Leitungen ist k. Die Gebläsekennlinie ist durch folgende Werte gegeben:

$\dot{V}$ in m³/s:	0	0,25	0,50	0,75	1,00
Δp_g in Pa:	720	700	630	480	190

– a) Wie hängt der Gesamtdruckbedarf Δp_{gA} der Anlage vom Volumenstrom $\dot{V}$ ab, und zwar bei sauberem Filter sowie bei fortschreitender Filterverschmutzung ($\zeta_F = 2\zeta_{Fs}$, $4\zeta_{Fs}$, $6\zeta_{Fs}$)? Diese „Anlagenkennlinien" sind zusammen mit der Gebläsekennlinie in einem

Diagramm aufzutragen. – b) Welche Volumenströme werden bei sauberem und verschmutztem Filter jeweils gefördert, und wie groß sind demnach bei verschmutztem Filter die jeweiligen Verminderungen des Volumenstroms gegenüber dem Volumenstrom bei sauberem Filter? – c) Um wieviel nimmt der Volumenstrom bei sauberem Filter zu, wenn der Druckverlust am Einlauf in das Ansaugrohr durch gute Abrundung des Einlaufs vernachlässigbar wird? – d) Für welchen der unter b) ermittelten Betriebszustände ist der Druckverlust Δp_{Fv} am Filter am größten? Wie groß ist dieser Druckverlust, und welche Kraft übt die Strömung in diesem Fall quer zum Filter auf dieses aus? – Gegeben: $d_1 = 280$ mm; $b = 225$ mm; $h = 280$ mm; $\ell_1 = 25$ m; $\ell_2 = 15$ m; $k = 0,5$ mm; $\zeta_{Fs} = 16$; $\rho = 1,2$ kg/m^3; $\nu = 15,1 \cdot 10^{-6}$ m^2/s.

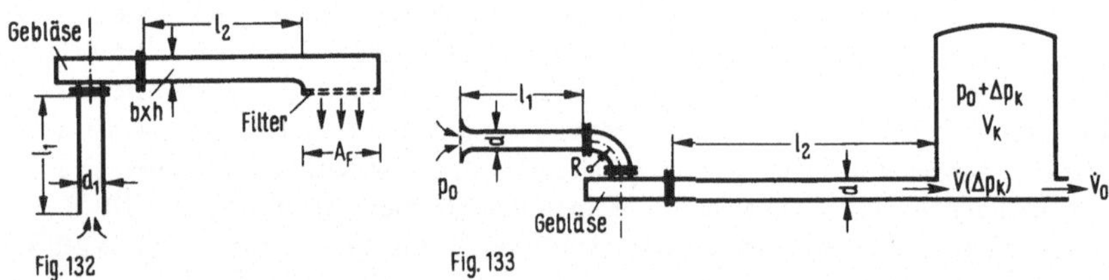

A n m e r k u n g : Die hier gegebenen Rohrlängen sind (wie auch bei den folgenden beiden Aufgaben) teils nur wenig größer als die Einlauflängen (vgl. hierzu Abschn. 7.1.2 und 7.2.2 des Textbandes), so daß eigentlich zusätzliche Einlaufverluste berücksichtigt werden müßten. Bei turbulenter Strömung, wie sie in derartigen Anlagen stets vorliegt, sind die Einlaufverluste aber erheblich kleiner als bei laminarer Strömung. Man kann sie für die meisten technischen Zwecke vernachlässigen und vom Rohranfang an mit ausgebildeter Rohrströmung rechnen.

Aufgabe 122 (Fig. 133). Ein Windkessel vom Volumen V_K wird von einem Gebläse mit Luft versorgt. Die Gebläsekennlinie, einschließlich der Leistung P_w, die dem Gebläse an der Welle zugeführt werden muß („Wellenleistung"), ist durch folgende Daten punktweise gegeben:

$\dot{V}$ in m^3/s:	0	2,5	5,0	7,5	10,0	12,5	15,0	17,5
Δp_g in kPa:	3,64	3,61	3,56	3,45	3,26	2,90	2,35	1,40
P_w in kW:	3	15	25	34	41	44	43	39

Die Luft wird durch eine Saugleitung (Länge ℓ_1, Durchmesser d) mit Eintrittssieb (Druckverlustzahl ζ_s) und Krümmer (R = 2d, rauh) dem Gebläse zugeführt und gelangt von dort durch eine Druckleitung (ℓ_2, d) in den Kessel. Alle Leitungsteile haben eine Rauhigkeitshöhe k. Die Druckänderungen in der Anlage sind so klein, daß man Dichteänderungen bei der Rechnung vernachlässigen kann. – a) Wie hängt der Gesamtdruckbedarf Δp_{gA} der Anlage vom Volumenstrom $\dot{V}$ ab? – b) Welcher Volumenstrom wird gefördert, wenn im Kessel der Druck um Δp_K über dem Außendruck p_0 liegt? Das Ergebnis $\dot{V}(\Delta p_K)$ ist in einem Diagramm aufzutragen. – c) In Abhängigkeit vom Kesselüberdruck sind die dem Gebläse zuzuführende Wellenleistung P_w und die vom Gebläse an die Luft übertragene Leistung $P_n = \dot{V}\Delta p_g$ zu bestimmen, ebenso der Wirkungsgrad $\eta = P_n/P_w$. – d)* Welche Zeitspanne Δt ist erforderlich, um den Kesselüberdruck isotherm vom Wert null auf den Wert Δp_{K_0} zu steigern, wenn dem Kessel gleichzeitig der konstante Volumenstrom $\dot{V}_0$ entnommen wird? Die zur Beantwortung dieser Frage notwendige Integration kann numerisch oder graphisch durchgeführt werden. — Gegeben: $d = 800$ mm; $\ell_1 = 22$ m; $\ell_2 = 13$ m; $k = 0,2$ mm; $V_K = 4600$ m³; $\dot{V}_0 = 10$ m³/s; $\Delta p_{K_0} = 2,0$ kPa; $p_0 = 1,0$ bar; $\rho = 1,2$ kg/m³; $\nu = 15 \cdot 10^{-6}$ m²/s; $\zeta_s = 0,23$; Druckverlustzahl des Krümmers: siehe Tabelle auf Seite 134.

Aufgabe 123 (Fig. 134). Die Kennlinie einer Wasserpumpe ist durch folgende Daten festgelegt:

$\dot{V}$ in ℓ/s:	0	2	4	6	8	10
h_g in m:	88,0	89,5	85,5	74,0	50,0	12,0 (Gesamt-Förderhöhe)

(Die Gesamt-Förderhöhe ist durch $h_g = \Delta p_g/\rho g$ definiert). Die Pumpe saugt Wasser aus einem Vorratsbehälter durch eine Saugleitung (Länge ℓ_1, Durchmesser d_1) an und fördert es durch zwei getrennte Druckleitungen (ℓ_2, d_2 und ℓ_3, d_3) zu zwei Verbrauchern, die sich in verschiedenen Höhen h_2 und h_3 über dem Wasserspiegel im Vorratsbehälter befinden. Die Rohrrauhigkeit k sei bekannt. Die Einzeldruckverluste (im Einlauf, an der Verzeigung, in Krümmern usw.) sind hier gegenüber den Rohrreibungsverlusten und dem Druckbedarf zur Überwindung der Höhen h_2 und h_3 vernachlässigbar (anschließende Kontrolle, ob diese Vernachlässigung berechtigt ist!). — a) Man ermittle die Verbraucherkennlinie $h_{gD}(\dot{V}_1)$ des auf der Pumpendruckseite befindlichen Leitungssystems sowie die „Lieferkennlinie" $h_{gL}(\dot{V}_1)$ der Pumpe. (Als Lieferkennlinie bezeichnet man die Pumpenkennlinie, vermindert um die für den saugseitigen Leitungsteil erforderliche Gesamtförderhöhe h_{gS}). Welcher Volumenstrom $\dot{V}_1$ wird von der Pumpe gefördert, und wie groß sind die den Verbrauchern zufließenden Volumenströme $\dot{V}_2$ und $\dot{V}_3$? — b) An welcher Stelle des Leitungssystems tritt der kleinste Druck p_{min} auf? Wie groß ist dort der Unterdruck $\Delta p_{min} = p_0 - p_{min}$? — c) Welchen Volumenstrom fördert die Pumpe, wenn einmal der Verbraucher 2, ein andermal der Verbraucher 3 durch jeweiliges Schließen eines Ventils abgesperrt wird? — Gegeben: $d_1 = 65$ mm; $\ell_1 = 6,5$ m; $d_2 = 32$ mm; $\ell_2 = 35$ m; $d_3 = 40$ mm; $\ell_3 = 60$ m; $h_1 = 5$ m; $h_2 = 30$ m; $h_3 = 55$ m; $k = 0,5$ mm; $\rho = 10^3$ kg/m³; $\nu = 1,3 \cdot 10^{-6}$ m²/s.

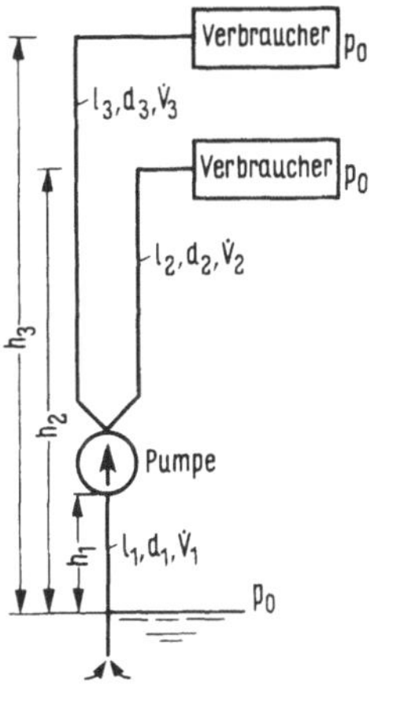

Fig. 134

Aufgabe 124 Die Kennlinie eines Gebläses (einer Pumpe) sei durch Gl. (71), die Verbraucherkennlinie durch $\Delta p_g = \zeta_{eff} \cdot \rho \dot{V}^2/(2A^2)$ (vgl. Gl. (77)) gegeben. —a) Wie groß sind der Volumenstrom $\dot{V}_A$ und die Gesamtdruckerhöhung Δp_{gA} im Betriebspunkt? — b) Welche Ergebnisse erhält man für $\dot{V}$ und Δp_g im Betriebspunkt, wenn in der sonst unveränderlichen Anlage zwei Gebläse (Pumpen) 1) in Reihe, 2) parallel geschaltet werden? — Gegeben: $A, \Delta p_0, V_0, \rho, \zeta_{eff}$.

8 Strömung von Gasen

Bei den folgenden Aufgaben ist stets anzunehmen, daß das strömende Medium ein kalorisch ideales Gas ist. Für ein solches Gas gelten folgende Gleichungen:
Thermische Zustandsgleichung:

$$p = RT\rho \tag{109}$$

Kalorische Zustandsgleichung:

$$e = c_v T = \frac{R}{\kappa - 1} T = \frac{1}{\kappa - 1} \frac{p}{\rho} \tag{110}$$

$$\text{und} \qquad h = e + \frac{p}{\rho} = c_p T = \frac{\kappa R}{\kappa - 1} T = \frac{\kappa}{\kappa - 1} \frac{p}{\rho} \tag{111}$$

Hier bedeutet T die absolute Temperatur; e ist die spezifische, d.h. auf die Masseneinheit bezogene innere Energie, h die spezifische Enthalpie; R ist die spezifische Gaskonstante, die für unterschiedliche Gase voneinander verschiedene Werte hat; κ ist der Isentropenexponent ($\kappa = 1{,}4$ für Luft). Des weiteren ist $c_v = R/(\kappa - 1)$ die spezifische Wärme „bei konstantem Volumen" und $c_p = \kappa R/(\kappa - 1) = \kappa c_v$ die spezifische Wärme „bei konstantem Druck".

Die Schallgeschwindigkeit c ist durch

$$c^2 = \kappa RT = \kappa p/\rho \tag{112}$$

gegeben. Die Machzahl M und die Ruhe- oder „Kessel"temperatur T_0 eines mit der Geschwindigkeit U strömenden Gases sind wie folgt definiert:

$$M = U/c \tag{113}$$

$$T_0 = T + U^2/2\, c_p = T \left(1 + \frac{\kappa - 1}{2} M^2\right) \tag{114}$$

Die Definition (113) gilt für alle Gase, (114) nur für kalorisch ideale Gase.

Wenn ein Gas durch ein Rohr strömt, dann sind weder die Geschwindigkeit U noch die Dichte ρ und die Temperatur T über den Rohrquerschnitt konstant. Die Geschwindigkeit ist an der Rohrwand null, weil das Gas dort haftet. In einer für viele Zwecke ausreichenden Näherung kann man dieser Veränderlichkeit der Strömungsgrößen über den Rohrquerschnitt vernachlässigen; unter den in die Rechnung eingehenden Größen hat man dann Mittelwerte dieser Größen über den Rohrquerschnitt zu verstehen.
Nach der Kontinuitätsgleichung bleibt bei stationärer Strömung in einem Rohr konstanter Querschnittsfläche die Massenstromdichte θ konstant:

$$\theta = \rho_1 U_1 = \rho\, U \tag{115}$$

(vgl. Gl. (9.27) des Textbandes). In zwei Rohrquerschnitten, in denen die Drücke p und p_1 verschiedene Werte haben, sind auch die Dichten ρ und ρ_1 unterschiedlich. Nach (115) muß dann auch die Geschwindigkeit verschiedene Werte U und U_1 haben. Anders als bei der Strömung eines inkompressiblen Fluids stellt sich daher bei der Rohrströmung eines Gases keine „ausgebildete" Strömung in dem Sinn ein, daß — abgesehen vom Druck — die Strömungsgrößen (Geschwindigkeit, Dichte, Temperatur) von der Lauflänge im Rohr unabhängig werden.

Auf das Gas möge zwischen zwei Querschnitten des Rohres eine Kraft F_w entgegen der Strömungsrichtung wirken, z.B. die infolge Wandreibung auftretende Widerstandskraft; die Impulsbilanz für das in Fig. 135 gestrichelte Kontrollvolumen ergibt:

$$p_1 + \rho_1 U_1^2 = p + \rho U^2 - F_w/A \tag{116}$$

Wenn dem Gas zwischen den beiden Querschnitten pro Masseneinheit die Energie q zugeführt wird, z.B. durch Wärmezufuhr über die Rohrwand, ergibt die Energiebilanz

$$c_p T_{01} = c_p T_0 + q \tag{117}$$

Dies entspricht Gl. (9.51) des Textbandes, wenn man $P/\dot{m}$ mit q bezeichnet; die in Gl. (9.51) berücksichtigte Abhängigkeit von der Höhe z wird vernachlässigt, da sie bei Gasen für die meisten Anwendungen unerheblich ist.

Hier muß noch angemerkt werden, daß die infolge Wandreibung auf das Gas ausgeübte Kraft F_w nicht zur Energiezufuhr auf das Gas beiträgt. Da das Gas an der Rohrwand haftet, verrichtet die dort auf das Gas übertragene Reibungskraft keine Arbeit am Gas.

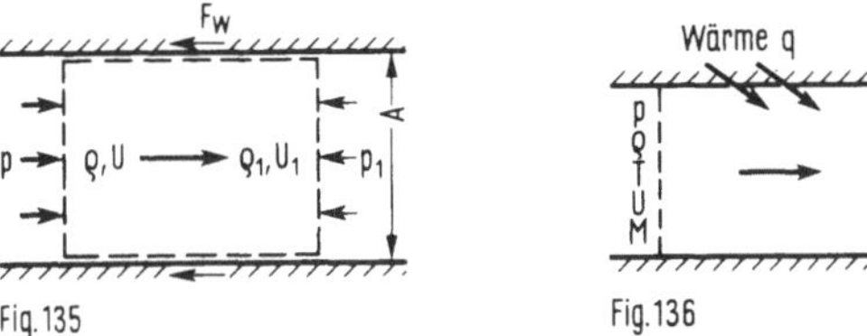

Aufgabe 125 (Fig. 136). In einem Rohr strömt ein Gas, dem zwischen zwei Querschnitten von außen Wärme zugeführt wird; die zwischen diesen Querschnitten auf das Gas durch Rohrreibung ausgeübte Kraft soll vernachlässigbar klein sein ($F_w = 0$ in Gl. (116)). Aus der Kontinuitätsgleichung (115) und der Impulsbilanz (116) kann man unter Verwendung der einleitend angegebenen Formeln für das kalorisch ideale Gas die Verhältnisse p/p_1, ρ/ρ_1, T/T_1 und T_0/T_{01} als Funktionen der beiden Machzahlen M und M_1 ausdrücken: $p/p_1 = f(M, M_1)$ usw. – Man ermittle diese Funktionen und trage sie für $M_1 = 1$ in einem Diagramm über M auf; für die Auftragung wähle man $\kappa = 1{,}4$.

Aufgabe 126 Durch ein Rohr vom Durchmesser d strömt Luft mit Unterschallgeschwindigkeit. In einem Querschnitt A haben Geschwindigkeit, Druck und Temperatur die Werte U_A, p_A und T_A. Das Rohr wird zwischen A und einem Querschnitt B stromab von A beheizt, wodurch die Temperatur auf den Wert T_B gebracht wird. – a) Wie groß sind die Machzahlen M_A und M_B in den beiden Querschnitten sowie die Strömungsgeschwindigkeit U_B? – b) Welche Wärmemenge q_{AB} muß pro Masseneinheit der die Heizregion durchströmenden Luft zugeführt werden? Welcher Heizleistung $\Phi = \dot{m} q_{AB}$ entspricht dies? – Gegeben: d, U_A, p_A, T_A, T_B, R, κ.

H i n w e i s : Zur Lösung der Aufgabe kann man die Ergebnisse von Aufgabe 125 benutzen. Für M_B ergeben sich formal zwei Lösungen, von denen die eine jedoch auszuschließen ist, weil sie von Unterschall- zu Überschallströmung führen würde, was im Gegensatz zu einem Übergang von Überschall- zu Unterschallströmung (Verdichtungsstoß!) unmöglich ist.

Aufgabe 127 Wenn dem in einem Rohr strömenden Gas keine Energie zugeführt wird, reduziert sich die Energiegleichung (117) auf $T_{01} = T_0$. Aus dieser Beziehung und der Kontinuitätsgleichung (115) kann man unter Verwendung der einleitend angegebenen Formeln für das kalorisch ideale Gas die Verhältnisse p/p_1, ρ/ρ_1, T/T_1 als Funktionen der beiden Machzahlen M und M_1 ermitteln: $p/p_1 = f(M, M_1)$ usw. Mit der Definition der „Impulsfunktion" $\Pi = p + \rho U^2$ kann man weiterhin das Verhältnis Π/Π_1 als Funktion von M und M_1 bestimmen. — Man ermittle diese vier Funktionen und trage sie für $M_1 = 1$ und $\kappa = 1{,}4$ in einem Diagramm über M auf.

Aufgabe 128 (Fig. 137). In einer Leitung vom Durchmesser d strömt Gas durch eine Blende (oder ein anderes Strömungshindernis). Vor der Blende hat das Gas den Druck p_A, die Temperatur T_A und strömt mit der Geschwindigkeit U_A. Hinter der Blende gleicht sich die Geschwindigkeit wieder aus; der Druck nach dem Ausgleich hat den Wert p_B. — a) Welche Machzahl M_A herrscht vor der Blende? Wie groß sind Machzahl M_B, Temperatur T_B, Geschwindigkeit U_B und Dichte ρ_B hinter der Blende? —

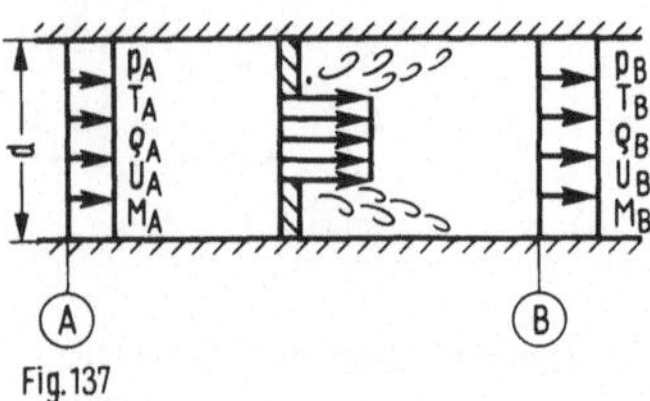

Fig. 137

b) Wie groß ist die Druckverlustzahl ζ_v der Blende, bezogen auf den Staudruck $\rho_A U_A^2 /2$? Welche Widerstandskraft F_w übt die Blende auf die Strömung aus? — Gegeben: d, U_A, T_A, p_A, p_B, R, κ.

H i n w e i s: Zur Lösung der Aufgabe kann man die Ergebnisse von Aufgabe 127 benutzen.

Zu den Aufgaben 129 und 130 ist eine Vorbemerkung nötig: Die von einem Rohrelement der Länge dx auf das Gas ausgeübte Widerstandskraft läßt sich durch die Wandschubspannung τ_w ausdrücken:

$$dF_w = -\pi d \cdot \tau_w\, dx \tag{118}$$

(Zum Verständnis des Minuszeichens beachte man, daß τ_w im Rohr nach der im Textband eingeführten Definition negativ ist; d ist der Rohrdurchmesser). Die Impulsbilanz (116) für das Rohrstück der Länge dx läßt sich damit folgendermaßen schreiben:

$$d(p + \rho U^2) = dp + \theta\, dU = -\frac{4\tau_w}{d}\, dx \tag{119}$$

Hierbei wurde $\theta = \rho U = \text{const.}$ benutzt. Setzt man für τ_w das Ergebnis von Aufgabe 119a ein, so erhält man:

$$\frac{dp}{dx} + \theta\, \frac{dU}{dx} = -\frac{\lambda}{d}\, \frac{\rho U^2}{2} \tag{120}$$

Bei einem inkompressiblen Fluid ist $dU/dx = 0$, und Gl. (120) ist dann in etwas anderer Schreibweise mit Gl. (7.29) des Textbandes identisch.

Aufgabe 129. Bei vielen Anwendungen, z.B. auf Gasfernleitungen, darf man annehmen, daß das Gas in der Rohrleitung überall dieselbe Temperatur T hat (isotherme Strömung), die ihm durch entsprechenden Wärmeübergang von der Umgebung des Rohres aufgezwungen wird. Unter diesen Umständen kann man dU/dx in Gl. (120) unter Zuhilfenahme der Kontinuitätsgleichung (115) und der Zustandsgleichung (109) auf dp/dx zurückführen. – a) Welcher Ausdruck ergibt sich für dp/dx aus Gl. (120) bei isothermer Strömung in Abhängigkeit von den Strömungsgrößen U, ρ und p? – b) Unter welchen Umständen kann in Gl. (120) das Glied $\theta\,dU/dx$ gegen dp/dx vernachlässigt werden? – c) Unter der Annahme, daß die Vernachlässigung von $\theta\,dU/dx$ gerechtfertigt ist und daß die Widerstandszahl λ konstant ist (dies trifft bei hohen Reynoldszahlen und rauhem Rohr zu; vgl. Fig. 125) integriere man Gl. (120) für den Druckverlauf p(x) mit den Anfangswerten $p = p_A$, $\rho = \rho_A$, $U = U_A$ für x = 0. – d) Das Rohr habe die Länge ℓ; der Druck am Ende habe den Wert p_B. Welche Geschwindigkeiten U_A und U_B herrschen dann am Anfang und Ende des Rohres, und welcher Massenstrom $\dot{m}$ wird durchgesetzt? – e) Man überzeuge sich davon, daß für die gegebenen Zahlenwerte die unter c) getroffene Vernachlässigung auch an der ungünstigsten Stelle des Rohres (welche ist das?) gerechtfertigt ist. – Gegeben: d = 800 mm; ℓ = 60 km; p_A = 72 bar; p_B = 40 bar; ρ_A = 53,6 kg/m³; λ = 0,013.

Aufgabe 130 (Fig. 138). Für die in Aufgabe 129 beschriebene isotherme Rohrströmung läßt sich ein Zusammenhang zwischen Anfangsdruck p_A, Enddruck p_B und den Volumenströmen $\dot{V}_A$ bzw. $\dot{V}_B$ von folgender Form herleiten: $p_B^2/p_A^2 = 1 - \dot{V}_A^2/\dot{V}_*^2 = 1/(1 + \dot{V}_B^2/\dot{V}_*^2)$. – a) Man beweise diese Beziehungen und gebe den Bezugsvolumenstrom $\dot{V}_*$ in Abhängigkeit von den Rohrdaten d, ℓ, λ sowie der Temperatur T und der Gaskonstante R an. – b) Am Anfang der Rohrleitung befinde sich ein Verdichter, der das Gas isotherm vom Druck p_B auf den Druck p_A bringt. Der Zusammenhang zwischen dem vom Verdichter angesaugten Volumenstrom $\dot{V}_B$ und

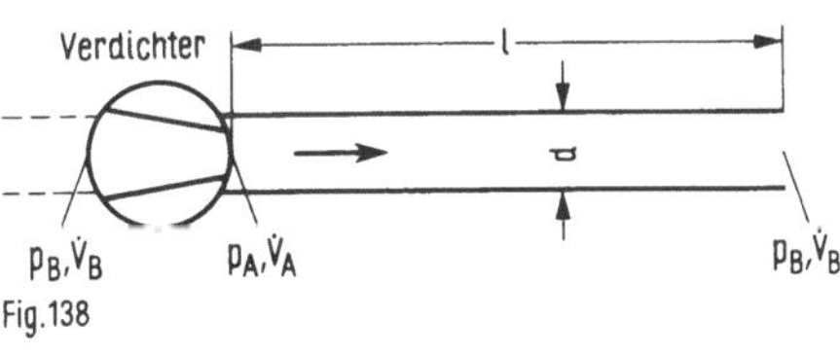

dem Druckverhältnis p_A/p_B ist durch folgende Tabelle gegeben:

$\dot{V}_B$ in m³/s:	0,4	0,6	0,8	1,0	1,2
p_A/p_B:	1,66	1,63	1,56	1,45	1,31

Welcher Volumenstrom $\dot{V}_B$ wird vom Verdichter angesaugt, und wie groß sind der Druck p_A und der Volumenstrom $\dot{V}_A$ am Verdichteraustritt (= Rohranfang)? – c) Welcher Massenstrom $\dot{m}$ wird vom Verdichter durch die Rohrleitung gedrückt? – Gegeben: d = 200 mm; ℓ = 1,0 km; p_B = 1,0 bar; T = 293 K; R = 287 J/kgK; λ = 0,03.

9 Lösungen

Aufgabe 1: $\Delta h_a = (h_2 - h_1)(1 - \frac{\rho_a}{\rho_b}); \quad \Delta h_b = (h_2 - h_1)\frac{\rho_a}{\rho_b}$

Die Ergebnisse lassen sich anschaulich deuten: Wenn $h_2 = h_1$ ist, verschwinden die Höhendifferenzen bei beliebigen Dichteverhältnissen, weil dann wie in einem zusammenhängenden Flüssigkeitsfaden in gleicher Höhe gleicher Druck herrscht. Wenn $\rho_a = \rho_b$ ist, verschwindet Δh_a, d.h., die freien Flüssigkeitsspiegel liegen auf gleicher Höhe. Zahlenwerte: $h_1 = 3$ cm; $h_2 = 5$ cm; $\rho_a = 1$ g/cm^3; $\rho_b = 1{,}26$ g/cm^3 (Glycerin). – $\Delta h_a = 0{,}41$ cm; $\Delta h_b = 1{,}59$ cm

Aufgabe 2: $p_1 - p_2 = g[\rho_a h_1 - \rho_b h_2 + (\rho_c - \frac{\rho_b + \rho_a}{2})\,\Delta h]$

Zahlenwerte: $h_1 = 5$ m; $h_2 = 15$ m; $\Delta h = 0{,}72$ m; $\rho_a = 1$ Mg/m^3; $\rho_b = 1{,}26$ Mg/m^3 (Schwefelkohlenstoff); $\rho_c = 13{,}55$ Mg/m^3 (Hg). – $p_1 - p_2 = -0{,}491$ bar

Es mag zunächst verblüffen, daß trotz positiven Manometerausschlags Δh die Druckdifferenz $p_1 - p_2$ negativ ist. Man sieht diesen scheinbaren Widerspruch jedoch leicht ein, wenn man beachtet, daß der Behälter „b" verhältnismäßig tief unter dem Nullniveau des Manometers liegt. Infolgedessen sinkt der Druck in der Zuleitung zum Manometer merklich gegenüber dem Druck im Behälter ab.

Aufgabe 3:   a) $\Delta p_u = p_0 - p_G = \rho_Q g \Delta h \left(1 + \frac{\rho_W h_2}{\rho_Q \Delta h}\right)$

b) $p_G = p_0 - \Delta p_u$

c) $p_{G\,min} = p_0 - \rho_W g h_2 - 2\rho_Q g(h_1 - h_2)$

Zahlenwerte: $h_1 = 400$ mm; $h_2 = 130$ mm; $\Delta h = 220$ mm; $\rho_W = 1$ Mg/m^3; $\rho_Q = 13{,}6\,\rho_W$; $p_0 = 1{,}006$ bar. – a) $\Delta p_u = 0{,}306$ bar; b) $p_G = 0{,}70$ bar; c) $p_{G\,min} = 0{,}273$ bar

Aufgabe 4: $\rho = \rho_M \dfrac{\Delta h}{h}$

Zahlenwerte: $h = 150$ mm; $\Delta h = 189$ mm; $\rho_M = 1000$ kg/m^3. – $\rho = 1260$ kg/m^3

Aufgabe 5:   a) $p_1 = p_0 + g \cdot \sum\limits_{i=1}^{3} \rho_i h_i$ b) $h_0 = \dfrac{\rho_2 h_2 + \rho_3 h_3}{\rho_1}$

Für den allgemeineren Fall, daß die Apparatur aus n statt aus drei Behältern besteht, lauten die Ergebnisse:

a) $p_1 = p_0 + g \cdot \sum\limits_{i=1}^{n} \rho_i h_i$ b) $h_0 = \dfrac{\sum\limits_{i=2}^{n} \rho_i h_i}{\rho_1}$

Das unter b) gefundene Ergebnis, das allein hydrostatisches Gleichgewicht berücksichtigt, setzt übrigens voraus, daß die Verminderung des Zulaufdrucks von p_1 auf p_0 nicht allzu schnell erfolgt, weil dann zunächst ein Überschwingen der im ersten Behälter emporschnellenden Flüssigkeitssäule möglich ist.

Aufgabe 6:
$$\Delta h = \frac{\dfrac{p_1 - p_2}{\rho_a g} + (h_1 - h_2)}{\left(\dfrac{\rho_b}{\rho_a} - 1\right)\left(\dfrac{A_2}{A_1} + 1\right)}$$

Zahlenwerte: $h_1 - h_2 = 0$; $A_1 = 200\ \text{cm}^2$; $A_2 = 1\ \text{cm}^2$; $p_1 - p_2 = 1\,\text{mbar}$; $\rho_a = 0{,}867$ Mg/m^3 (Toluol); $\rho_b = 1\ \text{Mg/m}^3$. $-\Delta h = 7{,}6\ \text{cm}$

Aufgabe 7:   a) $h_2 = \Delta h + \dfrac{p_0}{\rho g} \cdot \dfrac{\Delta h}{h_1 - \Delta h}$ b) $V_0 = \dfrac{\rho g h_2}{p_0} \cdot \pi r_0^2 h_1$

Zahlenwerte: $h_1 = 2{,}0\ \text{m}$; $\Delta h = 0{,}25\ \text{m}$; $r_0 = 1{,}0\ \text{m}$; $p_0 = 1\ \text{bar}$; $\rho = 1\ \text{Mg/m}^3$. $-$ a) $h_2 = 1{,}71\ \text{m}$; b) $V_0 = 1{,}05\ \text{m}^3$

Aufgabe 8:   a) $F = F_1 - F_2 = \dfrac{\rho g b (h_1^2 - h_2^2)}{4 \sin \alpha}$

b) $h_D = \dfrac{F_1 h_1 - F_2 h_2}{3F} = \dfrac{h_1^3 - h_2^3}{3(h_1^2 - h_2^2)}$

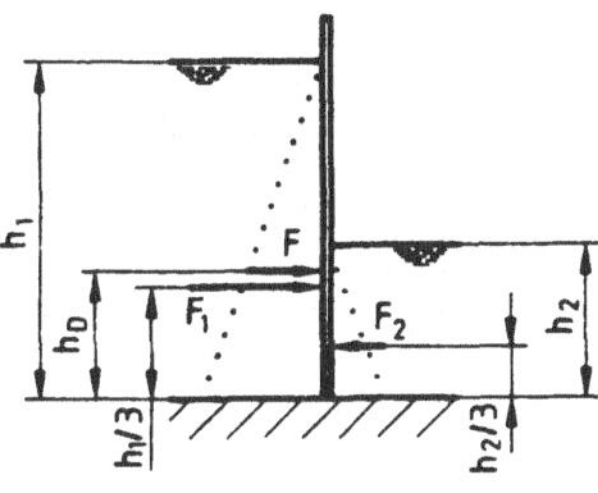

c) Die gesuchte Kraft F_A steht senkrecht auf der Schleusenachse. Die Kräfte F_A, F_B und F auf ein Schleusentor bilden ein (symmetrisches) zentrales Kräftesystem.

Fig. 139 (Schnitt durch ein Tor)

$$F_A = F_B = \frac{F}{2 \cos \alpha}$$

Zahlenwerte: $b = 8{,}0\ \text{m}$; $h_1 = 4{,}4\ \text{m}$; $h_2 = 2{,}0\ \text{m}$; $\alpha = 65°$; $\rho = 1\ \text{Mg/m}^3$. $-$ a) $F = 333\ \text{kN}$; b) $h_D = 1{,}68\ \text{m}$; $F_A = F_B = 393\ \text{kN}$

Aufgabe 9:   a) $\Delta p(z) = g[\rho_2 h_2 - \rho_1 h_1 - (\rho_2 - \rho_1)z]\ (\leftarrow)$

b) Zur Bestimmung der Haltekräfte F_A und F_B ist es zweckmäßig, zunächst den unter a) ermittelten Differenzdruck in einen konstanten Anteil vom Betrag Δp_A und einen linear von null ansteigenden Druckanteil zu zerlegen (Fig. 140). Die hieraus resultierenden Druckkräfte F_1 und F_2 sowie deren Angriffspunkte sind einfach zu bestimmen.

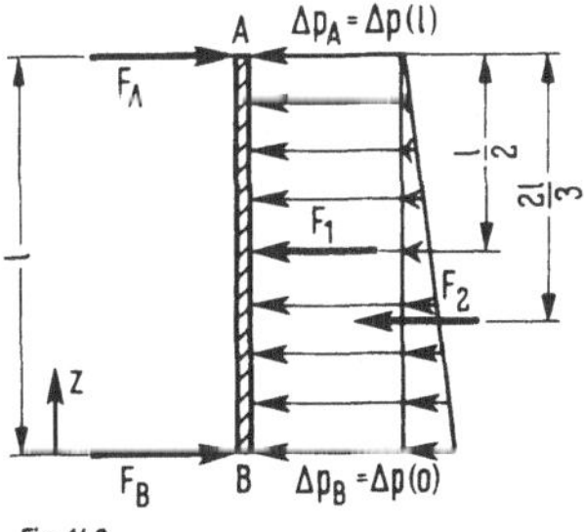

Fig. 140

Unter Verwendung elementarer Gesetze der Statik findet man:

$$F_A = \frac{1}{6}\, g\ell^2\, [3(\rho_2 h_2 - \rho_1 h_1) - 2\ell(\rho_2 - \rho_1)]$$

$$F_B = \frac{1}{6}\, g\ell^2\, [3(\rho_2 h_2 - \rho_1 h_1) - \ell(\rho_2 - \rho_1)]$$

Zahlenwerte: $h_1 = 1{,}75$ m; $h_2 = 3{,}5$ m; $\ell = 0{,}8$ m; $\rho_1 = 1$ Mg/m³; $\rho_2 = 1{,}22\,\rho_1$. –

a) $\Delta p(z) = (24{,}7 - 2{,}17\frac{z}{m})$ kPa; b) $F_A = 7{,}54$ kN; $F_B = 7{,}73$ kN

Aufgabe 10:   a) $\widehat{M}_{f\ell} = \frac{1}{3}\, \rho g r_0^3 (\sin\varphi + \cos\varphi)$;   b) $G \cdot s = \frac{\sqrt{2}}{3}\, \rho g r_0^3$

Zahlenwerte: $r_0 = 2$ m; $\rho = 1$ Mg/m³. – a) $\widehat{M}_{f\ell} = 26{,}2\,(\sin\varphi + \cos\varphi)\,\dfrac{kNm}{m}$;

b) $G \cdot s = 37{,}0\,\dfrac{kNm}{m}$

Aufgabe 11:   a) $m = \dfrac{\rho_w \pi d^2 y_c}{4\ell}\,(a + e_D)$ mit $y_c = h_1 - \dfrac{d}{2}$; $e_D = \dfrac{d^2}{16 y_c}$

b) Die gesuchte Höhe h_2 läßt sich mühelos bestimmen, wenn man sich klarmacht, daß nun die Klappe durch einen konstanten Druck $\Delta p = \rho_w g(h_2 - h)$ belastet ist (Fig. 141).

$$h_2 = h + \frac{4\, m\ell(1 - \rho_w/\rho_g)}{\rho_w \pi d^2 a}\;; \qquad c)\ \Delta h = \frac{\Delta p}{\rho_w g}$$

d) Die physikalischen Verhältnisse bleiben qualitativ gleich. Es ändern sich lediglich die Klappenfläche und deren Flächenträgheitsmoment.

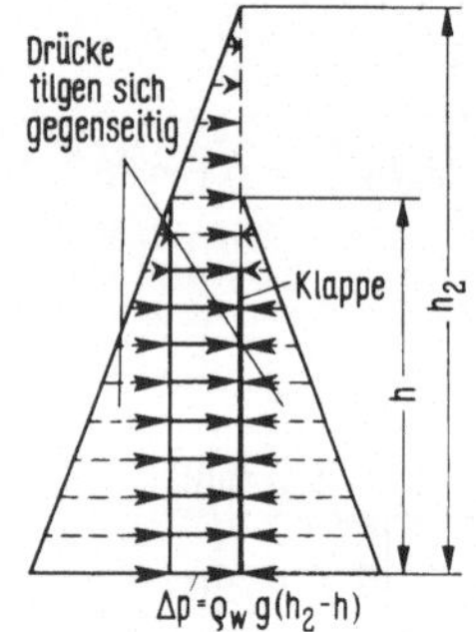

$$m = \frac{\rho_w\, bd\, y_c}{\ell}\,(a + e_D)\ \text{ mit }\ y_c = h_1 - \frac{d}{2}\,;\ e_D = \frac{d^2}{12 y_c}$$

$$h_2 = h + \frac{m\ell(1 - \rho_w/\rho_g)}{\rho_w\, bda}\,;\qquad \Delta h = \frac{\Delta p}{\rho_w g}$$

Zahlenwerte: $h_1 = h = 1{,}0$ m; $a = 0{,}53$ m; $d = 0{,}9$ m; $\ell = 0{,}95$ m; $b = 1{,}0$ m; $\Delta p = 0{,}2$ bar; $\rho_w = 1$ Mg/m³; $\rho_g = 7{,}85\,\rho_w$. – a) $m = 229$ kg; b) $h_2 = 1{,}56$ m; c) $\Delta h = 2{,}04$ m; d) $m = 340$ kg; $h_2 = 1{,}59$ m; $\Delta h = 2{,}04$ m

Aufgabe 12: $h = \dfrac{V}{\pi r_0^2}\,(\dfrac{\rho_0}{\rho} - 1)$

Wenn das Aräometer empfindlich sein soll, muß das Verhältnis $V/(\pi r_0^2)$ möglichst groß gewählt werden. Die Masse des Aräometers geht zwar nicht in das Ergebnis ein, jedoch sollte die mittlere Dichte des Aräometers geeignet auf ρ_0 abgestimmt sein, damit die

Meßmarke M günstig liegt. In der Regel ist deshalb ein solches Gerät nur für geringe Dichteabweichungen gegenüber ρ_0 verwendbar.

Zahlenwerte: $V = \pi \ cm^3$; $r_0 = 1 \ mm$; $-h = 10^3(\frac{\rho_0}{\rho} - 1) \ mm$

Bei diesen Zahlenwerten entspricht 1 mm Ausschlag einer Dichteänderung um 1 Promille.

Aufgabe 13: $\quad \rho_k = \rho_f \dfrac{G_3 - G_1}{G_2 - G_1}$

Aufgabe 14: Wenn $h_1 > h_0$ ist, taucht der Körper mit Sicherheit völlig in der Flüssigkeit „a" unter, im anderen Fall ($h_1 < h_0$) ist es möglich, daß der Körper aus der Flüssigkeit herausragt.

a) $h_2 = \dfrac{\rho_k - \rho_a}{\rho_b - \rho_a} \ h_0$

b) Solange $\ 1 - \dfrac{h_1}{h_0} \leqslant \dfrac{\rho_k - \rho_a}{\rho_b - \rho_a}\ $ ist, gilt Ergebnis a),

$\quad$ wenn $\quad 1 - \dfrac{h_1}{h_0} \geqslant \dfrac{\rho_k - \rho_a}{\rho_b - \rho_a}\ $ ist, gilt: $h_2 = \dfrac{\rho_k}{\rho_b} \ h_0 - \dfrac{\rho_a}{\rho_b} \ h_1$

Der Leser möge sich davon überzeugen, daß für

$$1 - \frac{h_1}{h_0} = \frac{\rho_k - \rho_a}{\rho_b - \rho_a}$$

die Ergebnisse von a) und b) übereinstimmen.

Zahlenwerte: $h_0 = 1,5 \ dm$; $h_1 = 1,0 \ dm$; $\rho_a = 1 \ kg/dm^3$; $\rho_b = 13,55 \ kg/dm^3$ (Hg); $\rho_k = 7,86 \ kg/dm^3$ (Fe). $- h_2 = 8,2 \ cm$

Aufgabe 15: $\quad \Delta h{\uparrow} = \dfrac{r_0/s}{2(1 + \frac{s}{2r_0})} \ \cdot \ \dfrac{\Delta p}{\rho g}$

Zahlenwerte: $r_0 = 5 \ cm$; $s = 1 \ mm$; $\Delta p = 1 \ mbar$; $\rho = 1 \ Mg/m^3$. $- \Delta h = 2,43 \ dm$

Aufgabe 16: $\quad h = h_{max} = \dfrac{m_D + m_G(1 - \rho_F/\rho_G)}{\rho_F \pi r_0^2}$

Zahlenwerte: $r_0 = 0,5 \ m$; $m_D = 30 \ kg$; $m_G = 250 \ kg$; $\rho_F = 1 \ Mg/m^3$; $\rho_G = 7,85 \ \rho_F$. $-$ $h_{max} = 0,316 \ m$

Aufgabe 17: $\quad$ Im Aufgabenteil gelöst

Aufgabe 18: $\quad F_x = \dfrac{3}{2} \ \rho g r_0^2 b$; $F_z = \dfrac{3\pi}{4} \ \rho g r_0^2 b$; $\vec{F} = (F_x, F_z)$;

$$F = \sqrt{F_x^2 + F_z^2} = 2,79 \ \rho g r_0^2 b$$

$$\delta = \arctan \left(\frac{F_z}{F_x}\right) = \arctan \frac{\pi}{2} = 57,5°$$

Da bei einer kreiszylindrischen Oberfläche die Wirkungslinien aller an der Oberfläche angreifenden Druckkräfte durch den Kreismittelpunkt M führen, gilt dies auch für deren Resultierende $\vec{F}$. Diese Aussage ist völlig unabhängig davon, ob die Oberfläche ganz oder nur teilweise umspült wird und bleibt selbst dann richtig, wenn die Dichte der Flüssigkeit vom Ort abhängt.

Zahlenwerte: $r_0 = 1$ m; $b = 5$ m; $\rho = 1$ Mg/m^3. $- F_x = 73{,}6$ kN; $F_z = 115{,}6$ kN; $F = 137{,}0$ kN

Aufgabe 19: $B_x = \dfrac{s}{r_0} G - \dfrac{1}{2}\, \rho g r_0^2\, b (1 - \cos\varphi)^2$

$$B_z = G - \frac{1}{2}\, \rho g r_0^2 b \left(\varphi - \frac{1}{2}\sin 2\varphi\right); C_x = -\frac{s}{r_0}\, G$$

Zahlenwerte: $r_0 = 2$ m; $b = 10$ m; $s = 0{,}85$ m; $G = 40$ kN; $\rho = 1$ Mg/m^3; $\varphi = 45° (= \dfrac{\pi}{4})$. $-$ $B_x = 0{,}17$ kN; $B_z = -16{,}0$ kN; $C_x = -17{,}0$ kN

Aufgabe 20:   a) $F = \pi \rho g h_0^2 r_0 \left[\dfrac{h}{h_0}\left(2 - \dfrac{h_0}{r_0}\right) - \left(1 - \dfrac{h_0}{3r_0}\right)\right] + G;$ b) $\dfrac{h_0}{r_0} = \dfrac{3}{2}$

Zahlenwerte: $r_0 = 3$ cm; $h_0 = 4{,}5$ cm; $h = 10$ cm; $G = 8{,}7$ N; $\rho = 1$ g/cm^3. $- F = 9{,}84$ N; b) $-$. Man beachte, daß das Ergebnis unter b) nur für $h = h_0$ gilt. Bei den gegebenen Zahlenwerten ist ja auch gerade $h_0/r_0 = 1{,}5$, dennoch ist die Anpreßkraft größer als das Kugelgewicht.

Aufgabe 21:   Oberkasten- und Zusatzgewicht haben folgende nach oben gerichtete Kräfte auszugleichen:

$$F_1 = \rho_G g h d_a \ell_G \left(1 - \frac{\pi}{8}\frac{d_a}{h}\right) \quad \text{Druckbelastung längs der halbzylinderförmigen Unterseite des Oberkastens}$$

$$F_2 = \rho_G g \cdot \frac{\pi}{4} d_i^2 \ell_G \left(1 - \frac{\rho_K \ell_K}{\rho_G \ell_G}\right) \quad \text{Kernauftriebskraft abzüglich Kerngewicht}$$

$$F_{ges} = F_1 + F_2$$

Zahlenwerte: $d_i = 300$ mm; $d_a = 420$ mm; $h = 400$ mm; $\ell_G = 1300$ mm; $\ell_K = 1500$ mm; $\rho_G = 7{,}2$ Mg/m^3; $\rho_K = 1{,}4$ Mg/m^3. $- F_1 = 9{,}07$ kN; $F_2 = 5{,}03$ kN; $F_{ges} = 14{,}1$ kN

Aufgabe 22: Das Perpetuum mobile kann nicht funktionieren, weil die nach oben gerichtete Auftriebskraft aller in der Flüssigkeit befindlichen Schwimmer immer kleiner ist als die nach unten wirkende Kraft, die die Flüssigkeit auf einen gerade in den Behälter eintretenden Schwimmer ausübt. Um das formal einzusehen, nehmen wir den (günstigsten) Fall an, daß die Kugelschwimmer ohne Zwischenraum aneinanderhängen und den Radius r_0 haben. Ohne Beschränkung der Allgemeinheit nehmen wir noch an, die Höhe der Flüssigkeitssäule über dem Äquator einer gerade eintauchenden Kugel sei $h = 2r_0 n$. Dann befinden sich gerade n Kugeln in der Flüssigkeit, die zusammen den Auftrieb $F_A = (n - \dfrac{1}{2}) \cdot \dfrac{4}{3}\pi r_0^3 \rho g$ erfahren. Auf der untersten Kugel lastet aber die Druckkraft (vgl. Aufgabe 16)

$$\pi r_0^2 \rho g(h - \frac{2}{3} r_0) = (\frac{3}{2} n - \frac{1}{2}) \cdot \frac{4}{3} \pi r_0^3 \rho g > F_A$$

d.h., die Schwimmerkette wird in diesem Augenblick im Gegenuhrzeigersinn beschleunigt. Praktisch kann die beschriebene Anordnung allenfalls einige Schwingungen ausführen, die jedoch wegen der unvermeidlichen Reibung schnell gedämpft werden.

Aufgabe 23:   a) $p(r, z) = p_0 + \rho g(h - z) + \frac{\rho}{2} \omega^2 r^2$

b) $p_{max} = p_0 + \rho g h + \frac{\rho}{2} \omega^2 r_0^2$ (in den Punkten A und B)

Zahlenwerte: $h = 10$ cm; $r_0 = 5$ cm; $p_0 = 1$ bar; $\rho = 13{,}6$ Mg/m^3 (Hg); $\omega = 100\pi$ (n = 3000 1/min). $-$ a) $-$; b) $p_{max} = 17{,}9$ bar(!)

Aufgabe 24:   a) Bezeichnet man mit p_A den Druck auf die Achse ($p_A = p(0, 0)$), so gilt

$$x^2 + (z - \frac{g}{\omega^2})^2 = \frac{2(p - p_A)}{\rho \omega^2} + \frac{g}{\omega^4}(= C^2(p))$$

Bei konstantem p (Isobare) ist die rechte Seite konstant ($= C^2$), und obige Gleichung stellt konzentrische Kreise mit dem Mittelpunkt $(0, g/\omega^2)$ dar (Fig. 142). b) $p_A = p_m + \frac{\rho g^2}{2\omega^2}$. Der Minimaldruck herrscht im Mittelpunkt der Isobaren.

Aufgabe 25:   a) $p(r) = p_1 \cdot \exp(\frac{\omega^2 r^2}{2RT})$

b) $p_1 = p_0 \cdot \dfrac{\xi_0}{e^{\xi_0} - 1}$;

$p_2 = p_0 \cdot \dfrac{\xi_0}{1 - e^{-\xi_0}}$ mit $\xi_0 = \dfrac{\omega^2 r_0^2}{2RT}$

c) $\rho_1 = \rho_0 \dfrac{p_1}{p_0}$; $\rho_2 = \rho_0 \dfrac{p_2}{p_0}$

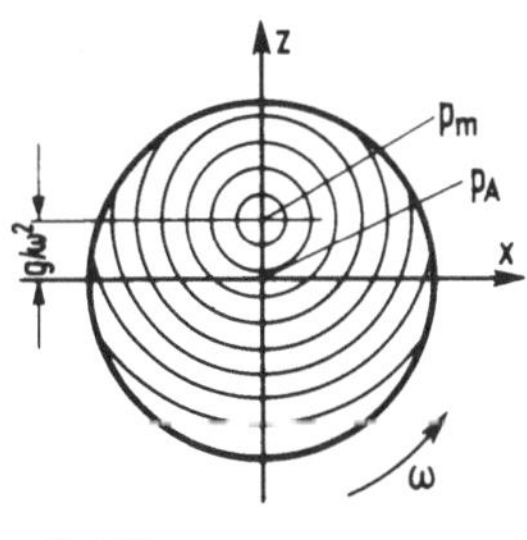

Fig. 142

Aufgabe 26: $p_{max} = p_B = p_0 + \rho g h \left(1 + \dfrac{a}{g} \dfrac{\ell}{2h}\right)$

$p_{min} = p_D = p_0 - \rho a \dfrac{\ell}{2}$

Zahlenwerte: $h = 1{,}2$ m; $\ell = 2{,}4$ m; $a = 0{,}4$ g; $p_0 = 1{,}0$ bar; $\rho = 1$ Mg/m^3. $-$ $p_{max} = 1{,}165$ bar; $p_{min} = 0{,}953$ bar

Aufgabe 27:   a) $p_A = p_0 + \rho g \ell \left(\sin \alpha + \dfrac{a}{g}\right)$

$p_B = p_0 + \rho g \ell \left(\sin \alpha + \dfrac{h}{\ell} \cos \alpha + \dfrac{a}{g}\right)$

$p_C = p_0 + \rho g h \cos \alpha$

b) Im Sonderfall $a = -g \sin \alpha$ wird $p_A = p_0$ und $p_B = p_C$. Die Isobaren verlaufen demnach parallel zur Grundfläche des Kastens.

Zahlenwerte: $h = 1{,}2$ m; $\ell = 2{,}4$ m: $a = 0{,}4$ g; $p_0 = 1{,}0$ bar; $\rho = 1$ Mg/m^3; $\alpha = 30°$. – a) $p_A = 1{,}212$ bar; $p_B = 1{,}314$ bar; $p_C = 1{,}102$ bar; b) –

Aufgabe 28:   a) $\Delta p = \rho g(h - h_0) - \dfrac{4\sigma \cos \vartheta}{d}$

b) $h_1 = h_0 + \dfrac{1}{\rho g}\left(\Delta p_1 + \dfrac{4\sigma \cos \vartheta}{d}\right)$

c) $\Delta p = \rho g(h - h_0)$; $h_1 = h_0 + \dfrac{\Delta p_1}{\rho g}$

Zahlenwerte: $h = 678$ mm; $h_0 = 0{,}32$ m; $d = 6$ mm; $\Delta p_1 = 250$ Pa; $\sigma = 0{,}072$ N/m; $\rho = 1$ Mg/m^3; $\vartheta = 0°$ bzw. $\vartheta = 105°$. – a) $\Delta p = 3{,}46$ kPa$(\vartheta = 0°)$; $\Delta p = 3{,}52$ kPa$(\vartheta = 105°)$; b) $h_1 = 350{,}4$ mm$(\vartheta = 0°)$; $h_1 = 344{,}2$ mm$(\vartheta = 105°)$; c) $\Delta p = 3{,}51$ kPa; $h_1 = 345{,}5$ mm

Aufgabe 29:   a) $h = \lambda\sqrt{2(1 - 1/\sqrt{1 + \cot^2 \vartheta}}) = \lambda\sqrt{2(1 - \sin \vartheta)} = 1{,}27$ mm

b) $h = \lambda \cot \vartheta = 1{,}56$ mm

Aufgabe 30:   a) $U_1 = \sqrt{2g(h + \ell)}$; $U_2 = \sqrt{2gh}$;   b) s. Fig. 143, 144;

c) $p_{B1} = p_0 - \rho g\ell$; $p_{B2} = p_0$;

d) zu a) gleiche Ergebnisse wie zuvor; zu b) s. Fig. 143, 144;

zu c) $p_{B1} = p_0 + \rho gh(1 - m^2) - \rho g\ell m^2$; $p_{B2} = p_0 + \rho gh(1 - m^2)$

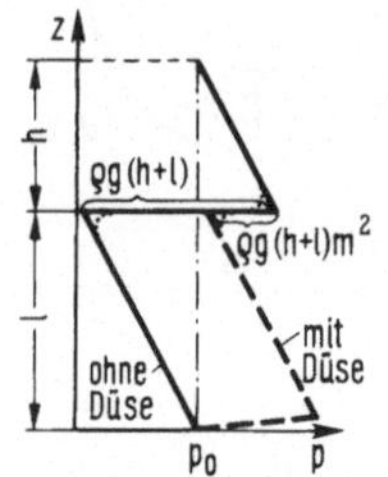

Druckverlauf bei
vertikalem Ausflußrohr
Fig. 143

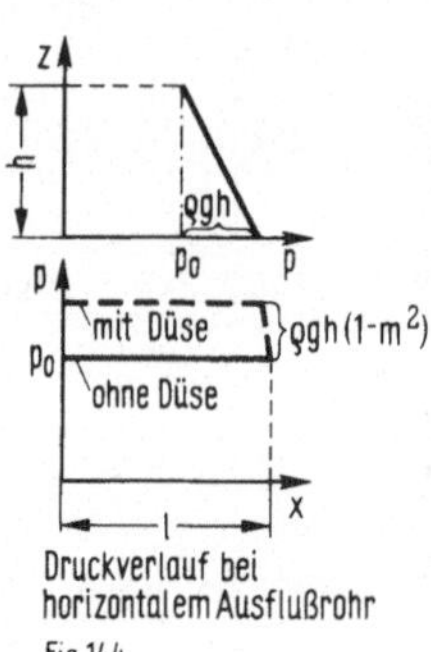

Druckverlauf bei
horizontalem Ausflußrohr
Fig. 144

Am Einlauf in das Ausflußrohr findet eine merkliche Druckabsenkung statt, dafür gewinnt die Flüssigkeit in entsprechendem Maße an kinetischer Energie. Diese Druckabsenkung ist in Fig. 143 und 144 als Unstetigkeit eingezeichnet; in Wirklichkeit ist die Beschleunigungsstrecke stets endlich, so daß man in praxi einen Druckverlauf erwarten kann, wie er in Fig. 143 punktiert eingetragen ist.

Zahlenwerte: $h = 4$ m; $\ell = 6$ m; $p_0 = 1$ bar; $m = 0{,}25$; $\rho = 1$ Mg/m^3. – a) $U_1 = 14{,}0$ m/s; $U_2 = 8{,}86$ m/s; b) –; c) $p_{B1} = 0{,}41$ bar; $p_{B2} = 1$ bar; d) $p_{B1} = 1{,}33$ bar; $p_{B2} = 1{,}37$ bar

Aufgabe 31:   a) $F_x = 2\rho g r_0^2 b$; $F_z = \dfrac{\pi}{2}\rho g r_0^2 b$; $\delta = \arctan\dfrac{\pi}{4} = 38{,}2°$

b) $F_x = 0$; $F_z = \left(\dfrac{\pi}{2} - 2\right)\rho g r_0^2 b$; $\delta = -90°$

Die Wirkungslinie der resultierenden Kraft führt in beiden Fällen durch die Zylinderachse (vgl. die Erläuterungen zur Lösung von Aufgabe 17).

Zahlenwerte: $b = 5$ m; $r_0 = 2$ m; $\rho = 1$ Mg/m^3. – a) $F_x = 392$ kN; $F_z = 308$ kN; b) $F_z = -84,2$ kN

Aufgabe 32: $A(x) = \dfrac{A_0}{\sqrt{1 + \dfrac{x}{h}}}$

Aufgabe 33: a) $U = \sqrt{2g(h_1 + h_2)\left(1 - \dfrac{\rho_b/\rho_a}{1 + \dfrac{h_1}{h_2}}\right)}$;   b) $\dfrac{h_1}{h_2} > \dfrac{\rho_b}{\rho_a} - 1$

Zahlenwerte: $h_1 = 5{,}0$ m; $h_2 = 0{,}6$ m; $\rho_a = 1$ Mg/m^3; $\rho_b = 0{,}792$ Mg/m^3 (Methylalkohol). – a) $U = 10{,}0$ m/s; b) –

Aufgabe 34: $h_1 = \left(1 - \dfrac{A_0^2}{A_1^2}\right) h_0$; $U = \sqrt{2gh_0}$

Zahlenwerte: $h_0 = 1$ m; $A_0 = 2$ cm^2; $A_1 = 10$ cm^2. – $h_1 = 0{,}96$ m; $U = 4{,}43$ m/s

Aufgabe 35: a) $\dot{V} = A\sqrt{U^2 - 2gh}$

b) $P_{pot} = \dot{m}gh = \rho gA\sqrt{U^2 h^2 - 2gh^3}$

Um die Höhe h_m zu berechnen, bei der P_{pot} ein Maximum annimmt, genügt es für praktische Belange, allein den Radikanden $U^2 h^2 - 2gh^3$ zu betrachten und dessen Maximum zu bestimmen:

$$h_m = \frac{U^2}{3g}$$

Zahlenwerte: $h = 0{,}75$ m; $U = 4{,}2$ m/s; $A = 50$ cm^2. – a) $\dot{V} = 8{,}55$ ℓ/s; b) $h_m = 0{,}60$ m

Aufgabe 36: a) $\dot{V} = \dfrac{\pi}{4} d_2^2 \sqrt{\dfrac{2g\ell}{1 - (d_2/d_1)^4}}$

b) $p(z) = p_0 + \dfrac{8\rho\dot{V}^2}{\pi^2 d_2^4}\left(1 - \dfrac{d_2^4}{d(z)^4}\right) - \rho gz = p_0 + \rho g\ell\left(\dfrac{1 - (d_2/d(z))^4}{1 - (d_2/d_1)^4} - \dfrac{z}{\ell}\right)$

(Fig. 145a)

mit $d(z) = d_2 + (d_1 - d_2)\dfrac{z}{\ell}$

c) $d(z) = \dfrac{d_2}{\sqrt[4]{1 - (1 - d_2^4/d_1^4)\dfrac{z}{\ell}}}$

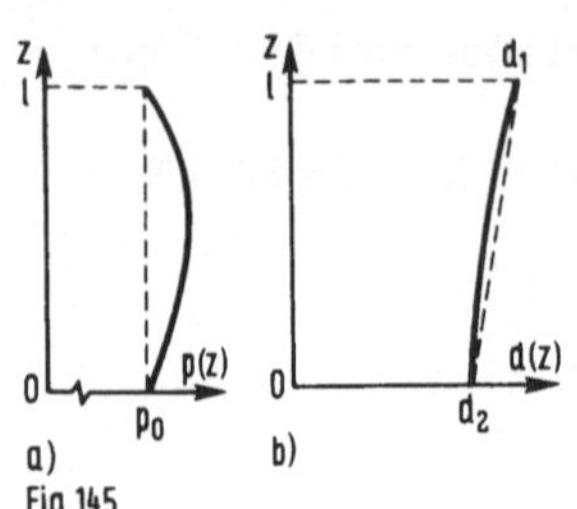

Fig. 145

In der gegebenen Kreiskegeldüse herrscht zwischen Ein- und Austrittsflansch Überdruck (vgl. Fig. 145a). Will man diesen Überdruck vermeiden, muß die Düse entsprechend eingeschnürt werden (Fig. 145b).

Aufgabe 37:   a) $\dot{V} = \dfrac{A_1}{\sqrt{1 - \dfrac{A_1^2}{A_2^2}}}\ \sqrt{2g\Delta h\left(\dfrac{\rho_b}{\rho_a} - 1\right)}$

b) Die Manometeranzeige hängt bei Gültigkeit der Bernoullischen Gleichung nicht von der Durchflußrichtung ab, da die Geschwindigkeiten bzw. der Volumenstrom nur quadratisch eingehen. In der Starrkörperdynamik kann man von der kinetischen Energie eines Körpers auch nur auf den Geschwindigkeits b e t r a g, aber nicht auf die Bewegungsrichtung schließen.

Zahlenwerte: $\Delta h = 0{,}2$ m; $A_1 = 10$ cm^2; $A_2 = 28$ cm^2; $\rho_a = 1$ Mg/m^3; $\rho_b = 13{,}55$ Mg/m^3. — a) $\dot{V} = 7{,}51$ dm^3/s; b) —

Aufgabe 38: $\dot{V} = \dfrac{A_2}{\sqrt{1 - \dfrac{A_2^2}{A_1^2}}}\ \sqrt{\dfrac{2\Delta p}{\rho}}$

Zahlenwerte: $A_1 = 314$ cm^2; $A_2 = 50$ cm^2; $\Delta p = 0{,}78$ bar; $\rho = 1$ Mg/m^3. — $\dot{V} = 63{,}3$ dm^3/s

Aufgabe 39: $U_1 = \sqrt{2gh_1}$; $U_2 = \sqrt{2gh_1\left[1 + \dfrac{\Delta h}{h_1}\left(1 - \dfrac{\rho_b}{\rho_a}\right)\right]}$

Zahlenwerte: $h_1 = 0{,}7$ m; $\Delta h = 0{,}3$ m; $\rho_a = 1$ Mg/m^3; $\rho_b = 0{,}87$ Mg/m^3 (Toluol). — $U_1 = 3{,}71$ m/s; $U_2 = 3{,}81$ m/s

Aufgabe 40:   a) $\dot{V} = \dfrac{1}{2} U_1 b_1 h$

b) $U_{2o} = \dfrac{U_1}{2}\left(\dfrac{b_1}{b_2} + \dfrac{b_2}{b_1}\right)$; $U_{2u} = \dfrac{U_1}{2}\left(\dfrac{b_1}{b_2} - \dfrac{b_2}{b_1}\right)$

$p_1 - p_2 = \dfrac{\rho}{2} U_{2u}^2$

c) $\tan\alpha_1 = \dfrac{U_1}{b_1}$; $\tan\alpha_2 = \dfrac{U_{2o} - U_{2u}}{b_2} = \dfrac{U_1}{b_1} = \tan\alpha_1$.

Zahlenwerte: $b_1 = 0{,}8$ m; $b_2 = 0{,}4$ m; $h = 0{,}56$ m; $U_1 = 20$ m/s; $\rho = 1{,}2$ kg/m^3. — a) $\dot{V} = 4{,}48$ m^3/s; b) $U_{2o} = 25$ m/s; $U_{2u} = 15$ m/s; $p_1 - p_2 = 135$ Pa; c) —

Aufgabe 41: $F = [p(0) - p_0]\pi h^2 + \int\limits_{h}^{r_0} [p(r) - p_0]2\pi r dr = \dfrac{\rho \dot{V}^2}{8\pi h^2}(1 - 2\ln\frac{r_0}{h})$

Zahlenwerte: $r_0 = 2$ cm; $h = 0,2$ mm; $\dot{V} = 1$ dm^3/s; $\rho = 1,2$ kg/m^3. $- F = -9,8$ N
(Saugkraft)

Aufgabe 42: a) $\dot{V} = \dfrac{A_1}{\sqrt{1 - \dfrac{A_1^2}{A_2^2}}} \sqrt{\dfrac{2}{\rho}(p_0 - p_d) - 2gh}$

b) $\dot{V} = \dfrac{A_1}{\sqrt{1 - \dfrac{A_1^2}{A_2^2}}} \sqrt{\dfrac{2}{\rho}(p_0 - p_d + \Delta p_v) - 2gh}$

Infolge Reibung wird der zulässige Volumenstrom also größer. Dem Leser bleibt es überlassen, sich dies anschaulich anhand der Druckverläufe klarzumachen, die in den Fällen a) und b) im Fallrohr auftreten.

Zahlenwerte: $h = -2$ m (Turbinenaustritt liegt unter dem Unterwasserspiegel); $A_1 = 5$ m^2; $A_2 = 25$ m^2; $p_d \approx 0$ (vgl. Zahlenangabe zu Aufg. 26); $p_0 = 1$ bar; $\Delta p_v = 0,12$ bar; $\rho = 1$ Mg/m^3. $-$ a) $\dot{V} = 78,9$ m^3/s; b) $\dot{V} = 82,8$ m^3/s

Aufgabe 43: Ausgangsgleichungen:

Bernoulli-Gl. außen → Eintrittsöffnung: $\qquad p_0 = p_1 + \dfrac{\rho_a}{2} U_1^2$

dgl. Verbrennungsraum → Schornsteinaustritt: $p_1 = p_2 + \rho_i gh + \dfrac{\rho_i}{2} U_2^2$

Hydrostatik außerhalb des Schornsteins: $\qquad p_2 = p_0 - \rho_a gh$

Kontinuitätsgleichung: $\qquad \rho_a U_1 A_1 + \dfrac{1}{L}\rho_a U_1 A_1 = \rho_i U_2 A_2$

Endlösung: $\qquad U_2 = \sqrt{2gh}\sqrt{\dfrac{\rho_a/\rho_i - 1}{1 + (\dfrac{L}{L+1}\cdot\dfrac{A_2}{A_1})^2\dfrac{\rho_i}{\rho_a}}}$

Zahlenwerte: $h = 100$ m; $A_1 = 1$ m^2; $A_2 = 3$ m^2; $\rho_a = 1,2$ kg/m^3; $\rho_i = 0,75$ kg/m^3; $L = 10$. $- U_2 = 14,4$ m/s

Aufgabe 44: a) $h_0 = \dfrac{\dot{V}_0^2}{2gA_1^2}$; b) $\dot{h} - \dfrac{\dot{V}_0}{A_0}(2 - \sqrt{\dfrac{h}{h_0}})$ c) $h_{min} - 4h_0$

Zahlenwerte: $A_0 = 0,75$ m^2; $A_1 = 5$ cm^2; $\dot{V}_0 = 3$ dm^3/s. $-$ a) $h_0 = 1,835$ m;

b) $\dot{h} = 4(2 - \sqrt{\dfrac{h}{h_0}})$ mm/s

Aufgabe 45: a) $h - \dfrac{h_1}{2}(1 + \dfrac{h^*}{h_1} + \dfrac{H}{h_1})[1 - \sqrt{1 - \dfrac{4h^*/h_1}{(1 + \dfrac{h^*}{h_1} + \dfrac{H}{h_1})^2}}]$

mit $h^* = \dfrac{\dot{V}_1^2}{2gA_2^2}$; $H = \dfrac{p_0}{\rho g}$; b) $p_1 = p_0(1 + \dfrac{h^*}{H})$; c) $v = \dfrac{A_2}{A_1}\sqrt{2gh_1}\sqrt{\dfrac{h}{h_1}(1 + \dfrac{H/h_1}{1 - \dfrac{h}{h_1}})}$

d) $v = \dfrac{A_2}{A_1}\sqrt{2gh} = \dfrac{A_2}{A_1}\sqrt{2gh_0}(1 - \dfrac{t}{\tau})$ mit $\tau = \dfrac{A_1}{A_2}\sqrt{\dfrac{2h_0}{g}}$; $\dot{V}_2 = A_2\sqrt{2gh_0}(1 - \dfrac{t}{\tau})$

Zahlenwerte: $h_1 = 3{,}4$ m; $h_0 = 4{,}91$ m; $A_1 = 2$ m²; $A_2 = 10$ cm²; $\dot{V}_1 = 10$ dm³/s; $p_0 = 1$ bar; $\rho = 1$ Mg/m³. — a) $h^* = 5{,}1$ m; $H = 10{,}2$ m; $h = 0{,}98$ m; b) $p_1 = 1{,}5$ bar.

c) $v = 4{,}08\sqrt{\dfrac{h}{h_1}(1 + \dfrac{3}{1 - \dfrac{h}{h_1}})}\dfrac{\text{mm}}{\text{s}}$ (Fig. 146); d) $\tau = 2 \cdot 10^3$ s $= 0{,}556$ h; $v = 4{,}9(1 - \dfrac{t}{\tau})$

mm/s; $\dot{V}_2 = 9{,}81(1 - \dfrac{t}{\tau})$ dm³/s.

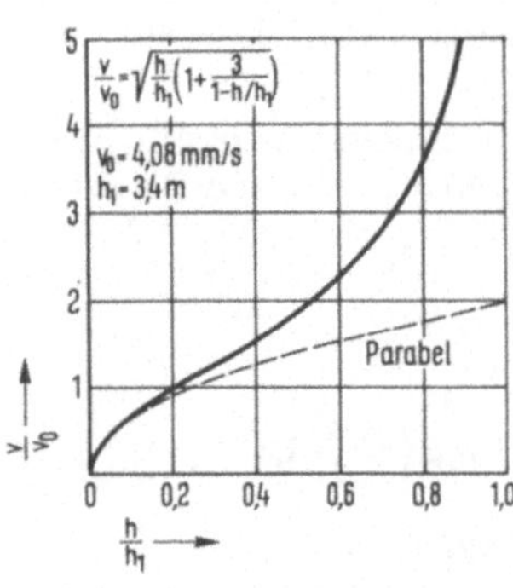

Fig. 146

Fig. 146 zeigt als Lösung von Teil c) der Aufgabe die Sinkgeschwindigkeit des Spiegels im geschlossenen Behälter in Abhängigkeit von der Spiegelhöhe. Bei niedrigen Spiegelhöhen ist der Einfluß der Kompression des Luftpolsters über der Flüssigkeit noch gering, und die Sinkgeschwindigkeit v ist proportional $\sqrt{h}$. Bei größeren Spiegelhöhen wächst v schneller als $\sqrt{h}$, eine Folge des erhöhten Druckes in dem Luftpolster.

Aufgabe 46: Formuliert man die Bernoullische Gleichung für die speziell mit der Oberfläche der Flüssigkeit zusammenfallende Stromlinie, gilt $p_0 + \rho U^2/2 + \rho g(a + h) = $ const. Dies läßt sich leicht in die in der Aufgabenstellung gewünschte Form bringen.

Aufgabe 47: a) $E = h + \dfrac{\dot{q}^2}{2gh^2}$; b) $h_k = \sqrt[3]{\dfrac{\dot{q}^2}{g}}$ $E_k = \dfrac{3}{2}\sqrt[3]{\dfrac{\dot{q}^2}{g}} = \dfrac{3}{2}h_k$; c) $U_k = \sqrt{gh_k}$

Aufgabe 48: $\dot{q} = \sqrt{g(\dfrac{2}{3}h_0)^3}$; Zahlenwerte: $h_0 = 1{,}5$ m. — $\dot{q} = 3{,}13$ m³/sm

Aufgabe 49: a) $k \neq 0 : p - p_0 = \dfrac{\rho U_0^2}{2k}[(\dfrac{r}{r_0})^{2k} - 1]$; $k = 0 : p - p_0 = \rho U_0^2 \ln\dfrac{r}{r_0}$

   b) $k = -1$

In den Figuren 147 und 148 sind für ausgewählte Werte von k die Geschwindigkeitsverteilung und die Druckänderung in Abhängigkeit vom Abstand r von der Achse aufgetragen. Von besonderer physikalischer Bedeutung sind die Exponenten k = 1 (U ~r: Starrkörperrotation) und k = $-$ 1 (U ~ 1/r: Potentialwirbel; vgl. Teil b) der Aufgabe und Aufgabe 50), die bei vielen Strömungen in der Natur mehr oder weniger gut realisiert sind. Mit technischen Hilfsmitteln (z.B. geeignet geformten Schaufelgittern) lassen sich andere Werte für k verwirklichen.

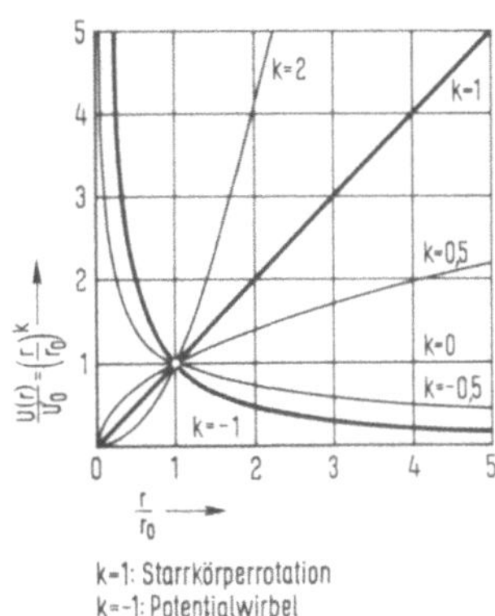

Fig. 147

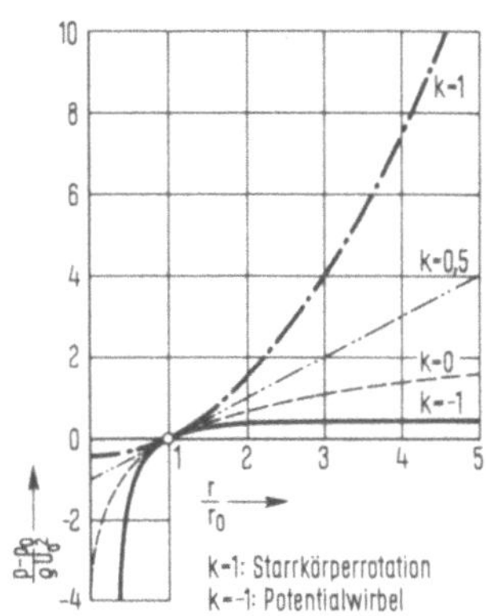

Fig. 148

Aufgabe 50: $h(r) = \dfrac{U_0^2}{2g} \cdot \dfrac{r_0^2}{r^2}$

Aufgabe 51: Die Lösung dieser Aufgabe ist typisch für eine ganze Klasse von Anlaufproblemen, bei denen Flüssigkeit in Rohrleitungen aus der Ruhe heraus unter der Wirkung solcher Kräfte in Bewegung gesetzt wird, die ein zeitunabhängiges Potential besitzen (z.B. Schwerkraft, Zentrifugalkraft (vgl. Aufg. 54)). Wir wollen dieses Problem daher als Modellfall ausführlicher behandeln: a) Zunächst greifen wir eine beliebige Stromlinie heraus, die vom Spiegel im Stausee zum Fallrohraustritt führt und benennen die ausgezeichneten Punkte dieser Stromlinie mit A, B, C, D (Fig. 149). Für diese Stromlinie formulieren wir die Bernoullische Gleichung unter Berücksichtigung des zeitabhängigen Integralterms (das Nullniveau für die Höhen legen wir durch D):

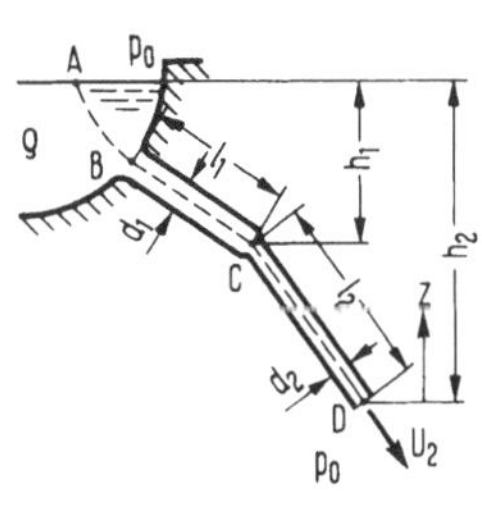

Fig. 149

$$p_0 + \rho g h_2 + \frac{\rho}{2} 0^2 = p_0 + \rho g 0 + \frac{\rho}{2} U_2^2 + \rho \int\limits_A^D \frac{\partial U}{\partial t} ds$$

Das Integral zerlegen wir zweckmäßig in Teilintegrale:

$$\int_A^D = \int_A^B + \int_B^C + \int_C^D$$

Diese Aufspaltung ist sinnvoll, weil in den drei Teilbereichen der Integrand jeweils konstant ist:

$$\int_A^B \frac{\partial U}{\partial t} ds = 0$$

da im Stausee die Geschwindigkeit und damit auch die Beschleunigung praktisch Null ist.

$$\int_B^C \frac{\partial U}{\partial t} ds = \frac{dU_1}{dt} \ell_1 = \frac{d_2^2}{d_1^2} \ell_1 \frac{dU_2}{dt} \quad \text{(Kontinuitätsgleichung)}$$

$$\int_C^D \frac{\partial U}{\partial t} ds = \ell_2 \frac{dU_2}{dt}$$

Setzt man das in die Bernoulli-Gleichung ein, erhält man ($\ell_2 + \frac{d_2^2}{d_1^2} \ell_1 = L$ gesetzt):

$$\frac{dU_2}{dt} = \frac{1}{L} (gh_2 - \frac{U_2^2}{2}) = \frac{gh_2}{L} (1 - \frac{U_2^2}{2gh_2})$$

dU_2/dt ist die Beschleunigung der Flüssigkeit im Leitungsteil (2). Aus dieser Differentialgleichung für die Ausströmgeschwindigkeit können wir sofort zwei Grenzfälle ablesen: 1) den stationären Endzustand, für den die Beschleunigung Null geworden ist. Das ist der Fall, wenn $U_2 = \sqrt{2gh_2} = U_m$ (Torricelli!) ist. Die aus der für stationäre Probleme gültigen Bernoulli-Gleichung ermittelte Ausströmgeschwindigkeit ist demnach der asymptotische Grenzwert eines instationären Anlaufvorgangs. 2) Zur Zeit $t = 0$ muß noch $U_2 = 0$ sein; die zugehörige Beschleunigung ist also die gesuchte Anfangsbeschleunigung a_{02}:

$$a_{02} = \frac{h_2 g}{L}$$

Aus der Kontinuitätsgleichung folgt dann sofort

$$a_{01} = \frac{d_2^2}{d_1^2} a_{02} = \frac{h_2 d_2^2}{L d_1^2} g$$

b) Zur Bestimmung des Druckes an der Stelle C unmittelbar nach Öffnen des Schiebers schreiben wir die Bernoullische Gleichung für den Teil der Stromlinie zwischen A und C an und setzen gleich $\partial U/\partial t = a_{01}$ (man beachte: für $t = 0$ ist $U = 0$)

$$p_0 + \rho g h_1 = p_C + \rho a_{01} \ell_1$$

Daraus wird nach Einsetzen des Ergebnisses aus a) und kurzer Umformung

$$p_C - p_0 = \rho g h_2 (\frac{h_1}{h_2} - \frac{\ell_1 d_2^2}{L d_1^2})$$

c) Wir greifen nun auf die Differentialgleichung für U_2 zurück und formen dabei etwas um:

$$\frac{d(\frac{U_2}{\sqrt{2gh_2}})}{dt} = \frac{\sqrt{2gh_2}}{2L}(1 - \frac{U_2^2}{2gh_2})$$

Setzt man als Abkürzung $U_2/\sqrt{2gh_2} = \varphi$ und trennt die Variablen, so ergibt sich

$$\frac{d\varphi}{1 - \varphi^2} = \frac{\sqrt{2gh_2}}{2L} dt$$

Integration mit der Anfangsbedingung $\varphi = 0(U_2 = 0)$ für $t = 0$ ergibt sofort

$$\text{artanh } \varphi = \frac{\sqrt{2gh_2}}{2L}t$$

$$U_2 = \sqrt{2gh_2} \cdot \tanh(\frac{\sqrt{2gh_2}}{2L}t)$$

Dieses Ergebnis läßt sich allgemeiner in der Form

$$\frac{U_2}{U_m} = \tanh(\frac{t}{\tau})$$

schreiben, wo U_m die asymptotisch erreichte Endgeschwindigkeit und τ eine für den Anlaufvorgang charakteristische Zeitkonstante ist. Im vorliegenden Fall ist $U_m = \sqrt{2gh_2}$ und $\tau = 2L/\sqrt{2gh_2} = 2L/U_m$. Fig. 150 gibt das Geschwindigkeits-Zeit-Diagramm für Anlaufvorgänge dieser Art.

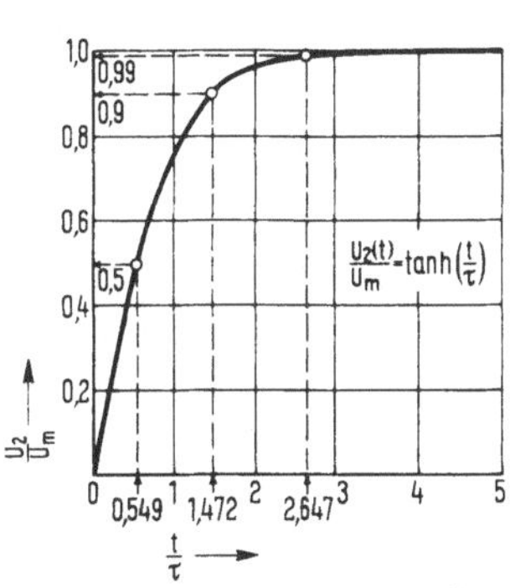

Geschwindigkeits-Zeit-Diagramm für Anlaufvorgänge in Rohrleitungen

Fig. 150

Zahlenwerte: $h_1 = 70$ m; $h_2 = 100$ m; $\ell_1 = 250$ m; $\ell_2 = 50$ m; $d_1 = 3,5$ m; $d_2 = 0,7$ m; $\rho = 1$ Mg/m³. — a) $L = 60$ m; $a_{01} = 0,067$ g $= 0,654$ m/s²; $a_{02} = 1,67$ g $= 16,35$ m/s²; b) $p_C - p_0 = 5,23$ bar; c) $U_m = 44,3$ m/s; $\tau = 2,71$ s

Aufgabe 52:   a) $a_0 = \frac{\Delta h}{\ell} g$;

b) $U = \sqrt{2g\Delta h} \cdot \tanh(\frac{\sqrt{2g\Delta h}}{2\ell}t)$; $U_m = \sqrt{2g\Delta h}$

c) $p_{B0} = p_0 - \rho gh(1 - \frac{\Delta h}{\ell})$; $p_{B\infty} = p_0 - \rho gh$;

d) s. Fig. 151

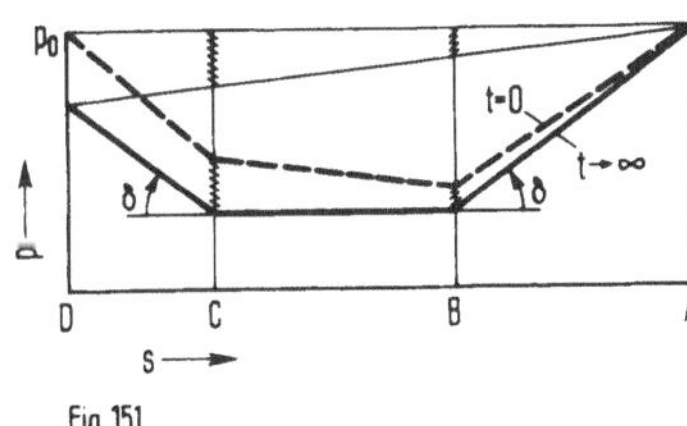

Fig. 151

Zahlenwerte: $h = 3$ m; $\Delta h = 2$ m; $\ell = 6$ m; $\rho = 1$ Mg/m³; $p_0 = 1$ bar. —

a) $a_0 = \frac{1}{3}g = 3,27$ m/s²; b) $U = 6,26 \tanh(\frac{t}{1,92s}) \frac{m}{s}$;

c) $p_{B0} = 0,804$ bar; $p_{B\infty} = 0,706$ bar; d) —

Aufgabe 53:   a) $\omega_{min} = \dfrac{1}{r_0}\sqrt{2gh}$ b) $\omega_{max} = \dfrac{1}{r_0}\sqrt{\dfrac{2}{\rho}(p_0 - p_d)}$

c) $a_0 = \dfrac{1}{2\ell}(\omega^2 r_0^2 - 2gh) = \dfrac{U_m^2}{2\ell}$

d) $U(t) = U_m \tanh\left(\dfrac{U_m}{2\ell}\, t\right)$ mit $U_m = \sqrt{\omega^2 r_0^2 - 2gh}$

(vgl. Aufgabe 51 mit Fig. 150)

e) $M = \rho A r_0^2 \omega\, U_m$

Zahlenwerte: $h = 0,55$ m; $\ell = 1,0$ m; $r_0 = 0,25$ m; $A = 1,8$ cm^2; $p_0 = 1,0$ bar; $p_d \approx 0$; $\rho = 1$ Mg/m^3; $\omega = 31,4$ 1/s. $-$ a) $\omega_{min} = 13,1$ 1/s; b) $\omega_{max} = 56,6$ 1/s; c) $a_0 = 25,4$ m/s^2; d) $U_m = 7,13$ m/s; $U(t) = 7,13\ \tanh\left(\dfrac{t}{0,28\,s}\right)$ m/s; e) $M = 2,52$ Nm

Aufgabe 54:   a) $U_m = \sqrt{2gh\left(1 + \dfrac{\omega^2 r_0^2}{2gh}\right)}$

b) $p_B = p_0 - \rho g\ell - \dfrac{\rho}{2}\,\omega^2 r_0^2$; $\quad p_C = p_0 - \dfrac{\rho}{2}\,\omega^2 r_0^2$

c) $U = U_m \tanh\left[\dfrac{U_m t}{2(r_0 + \ell)}\right]$; $\qquad$ d) $M = \rho\omega r_0^2 A U_m$

e) a) U_m wie vorher; b) alle Drücke im Fallrohr liegen um $\Delta p = \dfrac{\rho}{2}\, U_m^2(1 - \alpha^2)$ über den vorherigen;

c) $U = U_m \tanh\left[\dfrac{U_m t}{2\alpha(r_0 + \ell)}\right]$; $\qquad$ d) $M = \alpha\rho\omega r_0^2 A U_m$

Zahlenwerte: $h = 10$ m; $\ell = 6$ m; $r_0 = 1,5$ m; $A = 10$ cm^2; $p_0 = 1$ bar; $\alpha = 0,2$; $\rho = 1$ Mg/m^3; $\omega = 5$ 1/s. $-$ a) $U_m = 15,9$ m/s; b) $p_B = 0,13$ bar; $p_C = 0,72$ bar; c) $U = 15,9\cdot$ $\cdot \tanh\left(\dfrac{t}{0,945\,s}\right)$ m/s; d) $M = 178,8$ Nm; e) a) wie vorher; b) $p_B = 1,34$ bar; $p_C = 1,93$ bar; c) $U = 15,9\ \tanh\left(\dfrac{t}{0,189\,s}\right)$ m/s; d) $M = 35,8$ Nm.

Aufgabe 55:   a) $p_1 - p_0 = \rho gh\left(1 - \dfrac{U_1^2}{2gh}\right)$;

b) $\Delta t \geqslant \dfrac{\ell U_1}{hg}$

c) Überdruck während des Schließvorgangs:

$$p_1^* - p_0 = \rho gh - \dfrac{\rho}{2}\, U_1^2\left(1 - \dfrac{t}{\Delta t}\right)^2 + \rho\ell\,\dfrac{U_1}{\Delta t}$$

Zahlenwerte: $h = 60$ m; $\ell = 150$ m; $U_1 = 30$ m/s; $\rho = 1$ Mg/m^3. $-$ a) $p_1 - p_0 = 1,39$ bar; b) $\Delta t \geqslant 7,65$ s; c) $p_1^* - p_0 = 11,77 - 4,50\left(1 - \dfrac{t}{\Delta t}\right)^2$ bar (Fig. 152)

Aufgabe 56: a) $p(s_1, t) = p_0 + \rho gh - \rho g s_1 (1 + \dfrac{\omega U_0}{g} \cos \omega t) - \dfrac{\rho}{2} U_0^2 \sin^2 \omega t \, (0 \leqslant \omega t \leqslant \pi)$

b) $p(s_2, t) = p_0 - \rho \omega \dfrac{A_1}{A_2} U_0 s_2 \cos \omega t$

$(\pi \leqslant \omega t \leqslant 2\pi)$

c) $s_{1m} = \ell; \quad t_m = \dfrac{1}{\omega} \arccos \dfrac{\omega \ell}{U_0} \quad$ für $\quad \dfrac{\omega \ell}{U_0} \leqslant 1;$

$t_m = 0 \quad$ für $\quad \dfrac{\omega \ell}{U_0} \geqslant 1$

$p_{min} = p_0 - \rho g(\ell - h) - \dfrac{\rho}{2} U_0^2 (1 + \dfrac{\omega^2 \ell^2}{U_0^2})$

für $\dfrac{\omega \ell}{U_0} \leqslant 1$

$p_{min} = p_0 - \rho g(\ell - h) - \rho U_0 \omega \ell \quad$ für $\quad \dfrac{\omega \ell}{U_0} \geqslant 1$

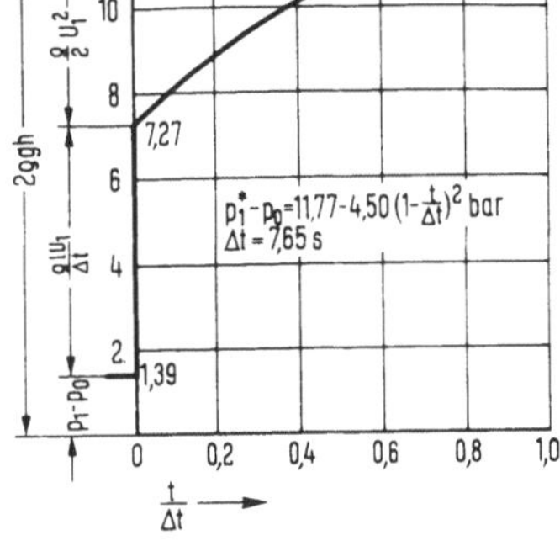

Fig. 152

Zahlenwerte: $h = 0,2$ m; $\ell = 1,3$ m; $A_1 = 1$ dm^2; $A_2 = 0,5$ dm^2; $U_0 = 2$ m/s; $p_0 = 1$ bar; $\rho = 1$ Mg/m^3; $\omega = 10$ 1/s. –

a) $p(s_1, t) = 1,02 - [1 + 2,04 \cos (\dfrac{t}{0,1 \text{ s}})] \dfrac{s_1}{10,2 \text{ m}} - 0,02 \sin^2 (\dfrac{t}{0,1 \text{ s}})$ bar

b) $p(s_2, t) = 1 - \cos(\dfrac{t}{0,1 \text{ s}}) \dfrac{s_2}{2,5 \text{ m}}$ bar;   c) $t_m = 0; \quad p_{min} = 0,632$ bar

Aufgabe 57: a) $U_2(t) = \dfrac{A_1}{A_2} U_0 \sin \omega t \quad$ für $\quad 0 \leqslant \omega t \leqslant \pi$

$\qquad U_2(t) = 0 \qquad\qquad\qquad$ für $\quad \pi \leqslant \omega t \leqslant 2\pi$

b) $p_1(t) = p_2 + \rho gh + \dfrac{\rho}{2} U_0^2 (\dfrac{A_1^2}{A_2^2} - 1) \sin^2 \omega t + \rho U_0 \omega \ell_1 (1 + \dfrac{A_1 \ell_2}{A_2 \ell_1}) \cos \omega t$

$\qquad\qquad\qquad\qquad\qquad$ für $0 \leqslant \omega t \leqslant \pi$

$p_1(t) = p_2 + \rho gh = \text{const} \qquad\qquad$ für $\pi \leqslant \omega t \leqslant 2\pi$

c) Die kleinsten Drücke während eines Arbeitstaktes treten im Zeitpunkt maximaler Verzögerung auf $(\omega t \to \pi)$.

$p_{1min} = p_2 + \rho gh - \rho U_0 \omega \ell_1 (1 + \dfrac{A_1 \ell_2}{A_2 \ell_1})$

$p_{3min} = p_{1min} - \rho gh + \rho U_0 \omega \ell_1 = p_2 - \rho U_0 \omega \ell_2 \cdot \dfrac{A_1}{A_2}$

$p_{1min} \lesseqgtr p_{3min}$ für $\omega \gtreqless \dfrac{gh}{U_0 \ell_1}$

$$\omega_{max} = \frac{p_0 + \rho g h - p_d}{\rho U_0 \ell_1 (1 + A_1 \ell_2 / A_2 \ell_1)} \quad \text{falls } \omega_{max} > \frac{gh}{U_0 \ell_1} \quad \text{(dann ist Stelle 1 ,,kritisch'')}$$

$$\omega_{max} = \frac{(p_0 - p_d) A_2}{\rho U_0 \ell_2 A_1} \quad \text{falls } \omega_{max} < \frac{gh}{U_0 \ell_1} \quad \text{(dann ist Stelle 3 ,,kritisch'')}$$

$$\text{d) } p_{max} = p_{1max} = p_2 + \rho g h + \rho U_0 \omega \ell_1 \left(1 + \frac{A_1 \ell_2}{A_2 \ell_1}\right) \quad \text{für } \omega t = 0$$

Zahlenwerte: $h = 12{,}5$ m; $\ell_1 = 16$ m; $\ell_2 = 2$ m; $A_1/A_2 = 4$; $p_2 = 10$ bar; $p_d \approx 0$; $U_0 = 2{,}5$ m/s; $\rho = 1$ Mg/m^3; $\omega = 5\pi = 15{,}7$ 1/s. – a) –; b) –; c) $gh/U_0 \ell_1 = 3{,}1$ 1/s; Versuchsweise Berechnung von ω_{max} aus der ersten der beiden obigen Gleichungen: $\omega_{max} = 18{,}7$ 1/s ($> 3{,}1$ 1/s, also war diese Berechnung zulässig, und Verdampfungsgefahr besteht für die gegebenen Zahlenwerte am Druckstutzen der Pumpe); $p_{1min} = 1{,}80$ bar; $p_{3min} = 6{,}86$ bar; d) $p_{max} = 20{,}7$ bar.

Der unter c) gefundene Zahlenwert für ω_{max} zwecks Vermeidung der Unterschreitung des Dampfdrucks in der Leitung (Kavitationsgefahr!) ist trotz des relativ hohen Gegendrucks $p_2 = 10$ bar bemerkenswert klein. Hieraus kann man eine recht allgemeingültige praktische Konsequenz ziehen: Pulsierende Flüssigkeitsströmungen sollten nach möglichst kurzen Rohrleitungen zum Ausgleich von Geschwindigkeits- und Druckschwankungen in einen Windkessel o.ä. eingeleitet werden.

Aufgabe 58: $\quad \omega = \sqrt{\dfrac{g}{\ell} \cdot \dfrac{\dfrac{A_2}{A_1} + \sin \beta}{1 + \dfrac{A_2 h}{A_1 \ell}}}$

Zahlenwerte: $h = 0{,}6$ m; $\ell = 3$ m; $A_1 = 4$ dm^2; $A_2 = 10$ cm^2; $\beta = 30°$. – $\omega = 1{,}31$ 1/s

Aufgabe 59: $\quad$ a) $\omega = \sqrt{\dfrac{2g}{\ell}}$; $\qquad$ b) $h_0 = b \dfrac{a}{g}$

Aufgabe 60: a) Ausgangspunkt ist die Bernoullische Gleichung für instationäre Strömung für die in Fig. 153 gestrichelte Stromlinie:

$$p_1^* + \rho_1 g h_1 = p_0 + \rho_1 g z + \frac{\rho_1}{2} \dot{z}^2 + \rho_1 \int_0^z \ddot{z} \, d\xi$$

Hierbei wurden die Strömungsgeschwindigkeit und -beschleunigung im Behälter außerhalb des Steigrohres vernachlässigt. Beachtet man, daß in Steigrohr die Beschleunigung aller Flüssigkeitsteilchen gleich der Beschleunigung $\ddot{z}$ des Spiegels ist, wird der Integralterm einfach $\rho_1 z \ddot{z}$, und man erhält nach kurzer Zwischenrechnung:

$$z \ddot{z} + \frac{\dot{z}^2}{2} + g z = \frac{U_0^2}{2} \quad \text{mit} \quad U_0 = \sqrt{\frac{2(p_1 - p_0)}{\rho_1}}$$

Mit der Substitution $\dot{z}^2 = \varphi(z)$ ergibt sich hieraus die lineare Differentialgleichung

$$\varphi' + \frac{\varphi}{z} = \frac{U_0^2}{z} - 2g$$

mit der allgemeinen Lösung

$$\varphi(z) = \frac{C}{z} + U_0^2 - gz$$

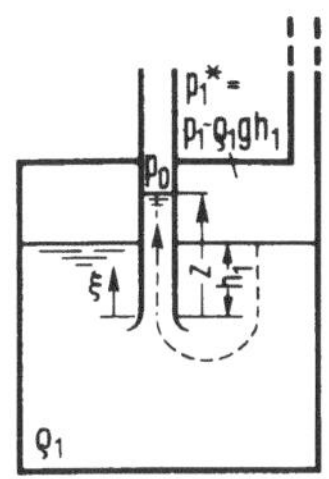

Fig. 153

Da $\varphi(0)$ endlich sein muß, folgt $C = 0$. Somit wird:

$$\dot{z} = \sqrt{U_0^2 - gz}$$

z_{max} wird erreicht, wenn $\dot{z}$ (momentan) null ist:

$$z_{max} = \frac{U_0^2}{g} = \frac{2(p_1 - p_0)}{\rho_1 g} = \frac{2}{\rho_1} \sum_{i=1}^{n} \rho_i h_i$$

Für das letzte Ergebnis wurde der in Aufgabe 4 gefundene Wert für p_1 eingesetzt. z_{max} ist genau der doppelte Wert der in Aufgabe 4 gefundenen „Gleichgewichtshöhe" h_0, wenn man diese — wie hier — vom unteren Ende des Steigrohres aus zählt:

$$z_0 = z_{stat} = h_0 + h_1 = \frac{1}{\rho_1} \sum_{i=2}^{n} \rho_i h_i + h_1 = \frac{1}{\rho_1} \sum_{i=1}^{n} \rho_i h_i = \frac{1}{2} z_{max}$$

Nach Erreichen von z_{max} fällt der Spiegel im Steigrohr wieder ab, und es setzt eine Schwingung ähnlich der in Aufgabe 58 behandelten ein, die infolge unvermeidlicher Reibung schließlich mit dem Spiegel in der Höhe z_{stat} zur Ruhe kommt.

Aufgabe 61: Im Aufgabenteil gelöst.
Zahlenwerte: $\ell = 1,2$ m; $A = 1,5$ dm^2; $U = 35$ m/s; $U_0 = 17,5$ m/s; $\rho = 1$ Mg/m^3;
$\beta = 15°$. — a) $F = 9,03$ kN; b) $P_{max} = 316$ kW; c) $\eta = \eta_{max} = 0,983$

Aufgabe 62:   a) $\tan \alpha = \dfrac{(\frac{U_1}{U_0} - 1) \sin \beta}{(\frac{U_1}{U_0} - 1) \cos \beta + 1}$;   b) $U_2 = (U_1 - U_0) \dfrac{\sin \beta \sqrt{1 + \tan^2 \alpha}}{\tan \alpha}$

c) $F_x = \rho A (U_1 - U_0)^2 (1 - \cos \beta)$; $F_y = \rho A (U_1 - U_0)^2 \sin \beta$

d) $P = \rho A U_0 (U_1 - U_0)^2 (1 - \cos \beta)$

Zahlenwerte: $A = 1,2$ dm^2; $U_0 = 20$ m/s; $U_1 = 40$ m/s; $\beta = 150°$; $\rho = 1$ Mg/m^3. —
a) $\alpha = 75°$; b) $U_2 = 10,35$ m/s; c) $F_x = 8,96$ kN; $F_y = 2,40$ kN; d) $P = 179$ kW

Aufgabe 63:   a) $U_0 = \dfrac{U_1}{\sin \beta}$ $(\rightarrow)$; b) $h_2 = (1 - \cos \beta) h_1$; $h_3 = (1 + \cos \beta) h_1$

c) $U_2 = \dfrac{U_1}{\sin \beta} (1 + \cos \beta)\,(\rightarrow)$; $U_3 = \dfrac{U_1}{\sin \beta} (1 - \cos \beta)(\rightarrow)$;   d) $\dot{m}_2 = \dot{m}_3 = \rho U_1 h_1 \sin \beta$

Zahlenwerte: $h_1 = 1$ mm; $U_1 = 500$ m/s; $\beta = 20°$; $\rho = 8{,}92$ Mg/m^3 (Cu). – a) $U_0 =$ 1462 m/s; b) $h_2 = 0{,}06$ mm; $h_2 = 1{,}94$ mm; c) $U_2 = 2836$ m/s; $U_3 = 88$ m/s; d) $\dot{m}_2 = \dot{m}_3 = 1525$ kg/sm

Wir wollen an dieser Stelle noch den Staudruck des Strahles (2) berechnen, der ein Maß für die mechanische Beanspruchung eines Körpers ist, der von diesem Strahl getroffen wird $\rho U_2^2/2 = 3{,}6 \cdot 10^5$ bar. Dieser Wert ist so hoch, daß man leicht verstehen kann, daß ein solcher Strahl Panzerblech durchdringt. Bei derart großen Belastungen wird die Fließgrenze von Stahl weit überschritten.

Aufgabe 64: $U = \sqrt{\dfrac{\rho_k}{\rho_f}\,\dfrac{g\ell^2}{h}\,\dfrac{\tan\beta}{1-\cos\beta}}$

Zahlenwerte: $\rho_k = 2{,}7$ g/cm^3 (Al); $\rho_f = 1$ g/cm^3; $\ell = 10$ cm; $h = 1$ cm; $\beta = 30°$. – $U = 10{,}7$ m/s

Kontrolle der Froude-Zahl: Fr = 10,8. Dieser Zahlenwert ist immerhin so groß gegen 1, daß die Rechnung als Abschätzung sinnvoll ist.

Aufgabe 65:   a) $\sin\alpha = \dfrac{2\dot{m}U}{G}\,\dfrac{e}{a}$

b) $F_{Ax} = \dot{m}U\cos^2\alpha\,(\rightarrow)$; $F_{Ay} = G - \dfrac{1}{2}\dot{m}U\sin 2\alpha\,(\uparrow)$

Zahlenwerte: $a = 1{,}2$ m; $e = 0{,}4$ m; $G = 450$ N; $U = 20$ m/s; $\dot{m} = 10{,}1$ kg/s. – a) $\alpha = 17{,}4°$; b) $F_{Ax} = 184$ N; $F_{Ay} = 392$ N

Aufgabe 66: $F_1 = 2\rho g A\sqrt{h(h+\ell)}$; $F_2 = 2\rho g A\sqrt{h\ell}$
Zahlenwerte: $h = 1$ m; $\ell = 0{,}5$ m; $A = 2$ cm^2; $\rho = 1$ Mg/m^3. – $F_1 = 4{,}81$ N; $F_2 = 2{,}78$ N

Aufgabe 67:   Teile a) und b) im Text gelöst;

c) $c_w = 4\dfrac{U_1 - U_2}{U_1 + U_2}$

Zahlenwerte: $A = 10$ cm^2; $U_1 = 3$ m/s; $U_2 = 2{,}5$ m/s; $\rho = 1$ Mg/m^3. – a) $F = 1{,}5$ N; b) $U_0 = 2{,}75$ m/s; c) $c_w = 0{,}364$

Aufgabe 68:   a) $\dfrac{U_0}{U_1} = \dfrac{1}{2}\left(1 + \sqrt{1+c_s}\right)$;

$\dfrac{U_2}{U_1} = \sqrt{1+c_s}$

b) $\eta_{th} = \dfrac{2}{1+\sqrt{1+c_s}} = \dfrac{U_1}{U_0}$ (Fig. 154)

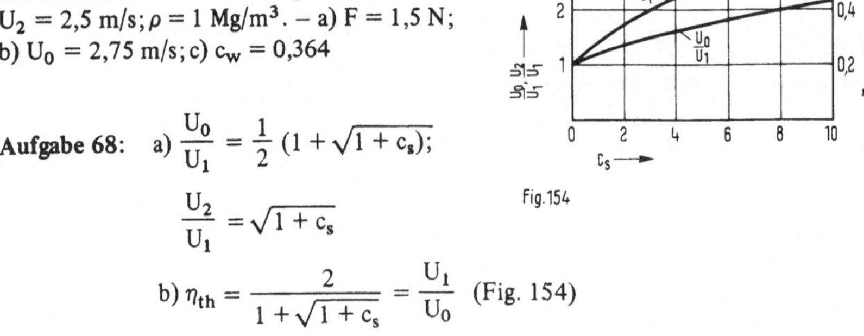

Fig.154

Aufgabe 69:   a) $U_2 = \dfrac{h_1}{h_2}\, U_1$; $\quad p_2 = p_1 - \dfrac{\rho}{2} U_1^2 \left(\dfrac{h_1^2}{h_2^2} - 1 + \zeta\right)$;

b) $F_x = (p_1 + \rho U_1^2)bh_1 \cos\beta - \left(p_2 + \rho U_1^2\, \dfrac{h_1^2}{h_2^2}\right) bh_2$; $\quad F_y = (p_1 + \rho U_1^2)bh_1 \sin\beta$

Zahlenwerte: $b = 2$ m; $h_1 = 1{,}5$ m; $h_2 = 1$ m; $U_1 = 10$ m/s; $p_1 = 2{,}4$ bar; $\zeta = 0{,}1$; $\rho = 1$ Mg/m^3; $\beta = 30°$. $-$ a) $U_2 = 15$ m/s; $p_2 = 1{,}725$ bar; b) $F_x = 88{,}3$ kN; $F_y = 510$ kN

Aufgabe 70:   a) $\Delta p = \dfrac{8\rho \dot{V}^2}{\pi^2 d_2^4}\left[1 - (1 - \zeta)\,\dfrac{d_2^4}{d_1^4}\right]$

b) Ansatzgleichung: $\rho \dot{V}(U_2 - U_1) = \left[(p_0 + \Delta p) - p_0\right]\dfrac{\pi}{4}d_1^2 - F$

$$F = \frac{4\rho \dot{V}^2}{\pi d_2^2}\left[\frac{d_1^2}{2d_2^2} - 1 + \frac{1}{2}(1 + \zeta)\frac{d_2^2}{d_1^2}\right]$$

Zahlenwerte: $d_1 = 75$ mm; $d_2 = 20$ mm; $\dot{V} = 18$ ℓ/s; $\rho = 1$ Mg/m^3; $\zeta = 0{,}5$. $-$ a) $\Delta p = 16{,}4$ bar; b) $F = 6{,}27$ kN

Aufgabe 71:   a) $F = \dfrac{\rho}{2} U_1^2 A_1 \left(\dfrac{A_1^2}{A_2^2} - 1\right)$; b) $F_A = F_B = \dfrac{F}{2} - \dfrac{\dot{m}}{2}(U_2 - U_1) = \dfrac{\rho}{4} U_1^2 A_1 \left(\dfrac{A_1}{A_2} - 1\right)^2$

Zahlenwerte: $A_1 = 10$ dm^2; $A_2 = 1$ dm^2; $U_1 = 2$ m/s; $\rho = 1$ Mg/m^3. $-$ a) $F = 19{,}8$ kN; $F_A = F_B = 8{,}1$ kN

Aufgabe 72:   a) $U_1 = \sqrt{\dfrac{2gh_2}{1 + \dfrac{h_1}{h_2}}}$; $\quad U_2 = \sqrt{\dfrac{2gh_1}{1 + \dfrac{h_2}{h_1}}}$; $\qquad$ b) $Fr_2 > 1$ (überkritisch);

c) $F_x = \dfrac{1}{2}\,\rho gbh_2^2\, \dfrac{\left(\dfrac{h_1}{h_2} - 1\right)^3}{\dfrac{h_1}{h_2} + 1}$

Zahlenwerte: $h_1 = 1{,}5$ m; $h_2 = 1{,}0$ m; $b = 3$ m; $\rho = 1$ Mg/m^3. $-$ a) $U_1 = 2{,}8$ m/s; $U_2 = 4{,}2$ m/s; b) $Fr_2 = 1{,}34$; c) $F_x = 736$ N

Aufgabe 73: In der in Gl. (58) angegebenen Formel lasse sich der experimentell gefundene Geschwindigkeitsverlauf durch

$$\frac{U(y)}{U_0} = 1 - \frac{\Delta U}{U_0}\left[1 + \cos\!\left(\frac{\pi y}{h}\right)\right] \qquad\qquad \left(-1 \leqslant \frac{y}{h} \leqslant 1\right)$$

approximieren (Fig. 155). Dann geht Gl. (58) über in das spezielle Ergebnis

$$F_w = 2\rho U_0^2 bh\, \frac{\Delta U}{U_0}\left(1 - \frac{3}{2}\,\frac{\Delta U}{U_0}\right)$$

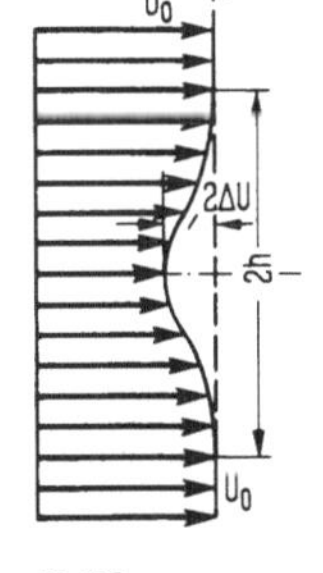

Fig.155

Zahlenwerte: $b = 1$ m; $h = 0,1$ m; $U_0 = 15$ m/s; $\Delta U = 2$ m/s; $\rho = 1,2$ kg/m³. $- F_w = 5,76$ N

Aufgabe 74:   a) $p_1 - p_2 = \dfrac{5}{8}\,\rho U^2$; $p_1 - p_3 = \dfrac{1}{8}\,\rho U^2$

b) $F = (p_1 - p_3)\,A = \dfrac{1}{8}\,\rho U^2 A$ c) $P_v = \dot{V}\Delta p_v = \dfrac{1}{8}\,\rho U^3 A$

Zahlenwerte: $A = 1,2$ m²; $U = 10$ m/s; $\rho = 1$ Mg/m³ (Wasser) und $\rho = 1,2$ kg/m³ (Luft). $-$
Wasser: a) $p_1 - p_2 = 0,625$ bar; $p_1 - p_3 = 0,125$ bar; b) $F = 15$ kN; c) $P_v = 150$ kW(!)
Luft: a) $p_1 - p_2 = 75$ Pa; $p_1 - p_3 = 15$ Pa; b) $F = 18$ N; c) $P_v = 180$ W

Aufgabe 75:   a) $\dfrac{A_1}{A_2} = \dfrac{1}{2}$;   b) $U_1 = 2\sqrt{gh}$; $U_2 = \sqrt{gh}$;

c) $\Delta p_v = \dfrac{1}{2}\,\rho gh$; $\zeta = \dfrac{1}{4}$;   d) $P_v = \rho A_1 (gh)^{3/2}$

Zahlenwerte: $h = 5$ m; $A_1 = 20$ cm²; $\rho = 1$ Mg/m³. $-$ a) $-$; b) $U_1 = 14,0$ m/s; $U_2 = 7,0$ m/s; c) $\Delta p_v = 0,245$ bar; d) $P_v = 687$ W

Aufgabe 76:   a) $U_2 = \dfrac{11}{18}\,U_1$; $\epsilon_a = -\dfrac{2}{11}$; $\epsilon_b = \dfrac{7}{11}$; $\epsilon_c = -\dfrac{5}{11}$ $(\Sigma\epsilon_i = 0!)$

b) $p_2 - p_1 = \dfrac{13}{162}\,\rho U_1^2$;   c) $P_v = \dfrac{89}{2916}\,\rho U_1^3 A$;

d) $\Delta T = \dfrac{89}{1782}\,\dfrac{U_1^2}{c}$

Zahlenwerte: $A = 2$ m²; $U_1 = 10$ m/s; $c = 4,187$ kJ/kgK; $\rho = 1$ Mg/m³. $-$
a) $U_2 = 6,1$ m/s; b) $p_2 - p_1 = 0,080$ bar; c) $P_v = 61,0$ kW; d) $\Delta T = 1,2 \cdot 10^{-3}$ K

Nach dem Ergebnis d) ist der Temperaturanstieg sehr klein. Das macht verständlich, daß
sich z.B. reißende Gebirgsbäche praktisch nicht erwärmen, zumal die entstehende Wärme
dort durch Leitung und Konvektion abgeführt wird.

Aufgabe 77:   a) $U_{2o} = \dfrac{\sqrt{3}}{4}\,U_1$; $U_{2u} = \dfrac{\sqrt{10}}{4}\,U_1$; $A_3 = A_2 = \left(\dfrac{\sqrt{3}}{2} + \dfrac{\sqrt{10}}{5}\right) A_1$;

$U_3 = \dfrac{7}{8} \cdot \dfrac{U_1 A_1}{A_2} = 0,584\,U_1$.

b) $p_3 - p_1 = 0,219\,\rho U_1^2$;   c) $p_3^* - p_1 = 0,228\,\rho U_1^2$

d) höheren Druckanstieg ergibt die zweite Anordnung;   e) $\eta = 0,885$

Aufgabe 78: Ansatzgleichungen für die Lösung der Aufgabe (vgl. Fig. 84): 1) Bernoullische Gleichung für die Strömung zwischen den Behältern und der Vermischungsstelle (1):

$$\frac{\rho}{2} U_a^2 = p_0 + \Delta p_a - p_1$$

$$\frac{\rho}{2} U_b^2 = p_0 + \Delta p_b - p_1 = p_0 + \Psi \Delta p_a - p_1$$

2) Impulssatz für den Mischvorgang:

$$\rho U^2 2A - \rho U_a^2 A - \rho U_b^2 A = (p_1 - p_0) 2A$$

3) Kontinuitätsbeziehung:

$$U = \frac{1}{2}(U_a + U_b)$$

Das sind vier Gleichungen für die vier Unbekannten U, U_a, U_b und p_1. Keine der Ansatzgleichungen enthält eine Unbekannte allein, so daß das Gleichungssystem simultan gelöst werden muß. Das ist bei derartigen Gleichungen, wie sie bei Mischproblemen häufig auftreten, zwar nicht prinzipiell schwierig, aber oft recht mühsam, insbesondere weil einige Ansatzgleichungen quadratisch in den Unbekannten sind. Durch geeignete Elimination von Unbekannten erhält man:

$$\text{a) } \varphi = \frac{U_b}{U_a} = \frac{\Psi - 1}{\Psi + 1} + \sqrt{\left(\frac{\Psi - 1}{\Psi + 1}\right)^2 + 1} \qquad \text{(Fig. 156)}$$

$$\text{b) } U = \sqrt{\frac{2\Delta p_a}{\rho}} \sqrt{\frac{3\Psi^2 + 2\Psi \sqrt{2(1 + \Psi^2)} + 1}{4(\Psi + \sqrt{2(1 + \Psi^2)} - 1)}} \qquad \text{(Fig. 157)}$$

$$\text{c) } F = 2\rho U^2 A = A\Delta p_a \frac{3\Psi^2 + 2\Psi \sqrt{2(1 + \Psi^2)} + 1}{\Psi + \sqrt{2(1 + \Psi^2)} - 1}$$

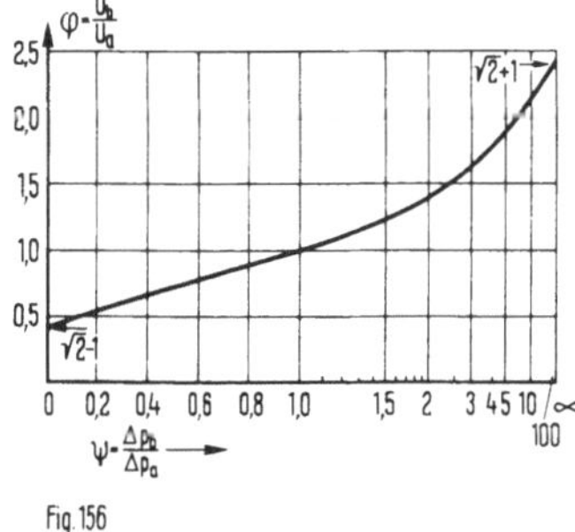

Fig. 156

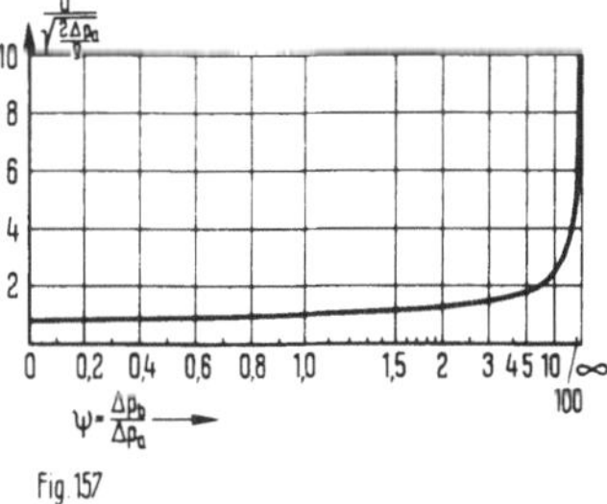

Fig. 157

d)

$\varphi = \dfrac{U_b}{U_a}$	U	F
$\Psi \to 0$ $\sqrt{2}-1$	$\dfrac{\sqrt{1+\sqrt{2}}}{2} \cdot \sqrt{\dfrac{2\Delta p_a}{\rho}}$	$(1+\sqrt{2})\,A\Delta p_a$
$\Psi = 1$ 1	$\sqrt{\dfrac{2\Delta p_a}{\rho}} = \sqrt{\dfrac{2\Delta p_b}{\rho}}$	$4A\Delta p_a = 4A\Delta p_b$
$\Psi \to \infty$ $\sqrt{2}+1$	$\dfrac{\sqrt{1+\sqrt{2}}}{2} \cdot \sqrt{\dfrac{2\Delta p_b}{\rho}}$	$(1+\sqrt{2})\,A\Delta p_b$

Aufgabe 79: a) $\varphi = \dfrac{U}{U_a} = \dfrac{(1-\alpha)\sqrt{2\alpha(1-\alpha)} - \alpha(1-2\alpha)}{1 - 2\alpha + 2\alpha^2}$ (Fig. 158)

$$\varphi_b = \frac{U_b}{U_a} = \frac{\varphi - \alpha}{1 - \alpha}$$

b) $\Phi = \dfrac{\dot{V}}{\dot{V}_a} = \dfrac{\varphi}{\alpha}$; $\Phi_b = \dfrac{\dot{V}_b}{\dot{V}_a} = \dfrac{\varphi}{\alpha} - 1$ (Fig. 159)

c) $\eta = \dfrac{\varphi^2(\varphi - \alpha)}{\alpha(1 - \varphi_b^2)}$ (Fig. 158)

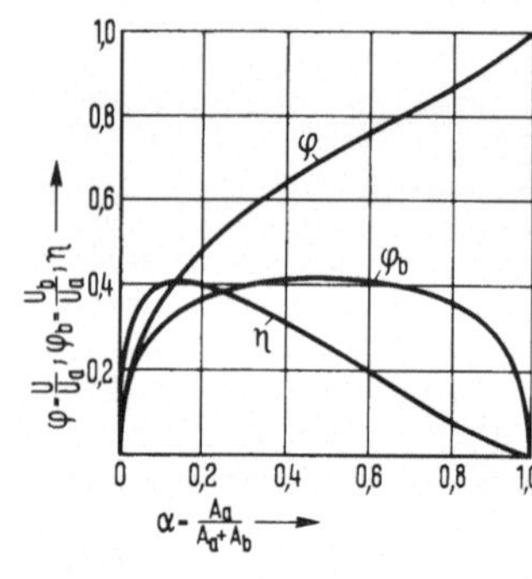

Fig. 158

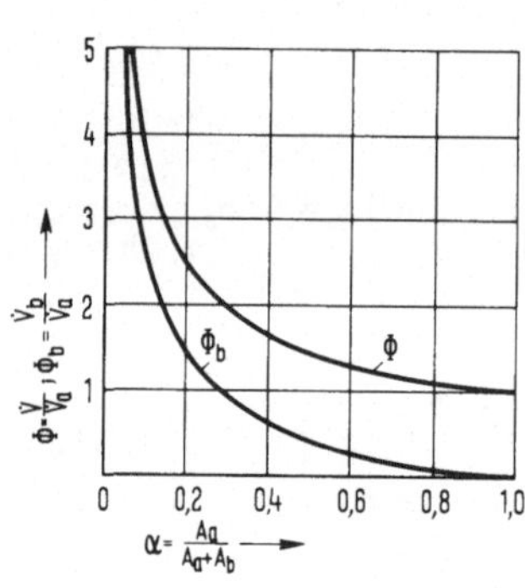

Fig. 159

Aufgabe 80: Im Aufgabenteil gelöst. Das Ergebnis ist in Fig. 160 für verschiedene Werte des Widerstandsbeiwertes c_w dargestellt.

Aufgabe 81: Die Aufgabe ist gut geeignet zu zeigen, wie man durch geeignete Wahl des Bezugssystems relativ einfache Ansatzgleichungen zur Lösung des Problems gewinnt: Die erforderlichen Gleichungen werden je nach Zweckmäßigkeit in dem zugfesten (ZS) oder dem tunnelfesten Bezugssystem (TS) aufgestellt.

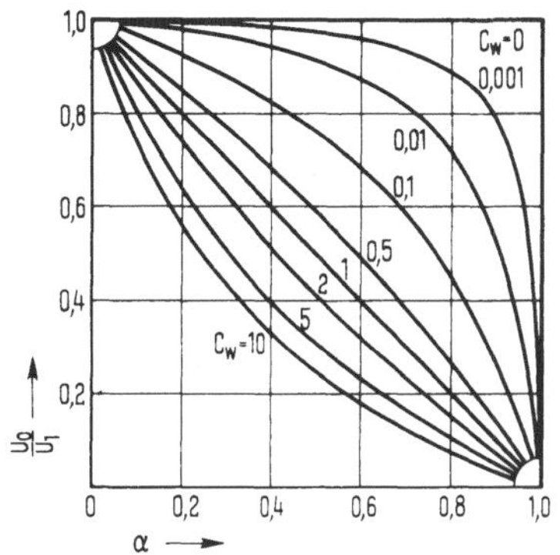

Fig. 160

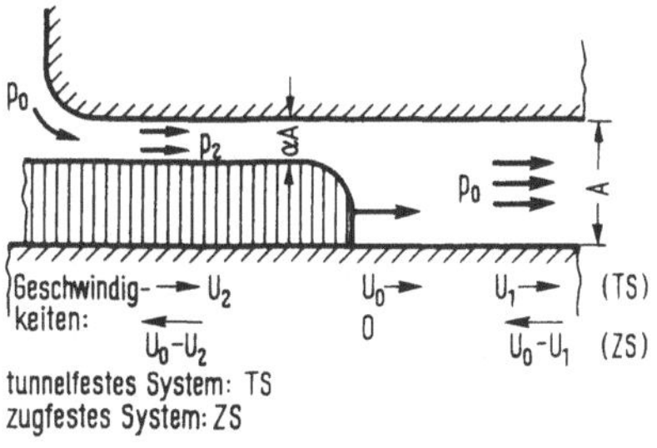

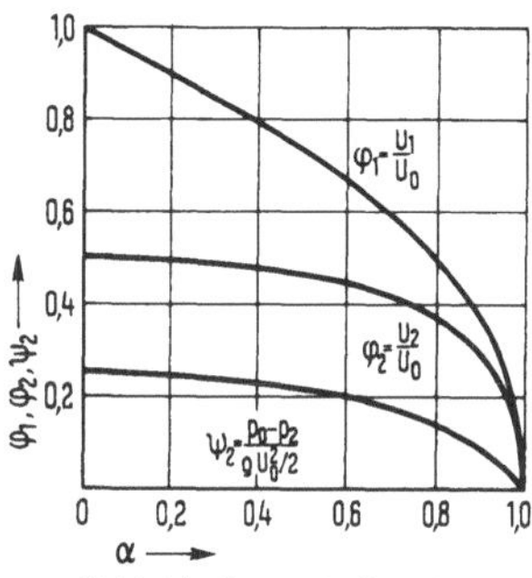

Fig. 161

a) Zug fährt in den Tunnel ein (Fig. 161).

Wir können nun folgende Beziehung aufstellen:

$$(U_0 - U_1)A = (U_0 - U_2)\alpha A \qquad \text{(ZS)}$$

$$p_0 + \frac{\rho}{2}(U_0 - U_1)^2 = p_2 + \frac{\rho}{2}(U_0 - U_2)^2 \quad \text{(ZS)}$$

$$p_0 = p_2 + \frac{\rho}{2} U_2^2 \qquad \text{(TS)}$$

Da nach Annahme die Luft als Strahl aus dem Tunnel austritt, ist der Druck vor dem Zug gleich dem Druck p_0 außerhalb des Tunnels.

$$\text{L ö s u n g}: \quad \varphi_1 = 1 - \frac{1}{\alpha}(1 - \sqrt{1 - \alpha^2})$$

$$\varphi_2 = \frac{1 - \alpha^2}{\alpha^2}\left(\sqrt{\frac{1}{1 - \alpha^2}} - 1\right)$$

$$\Psi_2 = \varphi_2^2$$

(Fig. 162)

b) Zug ist vollständig im Tunnel: — Die Lösung dieses Teils der Aufgabe bleibe dem Leser überlassen. Die Ergebnisse lauten:

$$\varphi_1 = \varphi_3 = 1 - \alpha; \quad \varphi_2 = 0$$

$$\Psi_2 = 1 - \alpha^2; \quad \Psi_3 = (1 - \alpha)^2$$

(Man beachte die enge Verwandtschaft mit Aufgabe 80).

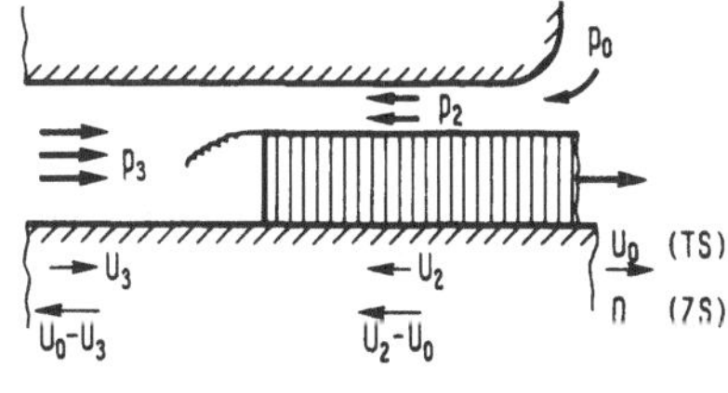

Fig. 163

Einfahrt des Zuges in den Tunnel

Fig. 162

c) Zug verläßt den Tunnel (Fig. 163):
Wir wollen zunächst annehmen, die Luft im Tunnel ströme hinter dem Zug her.

Ansatzgleichungen:

$$(U_0 - U_3)A = (U_2 + U_0)\alpha A \tag{ZS}$$

$$p_0 = p_3 + \frac{\rho}{2}\, U_3^2 \tag{TS}$$

$$p_0 = p_2 + \frac{\rho}{2}\, U_2^2 \tag{TS}$$

$$p_3 - p_2 = \rho(U_0 - U_3)\,[(U_0 + U_2) - (U_0 - U_3)] \tag{ZS}$$

Die letzte Beziehung berücksichtigt den am Zugende auftretenden Carnot-Stoßverlust.

Als Lösung erhält man

$$\left.\begin{aligned}\varphi_2 &= \frac{1+\alpha}{1-\alpha}\\[2ex]\varphi_3 &= \frac{1-3\alpha}{1-\alpha}\end{aligned}\right\} \quad \text{für } 0 \leqslant \alpha \leqslant \frac{1}{3}$$

φ_3 ist hiernach nur für $\alpha < \frac{1}{3}$ positiv. Wird $\alpha > \frac{1}{3}$, ändert φ_3 das Vorzeichen, d.h. die Strömung hinter dem Zug kehrt ihre Richtung um. Dann tritt aber die Luft als Strahl aus dem Tunnel aus, und die zweite der obigen Ansatzgleichungen muß ersetzt werden durch $p_3 = p_0$. Lösung:

$$\left.\begin{aligned}\varphi_2 &= \frac{2\alpha(1-\alpha) + \sqrt{2\alpha(1-\alpha)}}{1 - 2\alpha + 2\alpha^2}\\[2ex]\varphi_3 &= \frac{1-\alpha[3 + \sqrt{2\alpha(1-\alpha)}] + 2\alpha^2}{1 - 2\alpha + 2\alpha^2}\end{aligned}\right\} \quad \text{für } \frac{1}{3} \leqslant \alpha \leqslant 1$$

Druckänderungen:

$$\begin{aligned}\Psi_2 &= \varphi_2^2 \quad \text{für } 0 \leqslant \alpha \leqslant 1\\\Psi_3 &= \varphi_3^2 \quad \text{für } 0 \leqslant \alpha \leqslant \frac{1}{3}\\\Psi_3 &= 0 \quad \text{für } \frac{1}{3} \leqslant \alpha \leqslant 1\end{aligned}$$

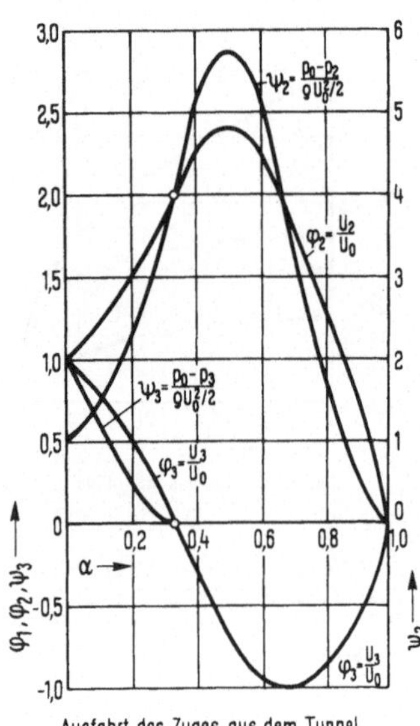

Fig. 164

Die Ergebnisse dieses Teils der Aufgabe sind in Fig. 164 dargestellt.

Aufgabe 82: a) Im Aufgabenteil gelöst: $\dot{V} = \dfrac{\dot{V}_0}{\sqrt{1 + \zeta^*}}$;   b) $\Delta p_g = \dfrac{\zeta^*\Delta p_0}{1 + \zeta^*}$;

c) $P = \dfrac{\zeta^*}{(1 + \zeta^*)^{3/2}}\, \dot{V}_0\Delta p_0$ mit $\zeta^* = \dfrac{\rho}{2}\, \dfrac{\dot{V}_0^2}{A_1^2\Delta p_0}\left(\zeta + \dfrac{A_1^2}{A_2^2}\right)$

Zahlenwerte: $A_1 = 10\ \mathrm{m}^2$; $A_2 = 1\ \mathrm{m}^2$; $\dot{V}_0 = 300\ \mathrm{m}^3/\mathrm{s}$; $\Delta p_0 = 0,1\ \mathrm{bar}$; $\zeta = 0,5$; $\rho = 1,2$ kg/m³. $-$ a) $\dot{V} = 118,3\ \mathrm{m}^3/\mathrm{s}$; $\Delta p_g = 84,4\ \mathrm{mbar}$; $P = 998\ \mathrm{kW}$

Aufgabe 83:   a) $\dot{V}_a = A\sqrt{\dfrac{2\Delta p_0}{\rho}}\ \dfrac{1+\alpha^*}{\sqrt{(1+\varphi_0)(1+\alpha^*)^2 - \alpha^{*2}}}$

b) $\dot{V} = \dot{V}_a\left(1 + \dfrac{1-\alpha}{\alpha}\dfrac{\alpha^*}{1+\alpha^*}\right)$;   c) $\Delta p_g = \Delta p_0\ \dfrac{1+2\alpha^*}{(1+\varphi_0)(1+\alpha^*)^2 - \alpha^{*2}}$

mit $\alpha^* = \sqrt{2\alpha(1-\alpha)}$; $\varphi_0 = \dfrac{2A^2\Delta p_0}{\rho\dot{V}_0^2}$;   d) $\dot{V} = \dfrac{A}{\sqrt{1+\varphi_0}}\ \sqrt{\dfrac{2\Delta p_0}{\rho}}$

Zahlenwerte: $A = 1\ \mathrm{m}^2$; $\dot{V}_0 = 10\ \mathrm{m}^3/\mathrm{s}$; $\Delta p_0 = 60\ \mathrm{mbar}$; $\rho = 1,2\ \mathrm{kg/m}^3$; $\alpha = 0,5$. $-$
a) $\dot{V}_a = 9,96\ \mathrm{m}^3/\mathrm{s}$; b) $\dot{V} = 14,08\ \mathrm{m}^3/\mathrm{s}$; c) $\Delta p_g = 0,493\ \mathrm{mbar}$; d) $\dot{V} = 9,95\ \mathrm{m}^3/\mathrm{s}$

Aufgabe 84:   a) $\dot{V} = A_2\sqrt{\dfrac{2\Delta p_0}{\rho}}\cdot\sqrt{\dfrac{1 - \dfrac{\rho g h_2}{\Delta p_0}}{1 + \dfrac{2\Delta p_0 A_2^2}{\rho\dot{V}_0^2}}}$;   b) $h_2 \leqslant \dfrac{\Delta p_0}{\rho g}$

c) $\Delta p_g = \Delta p_0\left(1 - \dfrac{\dot{V}^2}{\dot{V}_0^2}\right) = \Delta p_0\ \dfrac{1 + \dfrac{2gh_2 A_2^2}{\dot{V}_0^2}}{1 + \dfrac{2\Delta p_0 A_2^2}{\rho\dot{V}_0^2}}$;   d) $p_{min} = p_0 - \rho g h_1 - \dfrac{\rho}{2}\dfrac{\dot{V}^2}{A_1^2}$

e) Man setzt die Pumpe so tief wie möglich (h_1 klein!)

Zahlenwerte: $h_1 = 3\ \mathrm{m}$; $h_2 = 30\ \mathrm{m}$; $A_1 = 7\ \mathrm{dm}^2$; $A_2 = 78,5\ \mathrm{cm}^2$; $p_0 = 1\ \mathrm{bar}$; $\Delta p_0 = $
$5\ \mathrm{bar}$; $\dot{V}_0 = 0,1\ \mathrm{m}^3/\mathrm{s}$; $\rho = 1\ \mathrm{Mg/m}^3$. $-$ a) $\dot{V} = 59,5\ \mathrm{dm}^3/\mathrm{s}$; b) $h_2 \leqslant 51,0\ \mathrm{m}$; c) $\Delta p_g = $
$3,23\ \mathrm{bar}$; d) $p_{min} = 0,702\ \mathrm{bar}$

Aufgabe 85:   Die Lösung dieser Aufgabe führt auf eine kubische Gleichung:

$$\dot{V}^3 - 2ghA^2\dot{V} + \dfrac{2PA^2}{\rho} = 0$$

Zahlenwerte: $h = 25\ \mathrm{m}$; $A = 55\ \mathrm{m}^2$; $P = 22,5\ \mathrm{MW}$; $\rho = 1\ \mathrm{Mg/m}^3$. $-$
$$2ghA^2 = 1,48\cdot 10^6\ \mathrm{m}^6/\mathrm{s}^2$$
$$\dfrac{2PA^2}{\rho} = 1,36\cdot 10^8\ \mathrm{m}^9/\mathrm{s}^3$$

Man könnte nun die obige Gleichung formal lösen. Eine Betrachtung der Größenordnung der Koeffizienten zeigt jedoch, daß $\dot{V}$ etwa $100\ \mathrm{m}^3/\mathrm{s}$ beträgt. Dann hat aber der erste Term die Größenordnung 10^6, die beiden anderen haben die Größenordnung 10^8.

Also ist es hier gerechtfertigt, den ersten Term gegenüber den übrigen zu vernachlässigen:

$$\dot{V} \approx \frac{P}{\rho g h} = 91,7 \ \text{m}^3/\text{s}$$

Physikalisch bedeutet die Streichung des ersten Terms übrigens die Vernachlässigung des als Verlust an nutzbarer Turbinenleistung aus dem Diffusor austretenden kinetischen Energiestroms.

Aufgabe 86:

$$\text{a) } \dot{V}_1 = \dot{V}_0 \sqrt{\frac{1 - \dfrac{\rho g h}{\Delta p_0}}{(1 + m)^2 + \dfrac{(1 + \varsigma_1)\rho \dot{V}_0^2}{2\Delta p_0 A_1^2}}} \qquad \dot{V}_2 = m\dot{V}_1 \quad \text{mit} \quad m = \frac{A_2}{A_1}\sqrt{\frac{1 + \varsigma_1}{1 + \varsigma_2}};$$

$$\text{b) } P = \dot{V}\Delta p_g = \Delta p_0 \dot{V}_0 \cdot \left[1 - \frac{(\dot{V}_1 + \dot{V}_2)^2}{\dot{V}_0^2}\right]$$

Zahlenwerte: $h = 45$ m; $A_1 = 15$ cm^2; $A_2 = 10$ cm^2; $\dot{V}_0 = 12$ dm^3/s; $\Delta p_0 = 7,2$ bar; $\varsigma_1 = 170$; $\varsigma_2 = 90$; $\rho = 1$ Mg/m^3. $-$ a) $\dot{V}_1 = 2,23$ dm^3/s; $\dot{V}_2 = 2,04$ dm^3/s; b) $P = 2,69$ kW

Die Rechnung wird übrigens erheblich aufwendiger (jedoch nicht prinzipiell schwieriger), wenn die beiden Verbraucher in verschiedenen Höhen h_1 und h_2 liegen. Dem Leser bleibt es überlassen, sich davon zu überzeugen, daß unter diesen Bedingungen die in Aufgabe 86 gewünschten Ergebnisse folgendermaßen lauten:

$$\text{a) } \dot{V}_1 = \sqrt{\kappa\left(\sqrt{1 + \frac{\lambda^2}{\kappa^2}} - 1\right)}; \qquad \dot{V}_2 = \sqrt{\dot{V}_h^2 + m^2\dot{V}_1^2}$$

$$\text{b) } P = (\dot{V}_1 + \dot{V}_2)\left(1 - \frac{(\dot{V}_1 + \dot{V}_2)^2}{\dot{V}_0^2}\right)\Delta p_0$$

mit folgenden Abkürzungen:

$$\kappa = \frac{2\dot{V}_h^2 + \mu^2\dot{V}_d^2}{4m^2 - \mu^4}; \quad \lambda^2 = \frac{\dot{V}_d^4}{4m^2 - \mu^4}; \quad m^2 = \frac{\varsigma_1 A_2^2}{\varsigma_2 A_1^2};$$

$$\mu^2 = 1 + m^2 + \frac{\varsigma_1 \rho \dot{V}_0^2}{2\Delta p_0 A_1^2}; \quad \dot{V}_h^2 = 2g(h_1 - h_2)\frac{A_2^2}{\varsigma_2};$$

$$\dot{V}_d^2 = \left(1 - \frac{\rho g h_1}{\Delta p_0}\right)\dot{V}_0^2 - \dot{V}_h^2$$

Für $h_1 = h_2 = h$ wird $\dot{V}_h = 0$, und die Ergebnisse gehen in die von Aufgabe 86 über.

Zahlenwerte: $h_1 = 45$ m; $h_2 = 30$ m; alle übrigen Werte wie bei Aufgabe 86. $-$ a) $\dot{V}_1 = 2,10$ dm^3/s; $\dot{V}_2 = 2,64$ dm^3/s; b) $P = 2,88$ kW

Aufgabe 87:   a) $\omega = \dfrac{1}{r_0}\sqrt{\dfrac{2\Delta p}{\rho}};$ b) $\dot{V} = \dfrac{A}{\sin\beta}\sqrt{\dfrac{\Delta p}{2\rho}}\left(1 + \sqrt{1 + \dfrac{2M_R \sin\beta}{A r_0 \Delta p}}\right)$

Zahlenwerte: $r_0 = 15$ cm; $A = 1{,}5$ cm^2; $\Delta p = 5$ mbar; $M_R = 0{,}1$ Nm; $\beta = 25°$; $\rho = 1$ Mg/m^3. $-$ a) $\omega = 2{,}81$ 1/s; b) $\dot{V} = 0{,}965$ dm^3/s

Aufgabe 88:   a) $c_1 = \omega r_1 \tan \beta_1$; $c_2 = c_1 \sqrt{\dfrac{r_1^2}{r_2^2} + (\dfrac{r_2}{r_1} \cot \beta_1 - \dfrac{r_1}{r_2} \cot \beta_2)^2}$;

     b) $\dot{V} = 2\pi \omega r_1^2 b \tan \beta_1$;

     c) $M = \rho \dot{V} r_2 c_{u2} = 2\pi \rho \omega^2 r_1^3 r_2 b \tan^2 \beta_1 (\dfrac{r_2}{r_1} \cot \beta_1 - \dfrac{r_1}{r_2} \cot \beta_2)$;

     d) $\Delta p_g = \dfrac{M\omega}{\dot{V}} = \rho \omega^2 r_1 r_2 \tan \beta_1 (\dfrac{r_2}{r_1} \cot \beta_1 - \dfrac{r_1}{r_2} \cot \beta_2)$

Zahlenwerte: $b = 0{,}1$ m; $r_1 = 0{,}125$ m; $r_2 = 0{,}25$ m; $\beta_1 = 20°$; $\beta_2 = 75°$; $\omega = 50\pi$ 1/s; $\rho = 1$ Mg/m^3. $-$ a) $c_1 = 7{,}15$ m/s; $c_2 = 38{,}5$ m/s; b) $\dot{V} = 0{,}561$ m^3/s; c) $M = 5{,}38$ kNm; d) $\Delta p_g = 15{,}1$ bar

Aufgabe 89:   a) $F_x = -\eta \rho \dfrac{w_{u1} + w_{u2}}{2} (w_{u1} - w_{u2}) bt$; $F_y = \rho w_d (w_{u1} - w_{u2}) bt$;

     b) $\eta = \dfrac{\tan \beta_\infty}{\tan (\beta_\infty + \epsilon)} \approx \dfrac{1 - \epsilon \tan \beta_\infty}{1 + \epsilon \cot \beta_\infty}$

Aufgabe 90:   a) $c_u = \dfrac{\Delta p_g}{\rho u}$;   b) $\tan \beta_1 = \dfrac{c_d}{u}$; $\tan \beta_2 = \dfrac{c_d}{u(1 - \dfrac{\Delta p_g}{\rho u^2})}$

     c) $F_x = \Delta p_g (\dfrac{\Delta p_g}{2\rho u^2} - 1) bt$; $F_y = \dfrac{c_d}{u} \Delta p_g bt$; $F_Q = \sqrt{F_x^2 + F_y^2}$;

     d) $c_Q = \dfrac{2c_u}{w_\infty} \dfrac{t}{\ell} = \dfrac{2\Gamma}{w_\infty \ell}$;   e) $P = c_d \Delta p_g bt$

Zahlenwerte: $b = 0{,}5$ m; $\ell = 1$ m; $t = 0{,}5$ m; $c_d = 10$ m/s; $u = 5$ m/s; $\Delta p_g = 0{,}25$ bar; $\rho = 1$ Mg/m^3. $-$ a) $c_u = 5$ m/s; b) $\beta_1 = 63{,}4°$; $\beta_2 = 90°$; c) $F_Q = 12{,}9$ kN; d) $c_Q = 0{,}485$; e) $P = 62{,}5$ kW

Aufgabe 91:   a) $\dot{V} = \dfrac{\omega r_0 h_2 - \dfrac{p_2 - p_1}{12\pi\eta r_0} h_2^3}{2(1 + \dfrac{\ell h_2^3}{\pi r_0 h_1^3})} b$;

b) $\omega > \dfrac{(p_2 - p_1) h_2^2}{12\pi\eta r_0^2}$;   c) s. Fig. 165;

d) $\eta_P = \dfrac{(p_2 - p_1) \dot{V}}{M_{Welle} \omega} = \dfrac{(p_2 - p_1) h_2^2}{4\pi\eta\omega r_0^2 (\dfrac{2\omega r_0 h_2 b}{\dot{V}} - 3)}$

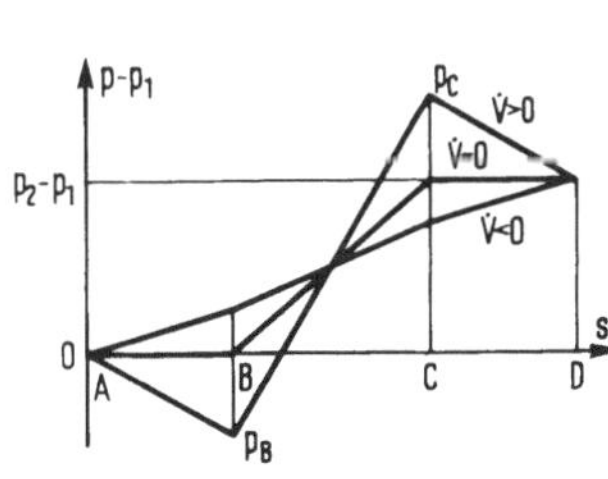

Fig. 165

Zahlenwerte: $b = 5$ cm; $h_1 = 1$ mm; $h_2 = 0,1$ mm; $\ell = 5$ cm; $r_0 = 5$ cm; $\eta = 0,1$ Ns/m²;
$\omega = 10\pi$ 1/s; $p_2 - p_1 = 50$ bar. $-$ a) $\dot{V} = 3,26$ cm³/s; b) $\omega > 5,31$ 1/s; c) $p_1 - p_B =$
$p_C - p_2 = 39,1$ mbar; d) $\eta_p = 0,278$

Aufgabe 92: $F = 6\pi\eta\ell(\frac{r_0}{h})^3\, u_k$ (linearer Dämpfer)

Zusatzaufgabe a): Berechnet man die Kraft F ohne die erwähnten Vernachlässigungen
und schreibt das Ergebnis in eine Reihe nach $\dfrac{h}{r_0}$, so erhält man:

$$F = 6\pi\eta\ell(\frac{r_0}{h})^3 u_k\, (1 + 2\,\frac{h}{r_0} + 0(\frac{h^2}{r_0^2}))$$

Das ursprüngliche Ergebnis ist also die nullte Näherung einer Reihenentwicklung nach
h/r_0. Da h/r_0 üblicherweise höchstens die Größenordnung 10^{-2} hat, ist die nullte Näherung von völlig ausreichender Genauigkeit.

Zusatzaufgabe b): $F = \pi r_0^2 \cdot \dfrac{\rho}{8}(\frac{r_0}{h})^2 u_k^2$ (quadratischer Dämpfer)

Der lineare Dämpfer ist realisiert, wenn $\mathrm{Re}\dfrac{h}{\ell} \ll 24$, der quadratische, wenn $\mathrm{Re}\dfrac{h}{\ell} \gg 24$ ist.
Zahlenwerte (Aufgabe 92): $h = 0,2$ mm; $\ell = 5$ cm; $r_0 = 3$ cm; $u_k = 1$ m/s; $\eta = 0,15$ Ns/m²;
$(\rho = 0,8$ Mg/m³$). - F = 477$ kN. Kontrolle der Reynoldszahl: $\mathrm{Re}\ \dfrac{h}{\ell} = 0,032 \ll 24$.

Dieser Zahlenwert zeigt, daß unter den gegebenen Bedingungen lineare Dämpfung für
Kolbengeschwindigkeiten bis etwa 20 m/s $(\mathrm{Re}\dfrac{h}{\ell} \approx 1)$ realisiert ist.
Zahlenwerte (Aufgabe 92b): $h = 1$ mm; $\ell = 1$ cm; $r_0 = 3$ cm; $u_k = 1$ m/s; $\eta = 0,48 \cdot 10^{-3}$
Ns/m²; $\rho = 0,66$ Mg/m³. $- F = 210$ N; $\mathrm{Re}\dfrac{h}{\ell} = 2060 \gg 24$.

Der quadratische Dämpfer dürfte unter den gegebenen Bedingungen für Kolbengeschwindigkeiten oberhalb etwa 0,5 m/s $(\mathrm{Re}\dfrac{h}{\ell} \approx 500)$ realisiert sein.

Aufgabe 93:   a) $h_2 = \dfrac{h_1}{2}(1 + \dfrac{\Delta p h_1^2}{6\eta u_d \ell})$;   b) $u_0 = \dfrac{\Delta p h_1^2}{6\eta\ell}$

$$\text{c) } \dot{V} = \pi h_1 r_0 u_d(1 + \frac{\Delta p h_1^2}{6\eta u_d \ell})$$

d) Bei vernachlässigbarer Zähigkeit der Luft muß die Schubspannung am äußeren Rand ·
des Kunststoffmantels verschwinden. Aus der Gleichgewichtsbedingung (vgl. Abschn.
6.1 des Textbandes) $\partial p/\partial x = \partial\tau/\partial y$ folgt dann mit $\partial p/\partial x = 0$ $(p = p_0 = \mathrm{const})$

$$\tau(y) = \mathrm{const} = 0$$

In Verbindung mit dem Fließgesetz $\tau = \eta \partial u/\partial y$ einer Newtonschen Flüssigkeit ergibt
sich dann

$$\frac{\partial u}{\partial y} = 0 \Rightarrow u(y) = \text{const} = u_d$$

also ein ausgeglichenes Geschwindigkeitsprofil.

Zahlenwerte: $h_1 = 0,5$ mm; $\ell = 5$ cm; $r_0 = 1$ cm; $u_d = 5$ m/s; $\Delta p = 10$ bar; $\eta = 1$ Ns/m^2.
– a) $h_2 = 0,292$ mm; b) $u_0 = 0,833$ m/s; c) $\dot{V} = 91,7$ cm^3/s; d) –

Aufgabe 94:   a) $\tau(r) = \eta\omega\,\dfrac{r}{h}$;   b) $M = \dfrac{\pi}{2}\,\eta\omega h^3\big(\dfrac{r_0}{h}\big)^4$;   c) $\varphi(\omega) = \dfrac{\pi}{2}\,\dfrac{\eta h^3}{c}\big(\dfrac{r_0}{h}\big)^4\omega$

Zahlenwerte: $h = 0,2$ mm; $r_0 = 2$ cm; $c = 3 \cdot 10^{-3}$ Nm; $\eta = 0,1$ Ns/m^2; $\omega = 40$ 1/s. –

a) $\tau = 400\,\dfrac{r}{r_0}$ N/m^2; b) $M = 5,03 \cdot 10^{-3}$ Nm; c) $\varphi = 1,677 \triangleq 96,1°$

Aufgabe 95:   a) $p_2 - p_1 = -\dfrac{6\eta\dot{V}\ell}{b}\,\dfrac{h_1 + h_2}{h_1^2 h_2^2}$,   also $p_2 < p_1$

b) Das unter a) angegebene Ergebnis ist realistisch, solange

$$|p_2 - p_1| \gg (p_2^* - p_1^*)_{\text{Bernoulli}} = \frac{\rho\dot{V}^2}{2b^2}\Big(\frac{1}{h_1^2} - \frac{1}{h_2^2}\Big)$$

Das führt zu folgendem Kriterium für die Gültigkeit der Rechnung in dieser Aufgabe:

$$\frac{\rho\dot{V}}{\eta b}\cdot\frac{h_2 - h_1}{\ell} \equiv Re\cdot\frac{h_2 - h_1}{\ell} \ll 12$$

Zahlenwerte: $h_1 = 2$ mm; $h_2 = 5$ mm; $\ell = 2,5$ cm; $\dot{V}/b = 10^{-3}$ m^2/s; $\eta = 0,15$ Ns/m^2;

$\rho = 0,8$ Mg/m^3. – a) $p_2 - p_1 = -15,75$ mbar; b) $Re\cdot\dfrac{h_2 - h_1}{\ell} = 0,64$

Aufgabe 96:   a) $\Delta p(x) = \Delta p_m\big(1 + \dfrac{x}{\ell_1}\big)$ für $-\ell_1 \leq x \leq 0$

$$\Delta p(x) = \Delta p_m\big(1 - \frac{x}{\ell_2}\big)\quad \text{für}\quad 0 \leq x \leq \ell_2$$

$$\text{mit } \Delta p_m - \frac{6\eta u_w\ell_1(1 - h_2/h_1)}{h_1^2(1 + h_2^3\ell_1/h_1^3\ell_2)}$$

$$\text{b) } \dot{V} = \frac{1}{2}\,u_w b h_2\,\frac{1 + h_2^2\ell_1/h_1^2\ell_2}{1 + h_2^3\ell_1/h_1^3\ell_2}$$

$$\text{c) } F = \frac{1}{2}\,\Delta p_m(\ell_1 + \ell_2)\,b$$

Zahlenwerte: $b = 20$ cm; $h_1 = 0,2$ mm; $h_2 = 0,1$ mm; $\ell_1 = 6$ cm; $\ell_2 = 4$ cm; $u_w = 1,5$ m/s; $\eta = 0,12$ Ns/m^2. – a) $\Delta p_m = 6,82$ bar; b) $\dot{V} = 17,4$ cm^3/s; c) $F = 6,82$ kN

Aufgabe 97:   Diese nicht ganz einfache Aufgabe ist typisch für viele Gleitlagerberechnungen und soll hier etwas ausführlicher behandelt werden. Aus Gl. (89) erhalten wir durch Umformung sofort

$$\frac{dp}{dx} = \frac{12\eta}{h^3}\left(\frac{u_w h}{2} - \frac{\dot{V}}{b}\right)$$

wobei dp/dx und h hier Funktionen von x sind. Wir lesen als geometrische Beziehung in Fig. 112 ab

$$h(x) = (s - x)\tan\beta \approx (s - x)\beta$$

Definieren wir noch eine Länge x_0 vermöge

$$(s - x_0)\beta = \frac{2\dot{V}}{u_w b}$$

ergibt sich für den Druckgradienten

$$\frac{dp}{dx} = \frac{6\eta u_w}{\beta^2}\left[\frac{1}{(s - x)^2} - \frac{s - x_0}{(s - x)^3}\right]$$

Daraus folgt $\Delta p(x) = p(x) - p_0 = \int_0^x \frac{dp}{dx}\,dx = \frac{6\eta u_w}{\beta^2}\left[\frac{x}{s - x} - (s - x_0)\frac{x(2s - x)}{2s^2(s - x)^2}\right]$.

Die hierin noch unbekannte Länge x_0 bestimmen wir aus der Bedingung, daß am hinteren Ende des Schuhs der Überdruck verschwinden muß:

$$\Delta p(\ell) = 0$$

Das ergibt nach kurzer Rechnung

$$x_0 = \frac{s\ell}{2s - \ell}$$

a) Die Definitionsgleichung für x_0 wird nun zur Bestimmungsgleichung für den Volumenstrom $\dot{V}$:

$$\dot{V} = \frac{1}{2}\,u_w b\beta(s - x_0) = \frac{u_w b\beta s(s - \ell)}{2s - \ell}$$

b) Setzt man den gefundenen Wert für x_0 in die obige Gleichung für Δp ein, so erhält man für den Überdruck

$$\Delta p = \frac{6\eta u_w}{\beta^2\ell}\,\frac{\frac{x}{\ell}\left(1 - \frac{x}{\ell}\right)}{\left(2\frac{s}{\ell} - 1\right)\left(\frac{s}{\ell} - \frac{x}{\ell}\right)^2}$$

c) Man kann sich leicht davon überzeugen, daß an der Stelle x_0 der Druckgradient dp/dx verschwindet und daß der Überdruck Δp dort ein Maximum hat. Also gilt

$$\Delta p_{max} = \Delta p(x_0) = \frac{3}{2}\frac{\eta u_w}{\beta^2 \ell}\frac{1}{\frac{s}{\ell}(\frac{s}{\ell}-1)(2\frac{s}{\ell}-1)}$$

In Fig. 166 ist die Funktion

$$\frac{\Delta p(\frac{x}{\ell})}{\Delta p_{max}} = 4\frac{s}{\ell}(\frac{s}{\ell}-1)\frac{\frac{x}{\ell}(1-\frac{x}{\ell})}{(\frac{s}{\ell}-\frac{x}{\ell})^2}$$

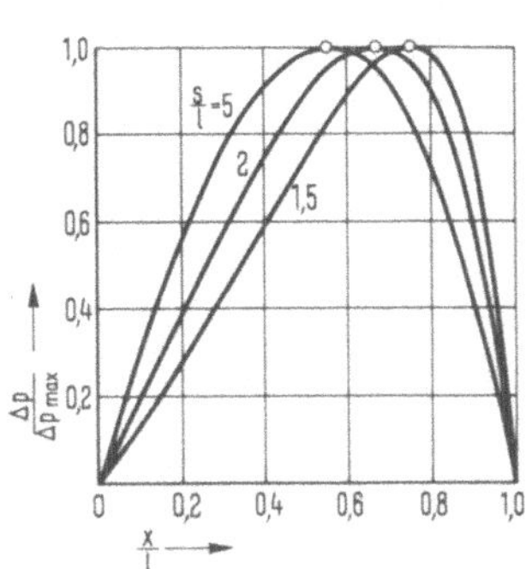

für verschiedene Werte des Parameters s/ℓ dargestellt.

d) die Tragkraft F des Schuhs erhält man durch Integration des Überdruckes über dessen Grundfläche:

Fig. 166

$$F = b \int_0^\ell \Delta p(x)dx = \frac{6\eta u_w b}{\beta^2(2s-\ell)}\cdot\int_0^\ell \frac{x(\ell-x)}{(s-x)^2}dx$$

$$F = \frac{6\eta u_w b}{\beta^2}(\ln\frac{s}{s-\ell}-\frac{2\ell}{2s-\ell})$$

Zahlenwerte: $b = 1$ dm; $\ell = 1$ dm; $s = 2$ dm; $u_w = 1,3$ m/s; $\beta = 10^{-3}$; $\eta = 0,15$ Ns/m². –

a) $\dot V = 8,67$ cm³/s; b) $\Delta p(\frac{x}{\ell}) = 39,0\frac{\frac{x}{\ell}(1-\frac{x}{\ell})}{(2-\frac{x}{\ell})^2}$ bar; $\Delta p_{max} = 4,88$ bar; d) $F = 2,07$ kN

Aufgabe 98:   a) $u(y) = u_m(1-\left|\frac{2y}{h}\right|^{\frac{n+1}{n}})$ mit $\bar u_m = \frac{n}{n+1}\sqrt[n]{\frac{\Delta p}{\kappa\ell}}\cdot(\frac{h}{2})^{\frac{n+1}{n}}$

b) $\dot V = \frac{n+1}{2n+1}bhu_m$;

c) $\frac{\bar u}{u_m} = \frac{n+1}{2n+1}$

Um einen Überblick über mögliche Geschwindigkeitsprofile bei derartigen Flüssigkeiten zu geben, ist in Fig. 167 für verschiedene Werte von n die Funktion

$$\frac{u(y)}{\bar u} = \frac{2n+1}{n+1}(1-\left|\frac{2y}{h}\right|^{\frac{n+1}{n}})$$

gezeichnet.

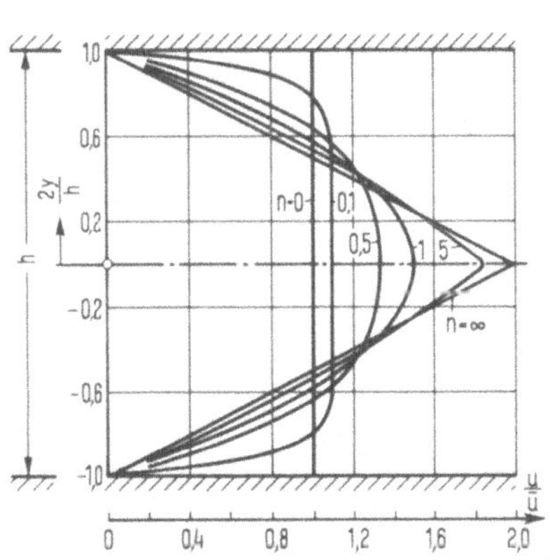

Geschwindigkeitsprofile Nicht-Newtonscher Flüssigkeiten $(\tau\sim\dot\gamma^n)$

Fig. 167

Aufgabe 99:   a) $u(y) = \dfrac{\rho g h^2 \sin\alpha}{2\eta}\,(2\,\dfrac{y}{h} - \dfrac{y^2}{h^2})$; $u_m = \dfrac{\rho g h^2 \sin\alpha}{2\eta}$

b) $\dot V = \dfrac{\rho g b h^3 \sin\alpha}{3\eta} = \dfrac{2}{3}\,b h u_m$

Zahlenwerte: $b = 10$ cm; $h = 2$ mm; $\alpha = 30°$; $\eta = 0{,}18$ Ns/m²; $\rho = 870$ kg/m³. –
a) $u_m = 4{,}74$ cm/s; b) $\dot V = 6{,}32$ cm³/s

Aufgabe 100:   a) $\Delta t = \dfrac{8\pi\eta\ell_0\ell_1}{F}\,\dfrac{r_1^4}{r_0^4} = 3{,}14$ s

b) $Re = 795$ (laminar); $\ell_e/\ell_0 = 0{,}24$, d.h. die Einlauflänge beträgt etwa ein Viertel der
Kanülenlänge. Das ist ein merklicher Anteil, so daß das unter a) gefundene Ergebnis
nur als Näherung für die wirkliche Entleerungszeit anzusehen ist. Diese wird größer als
die berechnet sein, da der erhöhte Druckabfall in der Anlaufstrecke zu einem kleineren
Volumenstrom führt als nach dem Hagen-Poiseulle-Gesetz zu erwarten wäre.

Aufgabe 101:   a) $p_a - p_b = 8\eta u_p \dfrac{\ell_2}{r_2^2}\;\dfrac{1 - \dfrac{r_1^2}{r_2^2}}{1 + \dfrac{\ell_2 r_1^4}{\ell_1 r_2^4}}$;   b) $\dot V_2 = \pi r_2^2 u_p \dfrac{1 - \dfrac{r_1^2}{r_2^2}}{1 + \dfrac{\ell_2 r_1^4}{\ell_1 r_2^4}}$

Zahlenwerte: $\ell_1 = 8$ cm; $\ell_2 = 50$ cm; $r_1 = 3$ mm; $r_2 = 10$ mm; $u_p = 0{,}7$ m/s; $\eta =$
$0{,}1$ Ns/m². – a) $p_a - p_b = 24{,}3$ mbar; b) $\dot V_2 = 190$ cm³/s

Aufgabe 102: $\dot V = \dfrac{u_w b h}{2(1 + \dfrac{2}{3\pi}\,\dfrac{\ell b h^3}{L r_0^4})}$

Zahlenwerte: $b = 1$ cm; $h = 0{,}5$ mm; $\ell = 3$ cm; $r_0 = 1$ mm; $L = 35$ cm; $u_w = 0{,}375$ m/s. –
$\dot V = 0{,}92$ cm³/s

Aufgabe 103:   a) $p(x) = p_0 + \dfrac{12\eta\dot V_0}{b h^3}\,(\ell_1 + \dfrac{x}{\sqrt{1 + \dfrac{b^2}{\ell_0^2}}})$; $p_1 = p_0 + \dfrac{12\eta\dot V_0(\ell_0 + \ell_1)}{b h^3}$

b) $r_0(x) = \sqrt[4]{\dfrac{2}{3\pi}\,\dfrac{b h^3 x}{\ell_0}}$

Aufgabe 104:   a) $\dfrac{r_2^2}{r_1^2} = \alpha = \dfrac{3}{4}$;   b) $\dfrac{U_2}{U_1} = \dfrac{2}{3}$

Aufgabe 105:   a) $p_2 - p_1 = \dfrac{\rho\dot V^2}{A_2^2}\,(\dfrac{4}{3}\,\dfrac{A_2}{\pi r_1^2} - 1)$;   b) $P_v = \dfrac{\rho\dot V^3}{2A_2^2}\,[1 + \dfrac{2A_2}{\pi r_1^2}\,(\dfrac{A_2}{\pi r_1^2} - \dfrac{4}{3})]$;

$$\text{c) } p_2 - p_1 = \frac{\rho \dot{V}^2}{A_2^2} \left(\varphi \, \frac{A_2}{\pi r_1^2} - 1 \right)$$

Zahlenwerte: $r_1 = 5$ mm; $A_2 = 5$ cm^2; $\dot{V} = 15$ cm^3/s; $\rho = 1$ Mg/m^3. – a) $p_2 - p_1 = 0{,}067$ mbar; b) $P_v = 0{,}44$ mW

Diese Werte sind deshalb so niedrig, weil der Volumenstrom $\dot{V}$ so klein angenommen wurde, daß die in der Aufgabenstellung genannte parabolische Geschwindigkeitsverteilung gewährleistet ist. In den meisten technisch interessierenden Fällen ist die Strömung in Wärmeaustauschern turbulent. Für solche Strömungen, deren Geschwindigkeitsprofil in einem recht weiten Reynoldszahlbereich durch Gl. (108) dargestellt werden kann, hat der in Teil c) der Aufgabe definierte Formfaktor den Wert $\varphi = 1{,}02$.

Aufgabe 106: a) $\dot{V}(x) = \dot{V}_0 \, \dfrac{\sinh\,[\beta(\ell - x)]}{\sinh\,(\beta\ell)}$; $\dot{v}(x) = \beta \dot{V}_0 \, \dfrac{\cosh\,[\beta(\ell - x)]}{\sinh\,(\beta\ell)}$ mit $\beta = \sqrt{\dfrac{8\alpha}{\pi r_0^4}}$

$$\text{b) } \ell \leqslant \frac{1}{\beta} \operatorname{arcosh} \left(\frac{10}{9} \right);$$

$$\text{c) } p(x) = p_0 + \sqrt{\frac{8\eta^2 \dot{V}_0^2}{\pi \alpha r_0^4}} \cdot \frac{\cosh\,[\beta(\ell - x)]}{\sinh\,(\beta\ell)}; \quad p_1 = p_0 + \sqrt{\frac{8\eta^2 \dot{V}_0^2}{\pi \alpha r_0^4}} \coth\,(\beta\ell)$$

Zahlenwerte: $\ell = 10$ m; $r_0 = 2{,}5$ m; $\dot{V}_0 = 85$ cm^3/s; $\alpha = 10^{-10}$ m^2; $\eta = 10^{-3}$ Ns/m^2. –

a) $\dfrac{\dot{V}(x)}{\dot{V}_0} = 3{,}87 \sinh\,[0{,}255(1 - \frac{x}{\ell})]$; $\dot{v}(x) =$

$8{,}41 \cosh\,[0{,}255\,(1 - \frac{x}{\ell})]$ cm^3/sm; b) $\ell \leqslant 18{,}3$ m;

c) $p(x) - p_0 = 0{,}841 \cosh\,[0{,}255\,(1 - \frac{x}{\ell})]$ mbar; $p_1 - p_0 = 0{,}87$ mbar

Aufgabe 107:
a) $p(x) - p_0 = \rho g h [1 - (1 + \dfrac{\omega^2 (b + 1)^2}{2 g h}) \, \dfrac{x}{\ell}] +$

$$+ \frac{\rho \omega^2}{2} (b + x)^2$$

b) $\dot{V} = \dfrac{\pi \rho g h r_0^4}{8 \eta \ell} \, (1 + \dfrac{\omega^2 (b + \ell)^2}{2 g h})$

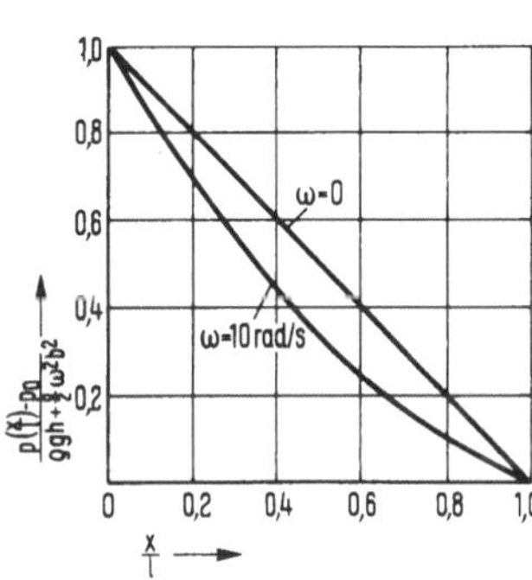

Fig. 168

Zahlenwerte: $h = 0{,}5$ m; $\ell = 0{,}3$ m; $r_0 = 0{,}5$ mm; $b = 0{,}2$ m; $\eta = 10^{-3}$ Ns/m^2; $\rho = 1$ Mg/m^3; $\omega = 10$ 1/s. –

a) $p(x) - p_0 = 49{,}1(1 - 3{,}55 \frac{x}{\ell}) + 45{,}0(0{,}667 + \frac{x}{\ell})^2$ mbar (Fig. 168); b) $\dot{V} = 1{,}42$ cm^3/s

Aufgabe 108: a) $d_h = 2h$;   b) $\lambda = \dfrac{96}{\text{Re}}$ (C = 96)

Gegenüber dem für das Kreisrohr gültigen Wert ist C um 50 % höher.

Aufgabe 109: entfällt

Aufgabe 110:

$$\text{a) } u(r) = u_m\left[1 - \left(\frac{r}{r_0}\right)^{\frac{n+1}{n}}\right] \text{ mit } u_m = \frac{n}{n+1}\ \sqrt[n]{\frac{\Delta p}{2\kappa\ell}}\ \cdot\ r_0^{\frac{n+1}{n}}$$

$$\text{b) } \dot V = \frac{n+1}{3n+1}\ \pi r_0^2 u_m ; \qquad \text{c) } \frac{\bar u}{u_m} = \frac{n+1}{3n+1}$$

Man erhält somit bei der Strömung im Kreisrohr Geschwindigkeitsprofile, die denen im ebenen Kanal ähnlich sind und aus jenen durch den Streckungsfaktor $(3n + 1)/(2n + 1)$ hervorgehen:

$$\left.\frac{u\left(\frac{r}{r_0}\right)}{\bar u}\right|_{\text{Rohr}} = \frac{3n+1}{2n+1}\ \cdot\ \left.\frac{u\left(\frac{2|y|}{h}\right)}{\bar u}\right|_{\text{Spalt}}$$

Bei der Newtonschen Flüssigkeit $(n = 1)$ ist speziell $\left.\dfrac{u_m}{\bar u}\right|_{\text{Spalt}} = 1{,}5$ somit

$$\left.\frac{u_m}{\bar u}\right|_{\text{Rohr}} = \frac{3+1}{2+1}\ \cdot\ 1{,}5 = 2$$

was mit dem Ergebnis aus dem Hagen-Poiseuille-Gesetz übereinstimmt.

Bei den folgenden Aufgaben sind zwar wie bisher allgemeine Lösungen angegeben, sie enthalten jedoch oft die Widerstandszahl λ, die in der Regel bei Aufgabenstellung nicht bekannt ist, sondern erst iterativ bestimmt werden muß. Dies ist jedoch im Einzelfall nur bei der Zahlenrechnung möglich.

Aufgabe 111: a) $\Delta p_V = \dfrac{8\rho\lambda\ell\dot V^2}{\pi^2 d_0^5}$;   b) $P = \dfrac{\dot V \Delta p_V}{\eta_P}$;   c) $\dfrac{d_1}{d_0} = \sqrt[5]{\dfrac{2\lambda_1}{\lambda_0}}$

Mit den gegebenen Zahlenwerten erhält man:

$$\text{Re} = \frac{4\dot V}{\pi d_0 \nu} = 4{,}8\cdot 10^4 \Rightarrow \lambda = 0{,}0265 \text{ (aus Fig. 125)}$$

Zahlenergebnisse: a) $\Delta p_V = 12{,}5$ bar; b) $P = 53{,}4$ kW; c) $d_1 = 115$ mm (iterativ bestimmt)

Aufgabe 112: a) $\bar u_1 = \sqrt{2gh\epsilon}$;   b) $\text{Re} = \dfrac{d_1^2}{d_0}\ \dfrac{\sqrt{2gh\epsilon}}{\nu}$

$$\text{c) } P = \frac{\pi\rho d_1^2}{8}\ (2gh\epsilon)^{3/2}\left[1 + \left(\frac{d_1}{d_0}\right)^4\left(\lambda\frac{\ell}{d_0} + \zeta\right)\right]$$

Zahlenergebnisse: a) $\bar u_1 = 24{,}3$ m/s; b) $\text{Re} = 6{,}1\cdot 10^5$; $\lambda = 0{,}032$; c) $P = 18{,}9$ kW

Aufgabe 113: a) Die Düse verursacht eine niedrigere Strömungsgeschwindigkeit im Ausflußrohr und damit verbunden geringere Druckverluste. Damit wird ein größerer Anteil an potentieller Energie in kinetische Energie des austretenden Strahles umgewandelt.

b) $\bar{u}_0 = \sqrt{\dfrac{2gh}{1 + \zeta_E + \lambda\dfrac{\ell}{d_0}}}$; $\bar{u}_1 = \sqrt{\dfrac{2gh}{1 + (\dfrac{d_1}{d_0})^4 \,(\zeta_E + \lambda\dfrac{\ell}{d_0})}}$

Zahlenergebnisse: ohne Düse: $\zeta_E = 0{,}5$ (s. Tabelle S. 134), iterative Bestimmung von:
$Re = 6{,}97 \cdot 10^4$; $\lambda = 0{,}019$; $\bar{u}_0 = 2{,}8$ m/s; mit Düse: $\zeta_E = 0{,}5$; $Re = 2{,}9 \cdot 10^4$
(im Rohr); $\lambda = 0{,}0235$; $\bar{u}_1 = 5{,}0$ m/s

Aufgabe 114: a) $\lambda = \dfrac{\pi^2}{8} \dfrac{d}{\ell} \dfrac{g\Delta h d^4}{\dot{V}^2} \left(\dfrac{\rho_2}{\rho_1} - 1\right)$

b) Die auf die Schwere des Fluids zurückzuführenden, allein von der Höhe abhängigen
Druckdifferenzen in der Rohrleitung und in den Anschlußleitungen zum Manometer
gleichen sich aus. Dadurch fällt die Höhendifferenz $\ell \sin\alpha$ zwischen den Punkten 1 und
2 aus dem Ergebnis heraus und dieses wird unabhängig vom Neigungswinkel α:

Zahlenwerte: $d = 25{,}4$ mm; $\ell = 2500$ mm; $\Delta h = 790$ mm; $\dot{V} = 5{,}1$ ℓ/s; $\rho_1 = 1$ Mg/m^3;
$\rho_2 = 13{,}6\,\rho_1$. $-$ a) $\lambda = 1{,}96 \cdot 10^{-2}$; b) $-$

Aufgabe 115: a) $\dot{V} = \dfrac{\pi}{4} d^2 \cdot \sqrt{\dfrac{2gh_2}{1 + \lambda\dfrac{\ell_1 + \ell_2}{d}}}$

b) $h_{1\,max} = \dfrac{p_0 - p_D}{\rho g} - h_2 \left[1 - \dfrac{\lambda \ell_2/d}{1 + \lambda(\ell_1 + \ell_2)/d}\right]$

c) zu a) $\dot{V} = \dfrac{\pi}{4} d^2 \sqrt{2gh_2}$; zu b) $h_{1\,max} = \dfrac{p_0 - p_D}{\rho g}$

Zahlenergebnisse: a) $\lambda = 0{,}024$ (iterativ bestimmt); $\dot{V} = 7{,}15$ ℓ/s; b) $h_{1\,max} = 6{,}4$ m;
c) $\dot{V} = 25{,}1$ ℓ/s; $h_{1\,max} = 1{,}9$ m

Aufgabe 116: a) $a_0 = \dfrac{h}{\ell} g$. Dieses Ergebnis stimmt mit dem bei reibungsfreier Strömung
überein (vgl. etwa Aufg. 52):

b) $\bar{u} = \sqrt{\dfrac{2gh}{1 + \zeta_e + \lambda\dfrac{\ell}{d}}} \cdot \tanh\left(\sqrt{1 + \zeta_e + \lambda\dfrac{\ell}{d}} \cdot \dfrac{\sqrt{2gh}}{2\ell} t\right) = \bar{u}_m \tanh[(1 + \zeta_e + \lambda\dfrac{\ell}{d})\dfrac{\bar{u}_m}{2\ell} t]$

Aus diesem allgemeinen Ergebnis erkennt man, daß die Maximalgeschwindigkeit $\bar{u}_m$ mit
Reibung kleiner ist als bei reibungsfreier Strömung, daß dieser asymptotische Endwert dafür aber rascher angestrebt wird.

Zahlenwerte: $d = 2$ m; $h = 150$ m; $\ell = 600$ m; $\lambda = 0{,}015$; $\zeta_e = 0{,}7$. $-$ a) $a_0 = 0{,}25$ g $=$
2,45 m/s^2, b) $\bar{u} = 21{,}8 \tanh\left(\dfrac{t}{8{,}88 \text{ s}}\right)$ m/s

Aufgabe 117: a) $\dot{V}_1 = \dfrac{\varphi}{1 + \varphi} \dot{V}$; $\dot{V}_2 = \dfrac{1}{1 + \varphi}\dot{V}$ mit $\varphi = \dfrac{n_1 d_1^2}{n_2 d_2^2} \sqrt{\dfrac{\lambda_2 \ell_2 d_1}{\lambda_1 \ell_1 d_2}}$

b) $Re_1 = \dfrac{4}{\pi} \dfrac{\varphi}{1 + \varphi} \dfrac{\dot{V}}{n_1 d_1 \nu} \cdot Re_2 = \dfrac{4}{\pi} \dfrac{1}{1 + \varphi} \dfrac{\dot{V}}{n_2 d_2 \nu}$; c) $\Delta p = \dfrac{8}{\pi^2} \dfrac{\rho \lambda_2 \ell_2 \dot{V}^2}{n_2^2 d_2^5 (1 + \varphi)^2}$

Da λ_1 und λ_2 nicht bekannt sind, muß das Ergebnis aus den gegebenen Zahlenwerten iterativ bestimmt werden. Hierzu bestimmen wir zunächst einige feste, von der Iteration unberührte Konstanten. Mit den im Aufgabenteil gegebenen Zahlen wird:

$$\varphi_0 = \frac{n_1 d_1^2}{n_2 d_2^2} \sqrt{\frac{\ell_2 d_1}{\ell_1 d_2}} = 0{,}260 \ (\text{es ist } \varphi = \varphi_0 \sqrt{\frac{\lambda_2}{\lambda_1}})$$

$$\frac{4}{\pi} \frac{\dot{V}}{n_1 d_1 \nu} = 1{,}27 \cdot 10^5 ; \frac{4}{\pi} \frac{\dot{V}}{n_2 d_2 \nu} = 5{,}31 \cdot 10^4$$

Zur praktischen Durchführung der Iteration legen wir zweckmäßigerweise eine Tabelle an:

	1. Schritt	2. Schritt	3. Schritt
λ_1	0,04	0,040 (Fig. 125)	0,040
λ_2	0,04	0,039 (Fig. 125)	0,039
$\sqrt{\lambda_2/\lambda_1}$	1,00	0,975	
φ	0,260	0,257	
$1 + \varphi$	1,260	1,257	
$\varphi/(1 + \varphi)$	0,206	0,204	
Re_1	$2{,}6 \cdot 10^4$	$2{,}6 \cdot 10^4$	
Re_2	$4{,}2 \cdot 10^4$	$4{,}2 \cdot 10^4$	

Im vorliegenden Fall war die Ausgangsschätzung sehr gut. Aber selbst wenn die endgültigen Werte davon erheblich abgewichen wären, hätten wir nur wenige Iterationsschritte gebraucht, da das Verfahren schnell konvergiert.

Ergebnisse: a) $\dot{V}_1 = 1{,}02 \ \text{dm}^3/\text{s}$, $\dot{V}_2 = 3{,}98 \ \text{dm}^3/\text{s}$; b) $Re_1 = 2{,}6 \cdot 10^4$; $Re_2 = 4{,}2 \cdot 10^4$; $\lambda_1 = 0{,}040$; $\lambda_2 = 0{,}039$; c) $\Delta p = 13{,}0 \ \text{bar}$

Aufgabe 118: a) $\alpha = \dfrac{49}{50} = 0{,}98$; b) $\dfrac{U_2}{U_1} = \dfrac{5}{6}$

Aufgabe 119: a) $\tau_w = \dfrac{\lambda}{4} \cdot \dfrac{\rho}{2} \bar{u}^2$; b) $\tau_w = \dfrac{16}{Re} \cdot \dfrac{\rho}{2} \bar{u}^2$ (laminar)

$$\tau_w = \frac{0{,}079}{Re^{1/4}} \cdot \frac{\rho}{2} \bar{u}^2 \text{ (turbulent)}$$

Aufgabe 120:

a) laminare Strömung:
$$\frac{\Delta p_1}{\Delta p_2} = \left(\frac{d_2}{d_1}\right)^4$$

b) turbulente Strömung (Blasius):
$$\frac{\Delta p_1}{\Delta p_2} = \left(\frac{d_2}{d_1}\right)^{4,75}$$

c) turbulente Strömung (λ = const):
$$\frac{\Delta p_1}{\Delta p_2} = \left(\frac{d_2}{d_1}\right)^5$$

d) a) $\dfrac{\delta(\Delta p)}{\Delta p} = -4\epsilon$; b) $\dfrac{\delta(\Delta p)}{\Delta p} = -4,75\epsilon$; c) $\dfrac{\delta(\Delta p)}{\Delta p} = -5\epsilon$

Aufgabe 121: a) $\Delta p_{gA} = \dfrac{8\rho \dot{V}^2}{\pi^2 d_1^4}\left[\zeta_E + \lambda_1 \dfrac{\ell_1}{d_1} + \left(\lambda_2 \dfrac{\ell_2}{d_{2h}} + \dfrac{1}{9}(1 + \zeta_F)\right)\dfrac{\pi^2 d_1^4}{16 b^2 h^2}\right]$

mit $\zeta_E = 1$ (s. Tabelle Seite 134)

b) Die unter a) gefundene Gleichung für Δp_{gA} wird zweckmäßigerweise für verschiedene Volumenströme und Filterverlustzahlen ζ_F im interessierenden Bereich (etwa $\dot{V} = 0,25; 0,5; 0,75$ m³/s) punktweise ausgewertet, wobei λ_1 und λ_2 in Abhängigkeit von Re $= 4\dot{V}/\pi d\nu$ und k/d getrennt für beide Leitungsteile aus Fig. 125 entnommen werden können (vgl. Lösungsschema zu Aufgabe 122). Die so gewonnenen Anlagenkennlinien werden zusammen mit der Gebläsekennlinie in Fig. 169 eingetragen. Für die Schnittpunkte (= Betriebspunkte) liest man ab:

ζ_F/ζ_{Fs}	1	2	4	6
$\dot{V}$ in m³/s	0,71	0,65	0,58	0,52
$\dot{V}/\dot{V}_{sauber}$	1	0,92	0,82	0,73
$\Delta\dot{V}/\dot{V}_{sauber}$ in %	0	8	18	27

c) $\dot{V} = 0,75$ m³/s; $\Delta\dot{V} = 0,04$ m³/s; $\Delta\dot{V}/\dot{V}_0 = 6\,\%$
(Bezugswert: $\dot{V}_0 = 0,71$ m³/s)

d) $\Delta p_{Fv} = \zeta_F \cdot \dfrac{\rho \dot{V}^2}{18 b^2 h^2}$

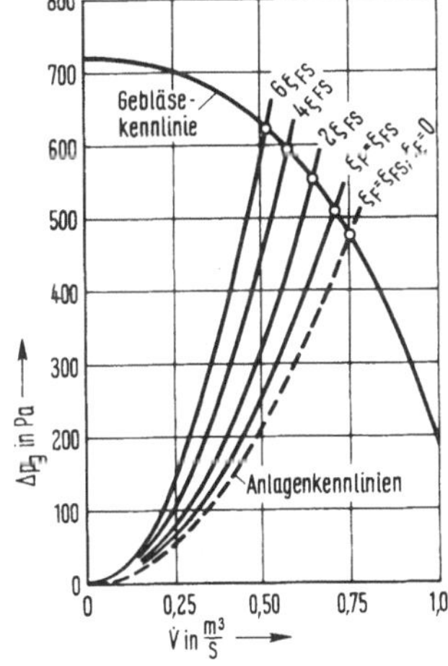

Fig. 169

Da bei Verschmutzung des Filters $\dot{V}^2$ merklich weniger abnimmt als ζ_F anwächst (vgl. Teil b), tritt der größte Druckverlust bei verschmutztem Filter auf:

$\Delta p_{Fmax} = 436$ Pa; $F = \Delta p_{Fmax} \cdot 3bh = 82$ N

Aufgabe 122:   a) $\Delta p_{gA} = \Delta p_K + \dfrac{8\rho \dot V^2}{\pi^2 d^4}\left(1 + \zeta_s + \zeta_k + \lambda \dfrac{\ell_1 + \ell_2}{d}\right) = \Delta p_K + \Delta p_{vA}(\dot V)$

Tabellarische Berechnung von $\Delta p_{vA}(\dot V)$:

Hilfsdaten: $\zeta_k = 0{,}30$ (s. Tabelle S. 134); $k/d = 2{,}5 \cdot 10^{-4}$; $1 + \zeta_a + \zeta_k = 1{,}53$

$\dot V$ in m³/s	2,5	5,0	7,5	10,0	12,5	15,0	17,5	
$Re = \dfrac{4\dot V}{\pi d\nu}$	$2{,}7 \cdot 10^5$	$5{,}3 \cdot 10^5$	$8{,}0 \cdot 10^5$	$1{,}1 \cdot 10^6$	$1{,}3 \cdot 10^6$	$1{,}6 \cdot 10^6$	$1{,}9 \cdot 10^6$	
$\lambda = f(Re, k/d)$	0,0165	0,0155	0,0155	0,015	0,0145	0,0145	0,0145	(Fig. 125)
$1 + \zeta_s + \zeta_k + \lambda\dfrac{\ell_1 + \ell_2}{d}$	2,25	2,21	2,19	2,18	2,17	2,16	2,16	
Δp_{vA} in Pa	33,4	131	293	518	805	1150	1570	

b) Kurvenschar $\Delta p_{vA}(\dot V, \Delta p_K)$ mit Δp_K als Parameter zusammen mit gegebener Gebläse-kennlinie auftragen (Fig. 170). Schnittpunkte ergeben die gesuchte Kurve $\dot V(\Delta p_K)$ (Fig. 171).

c) In Fig. 170 auch $P_w(\dot V)$ eintragen und zuvor bestimmte Schnittpunkte auf P_w herab-loten; hieraus $P_w(\Delta p_K)$ (Fig. 171). Berechnung von P_n und η tabellarisch:

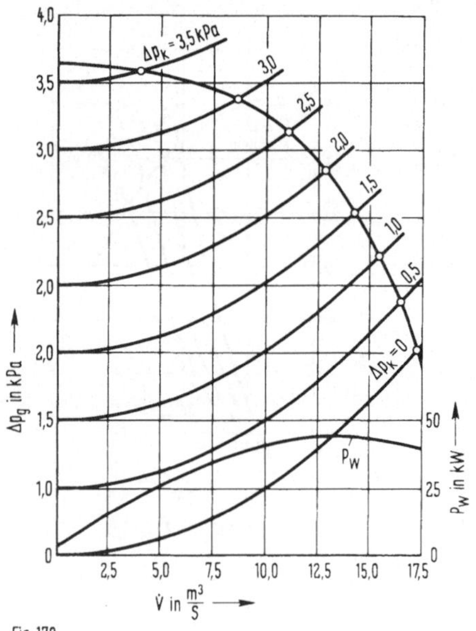

Fig. 170

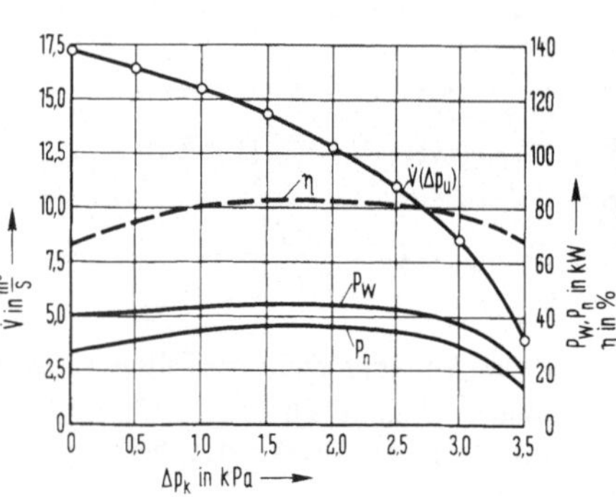

Fig. 171

Δp_K in kPa		0	0,5	1,0	1,5	2,0	2,5	3,0	3,5	
$\dot{V}$ in m³/s		17,2	16,4	15,5	14,3	12,8	11,0	8,6	4,0	aus
Δp_g in kPa		1,53	1,88	2,22	2,54	2,85	3,14	3,38	3,58	Fig.
P_w in kW		39,5	41,0	42,5	44,0	44,0	42,5	37,5	21,0	170
$P_n = \dot{V}\Delta p_g$ in kW		26,3	30,8	34,4	36,3	36,5	34,5	29,1	14,3	übertragen nach
$\eta = P_n/P_w$ in %		66,6	75,1	80,9	82,5	82,9	81,1	77,6	68,1	Fig. 171
$\dfrac{V_K}{(p_0 + \Delta p_K)(\dot{V} - \dot{V}_0)}$ in s/kPa	6,39	7,15	8,28	10,5	16,1		(für Teil d) der Aufgabe)			

d) Massenzuwachs im Kessel in Zeitelement dt:

$$dm = \rho_K (\dot{V} - \dot{V}_0)dt = \frac{p_K}{RT}(\dot{V} - \dot{V}_0)dt = \frac{p_0 + \Delta p_K}{RT}(\dot{V} - \dot{V}_0)dt$$

Aus der thermischen Zustandsgleichung folgt für konstante Werte V_K und T:

$$dm = \frac{V_K}{RT} \cdot dp_K$$

und hieraus nach Elimination von dm:

$$dt = \frac{V_K}{(p_0 + \Delta p_K)(\dot{V} - \dot{V}_0)}dp_K \quad \Rightarrow \quad \Delta t = \int\limits_0^{\Delta p_{Ko}} \frac{V_K}{(p_0 + \Delta p_{Ko})(\dot{V} - \dot{V}_0)}dp_K$$

(Zahlenwerte für den Integranden als Funktion von Δp_K in der Tabelle Teil c). Berechnung von Δt zweckmäßig mittels „Simpsonformel" (s. mathematische Formelsammlung) für vier gleiche Intervalle der Weite 0,5 kPa:

$$\Delta t = \frac{0,5 \text{ kPa}}{3}(6,39 + 4 \cdot 7,15 + 2 \cdot 8,28 + 4 \cdot 10,5 + 16,1)\frac{s}{\text{kPa}} = 18,3 \text{ s}$$

A n m e r k u n g : In Teil b) der Aufgabe hätte man ohne nennenswerte Beeinträchtigung der Ergebnisse die Rechnung dadurch erheblich vereinfachen können, daß man $\lambda = \text{const} = 0,0145$ setzt, wodurch $\Delta p_{vA} \sim \dot{V}^2$ wird. Diese Vereinfachung ist immer dann gerechtfertigt, wenn die Reynoldszahlen so groß sind, daß (vgl. Fig. 125) λ praktisch nur noch von k/d abhängt (voll ausgebildete Rauhigkeitsströmung).

Aufgabe 123: a) Förderhöhenbedarf des auf der Pumpendruckseite befindlichen Leitungssystems (unter Vernachlässigung von Einzelverlusten sowie des Staudrucks der austretenden Strahlen):

$$\underbrace{h_2 - h_1 + \frac{8}{\pi^2 g}\frac{\lambda_2 \ell_2}{d_2^5}\dot{V}_2^2}_{\text{Strang 2}} = \underbrace{h_3 - h_1 + \frac{8}{\pi^2 g}\frac{\lambda_3 \ell_3}{d_3^5}\dot{V}_3^2}_{\text{Strang 3}}$$

Zusatzbedingung: $\dot V_2 + \dot V_3 = \dot V_1$

Beide Seiten der ersten Gleichung getrennt für verschiedene Volumenströme berechnen und in ein Diagramm eintragen (Fig. 172; fein gestrichelt): Addition der Abszissenwerte (Volumenströme) bei gleichen Förderhöhen ergibt die gesuchte druckseitige Verbraucherkennlinie $h_{gD}(\dot V_1)$.

Lieferkennlinie:

$$h_{gL}(\dot V_1) = h_g - h_{gS} = h_g - [h_1 + \frac{8}{\pi^2 g d_1^4}(1 + \frac{\lambda_1 \ell_1}{d_1})\,\dot V_1^2]$$

(Im Gegensatz zum druckseitigen Anlagenteil, wo $\lambda_2 \ell_2/d_2$ und $\lambda_3 \ell_3/d_3$ jeweils recht groß gegenüber 1 sind, wurde hier der Staudruck im Ansaugrohr nicht vernachlässigt).

Der Schnittpunkt A zwischen h_{gD} und h_{gL} kennzeichnet den Betriebszustand der Pumpe:

$$\dot V_1 = 6{,}2\ \ell/s;\ h_g = 66{,}5\ m$$

Die Teilvolumenströme $\dot V_2$ und $\dot V_3$ liest man in Fig. 172 bei gleicher Gesamtförderhöhe aus den Kennlinien der Teilstränge ab:

$$\dot V_2 = 3{,}3\ \ell/s;\ \dot V_3 = 2{,}9\ \ell/s$$

b) Kleinster Druck herrscht am Pumpeneintritt:

$$\Delta p_{min} = p_0 - p_{min} = \rho g h_{gS}(\dot V_1) = 0{,}57\ bar$$

c) Verbraucher 2 abgesperrt: $\dot V_1 = \dot V_3 = 3{,}9\ \ell/s$ (Punkt B in Fig. 172)
   Verbraucher 3 abgesperrt: $\dot V_1 = \dot V_2 = 3{,}8\ \ell/s$ (Punkt C in Fig. 172)

Aufgabe 124: a) $\dot V_A = \dfrac{\dot V_0 \dot V_*}{\sqrt{\dot V_0^2 + \dot V_*^2}}$; $\Delta p_{gA} = \Delta p_0 \dfrac{\dot V_0^2}{\dot V_0^2 + \dot V_*^2}$ mit $\dot V_* = A\sqrt{\dfrac{2\Delta p_0}{\rho \zeta_{eff}}}$

b) 1. Reihenschaltung: $\dot V_B = \dfrac{\sqrt 2\, \dot V_0 \dot V_*}{\sqrt{\dot V_0^2 + 2\dot V_*^2}}$; $\Delta p_{gB} = 2\Delta p_0 \dfrac{\dot V_0^2}{\dot V_0^2 + 2\dot V_*^2}$ $(< 2\Delta p_{gA})$

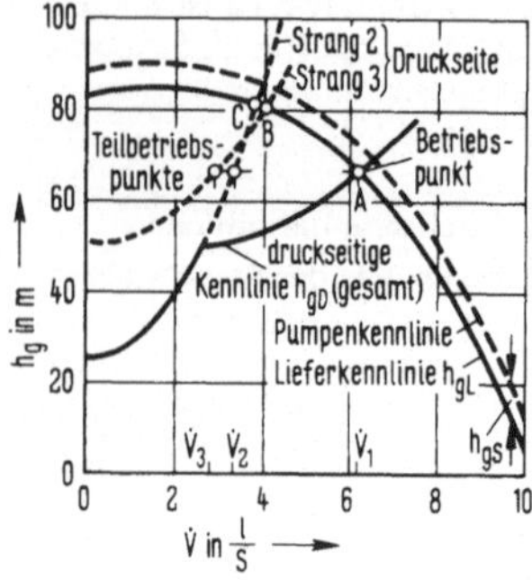

Fig. 172

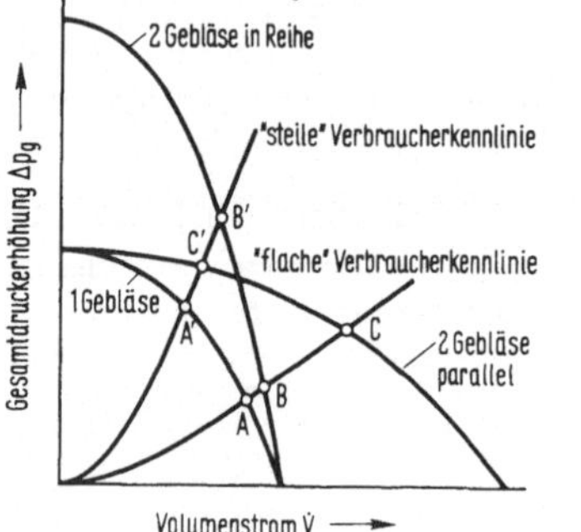

Fig. 173

2. Parallelschaltung:
$$\dot{V}_C = \frac{2\,\dot{V}_0\,\dot{V}_*}{\sqrt{4\dot{V}_0^2 + \dot{V}_*^2}}\;(< 2\dot{V}_A);\; \Delta p_{gC} = 4\Delta p_0\,\frac{\dot{V}_0^2}{4\dot{V}_0^2 + \dot{V}_*^2}$$

Verallgemeinerung auf n Gebläse (Pumpen):

1. Reihenschaltung:
$$\dot{V}_B = \frac{\sqrt{n}\,\dot{V}_0\,\dot{V}_*}{\sqrt{\dot{V}_0^2 + n\dot{V}_*^2}}\;;\quad \Delta p_{gB} = n\Delta p_0\,\frac{\dot{V}_0^2}{\dot{V}_0^2 + n\dot{V}_*^2}(< n\Delta p_{gA})$$

2. Parallelschaltung:
$$\dot{V}_C = \frac{n\,\dot{V}_0\,\dot{V}_*}{\sqrt{n^2\dot{V}_0^2 + \dot{V}_*^2}}\;(< n\dot{V}_A);\; \Delta p_{gC} = n^2\Delta p_0\,\frac{\dot{V}_0^2}{n^2\dot{V}_0^2 + \dot{V}_*^2}$$

Zahlenwerte: $A = 0{,}50\ \mathrm{m}^2$; $\dot{V}_0 = 25{,}8\ \mathrm{m}^3/\mathrm{s}$; $\Delta p_0 = 3{,}50\ \mathrm{kPa}$; $\zeta_{\mathrm{eff}} = 8{,}3$; $\rho = 1{,}2\ \mathrm{kg/m}^3$; $n = 2$. – a) $\dot{V}_* = 13{,}26\ \mathrm{m}^3/\mathrm{s}$; $\dot{V}_A = 11{,}8\ \mathrm{m}^3/\mathrm{s}$; $\Delta p_{gA} = 2{,}77\ \mathrm{kPa}$; b) Reihenschaltung: $\dot{V}_B = 15{,}2\ \mathrm{m}^3/\mathrm{s}$; $\Delta p_{gB} = 4{,}58\ \mathrm{kPa}$; Parallelschaltung: $\dot{V}_C = 12{,}8\ \mathrm{m}^3/\mathrm{s}$; $\Delta p_{gC} = 3{,}27\ \mathrm{kPa}$.

A n m e r k u n g : In der Praxis wird oft die irrige Meinung vertreten, daß durch Reihenschaltung zweier Gebläse (oder Pumpen) die Gesamtdruckerhöhung verdoppelt werden könne. Die Ergebnisse dieser Aufgabe sowie ein Blick auf Fig. 173 zeigen deutlich, daß dies für die Betriebspunkte n i c h t gilt. Zwar findet man die resultierende Gebläsekennlinie bei Reihenschaltung durch Verdoppelung der Gesamtdruckerhöhung eines Gebläses bei festem Volumenstrom, jedoch verlagert sich der ursprüngliche Betriebspunkt A hierdurch „nur" nach B, bzw. von A′ nach B′ (Fig. 173). Die Zunahmen der Gesamtdruckerhöhungen in den Punkten B und B′ sind gegenüber denjenigen in A und A′ umso geringer je flacher die Verbraucherkennlinien verlaufen. Nur bei sehr steilen Verbraucher- oder sehr flachen Gebläsekennlinien ist die eingangs erwähnte „Faustregel" annähernd korrekt.

Die Ergebnisse dieser Aufgabe zeigen auch, daß man ebensowenig bei Parallelschaltung zweier Gebläse erwarten kann, daß die Volumenströme in einander entsprechenden Betriebspunkten verdoppelt werden (Fig. 173, Punkte A, C bzw. A′, C′). Dies gilt näherungsweise nur, wenn die Verbraucherkennlinien sehr flach oder die Gebläsekennlinien sehr steil verlaufen.

Will man in einer gegebenen Verbraucheranlage durch Parallel- oder Reihenschaltung zweier Gebläse den Volumenstrom oder die Gesamtdruckerhöhung möglichst weitgehend steigern, so kann, wie Fig. 173 deutlich erkennen läßt, nur eine spezielle Überprüfung der Daten des Einzelfalles darüber entscheiden, welche Schaltungsart für die gegebene Situation geeigneter ist.

Aufgabe 125: Gasströmung mit Energiezufuhr ohne Reibung

$$\frac{p}{p_1} = \frac{1 + \kappa M_1^2}{1 + \kappa M^2}\;;\quad \frac{\rho}{\rho_1} = \frac{M_1^2}{M^2}\frac{p_1}{p} = \frac{M_1^2}{M^2}\frac{1 + \kappa M^2}{1 + \kappa M_1^2}$$

$$\frac{T}{T_1} = \frac{p}{\rho}\frac{\rho_1}{p_1} = \frac{M^2}{M_1^2}\left(\frac{1 + \kappa M_1^2}{1 + \kappa M^2}\right)^2$$

$$\frac{T_0}{T_{01}} = \frac{T}{T_1}\cdot\frac{1 + \frac{\kappa - 1}{2}M^2}{1 + \frac{\kappa - 1}{2}M_1^2} = \frac{M^2}{M_1^2}\left(\frac{1 + \kappa M_1^2}{1 + \kappa M^2}\right)^2\frac{1 + \frac{\kappa - 1}{2}M^2}{1 + \frac{\kappa - 1}{2}M_1^2}$$

Ergebnisse speziell für $M_1 = 1$ (Fig. 174; mit $\kappa = 1{,}4$):

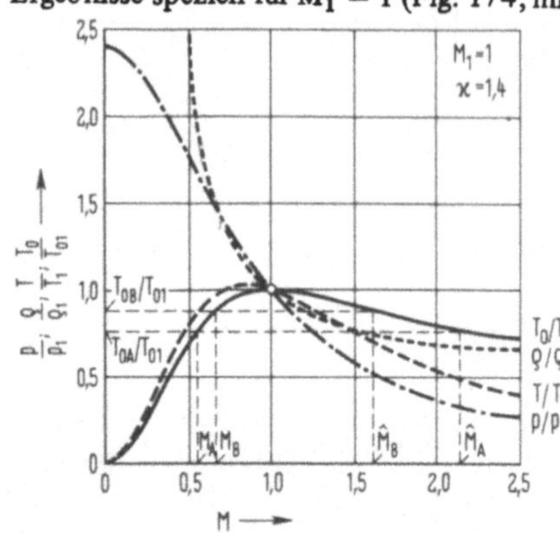

Gasströmung mit Energiezufuhr ohne Reibung

Fig.174

$$\frac{p}{p_1} = \frac{1 + \kappa}{1 + \kappa\,M^2}\;;$$

$$\frac{\rho}{\rho_1} = \frac{1 + \kappa M^2}{(1 + \kappa)\,M^2}\;;$$

$$\frac{T}{T_1} = \left(\frac{(1 + \kappa)M}{1 + \kappa M^2}\right)^2$$

$$\frac{T_0}{T_{01}} = \frac{2(1 + \kappa)M^2}{(1 + \kappa M^2)^2}\left(1 + \frac{\kappa - 1}{2}\,M^2\right)$$

A n m e r k u n g : Aus dem Kurvenverlauf für T_0/T_{01} in Fig. 174, der für $M = 1$ ein Maximum hat, kann man folgendes schließen: Wenn in einem Rohr zwischen einem Querschnitt A und einem stromabwärts gelegenen Querschnitt B die Machzahl vom Wert M_A auf den Wert $M_B < 1$ gesteigert wird, dann wächst die Kesseltemperatur des Gases von T_{0A} auf T_{0B}; die hierzu pro Masseneinheit zugeführte Wärmemenge ergibt sich aus Gl. (117) zu $q_{AB} = c_p(T_{0B} - T_{0A})$. Durch Wärmezufuhr erhöht sich also die Machzahl in Unterschallströmung. Bei Überschallströmung ist es umgekehrt: Dieselbe Erhöhung der Kesseltemperatur von T_{0A} auf T_{0B} durch Zufuhr der gleichen Wärmemenge q_{AB} erniedrigt die Machzahl von M_A auf M_B. Aus den weiteren, in Fig. 174 aufgetragenen Kurven ergibt sich, daß Wärmezufuhr bei Unterschallströmung Druck und Dichte erniedrigt, bei Überschallströmung hingegen erhöht.

Schließlich kann man aus dem Verlauf von T_0/T_{01} noch folgern, daß bei gegebener Strömungsmachzahl der Betrag von Wärme, die man pro Masseneinheit zuführen kann, beschränkt ist: Sowohl im Unterschall- als auch im Überschallbereich läßt sich nur so lange Wärme zuführen, bis jeweils die Abströmmachzahl 1 erreicht ist.

Aufgabe 126: a) $M_A = \dfrac{U_A}{\sqrt{\kappa R T_A}}$;

$$M_B = \frac{1 + \kappa M_A^2}{2\kappa M_A\sqrt{T_B/T_A}} - \sqrt{\frac{(1 + \kappa M_A^2)^2\,T_A}{4\kappa^2 M_A^2\,T_B} - \frac{1}{\kappa}}\;;\quad U_B = M_B\sqrt{\kappa R T_B}$$

b) $q_{AB} = c_p(T_{0B} - T_{0A}) = \dfrac{\kappa}{\kappa - 1}\,R T_B\left[\left(1 + \dfrac{\kappa - 1}{2}\,M_B^2\right) - \dfrac{T_A}{T_B}\left(1 + \dfrac{\kappa - 1}{2}\,M_A^2\right)\right],$

$$\Phi = \dot{m}q_{AB} = \frac{p_A U_A q_{AB}}{R T_A}\cdot\frac{\pi}{4}\,d^2$$

Zahlenwerte: $d = 100\ \text{mm}$; $U_A = 100\ \text{m/s}$; $p_A = 0{,}864\ \text{bar}$; $T_A = 300\ \text{K}$, $T_B = 500\ \text{K}$; $R = 287\ \text{J/kgK}$; $\kappa = 1{,}4$. — a) $M_A = 0{,}288$; $M_B = 0{,}412$; $U_B = 185\ \text{m/s}$; b) $q_{AB} = 213\ \text{kJ/kg}$; $\Phi = 168\ \text{kW}$.

Aufgabe 127: Gasströmung mit Reibung ohne Energiezufuhr

$$\frac{T}{T_1} = \frac{1 + \dfrac{\kappa - 1}{2} M_1^2}{1 + \dfrac{\kappa - 1}{2} M^2} \quad ; \quad \frac{\rho}{\rho_1} = \frac{M_1}{M} \sqrt{\frac{T_1}{T}} = \frac{M_1}{M} \sqrt{\frac{1 + \dfrac{\kappa - 1}{2} M^2}{1 + \dfrac{\kappa - 1}{2} M_1^2}} \quad ;$$

$$\frac{p}{p_1} = \frac{T}{T_1} \frac{\rho}{\rho_1} = \frac{M_1}{M} \sqrt{\frac{1 + \dfrac{\kappa - 1}{2} M_1^2}{1 + \dfrac{\kappa - 1}{2} M^2}} \quad ;$$

$$\frac{\Pi}{\Pi_1} = \frac{p(1 + \kappa M^2)}{p_1(1 + \kappa M_1^2)} = \frac{M_1}{M} \frac{1 + \kappa M^2}{1 + \kappa M_1^2} \sqrt{\frac{1 + \dfrac{\kappa - 1}{2} M_1^2}{1 + \dfrac{\kappa - 1}{2} M^2}}$$

Ergebnisse speziell für $M_1 = 1$ (Fig. 175; mit $\kappa = 1,4$):

$$\frac{T}{T_1} = \frac{\kappa + 1}{2\left(1 + \dfrac{\kappa - 1}{2} M^2\right)} \quad ;$$

$$\frac{\rho}{\rho_1} = \frac{1}{M} \sqrt{\frac{2\left(1 + \dfrac{\kappa - 1}{2} M^2\right)}{\kappa + 1}} \quad ,$$

$$\frac{p}{p_1} = \frac{1}{M} \sqrt{\frac{1 + \kappa}{2\left(1 + \dfrac{\kappa - 1}{2} M^2\right)}}$$

$$\frac{\Pi}{\Pi_1} = \frac{1 + \kappa M^2}{M \sqrt{2(1 + \kappa)\left(1 + \dfrac{\kappa - 1}{2} M^2\right)}}$$

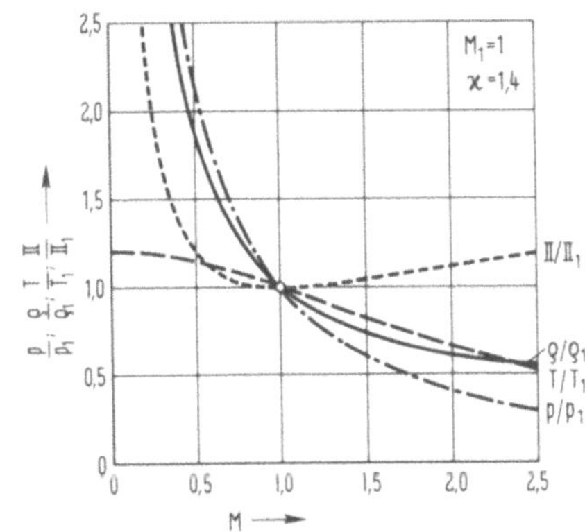

Gasströmung mit Reibung ohne Energiezufuhr

Fig.175

A n m e r k u n g : Da die durch Reibung erzeugte Widerstandskraft F_w positiv sein muß, kann nach Gl. (116) die Impulsfunktion II in Strömungsrichtung nur sinken, nicht ansteigen. Da die in Fig. 175 aufgetragene Kurve für Π/Π_1 bei $M = 1$ ein Minimum hat, bedeutet dies, daß bei Unterschallströmung die Machzahl in Strömungsrichtung wächst, bei Überschallströmung dagegen sinkt. Die Kraft F_w, die maximal auf das Gas stromabwärts von einer Stelle mit der Machzahl M ausgeübt werden kann, ist nach oben begrenzt, da die Machzahl bei Unterschall höchstens auf 1 gesteigert, bei Überschall höchstens bis 1 gesenkt werden kann. Dies hat unter anderem zur Folge, daß man bei gegebener Machzahl am Rohreintritt das Rohr nicht beliebig lang machen kann, da die Reibungskraft ab einer bestimmten Rohrlänge größer würde, als es mit den Strömungsdaten am Rohreinlauf verträglich ist: das Rohr „blockiert". Diese Erscheinung ist verwandt mit der in Abschn. 9 des Textbandes beschriebenen Tatsache, daß der Volumenstrom durch eine konvergente Düse bei Absinken des Druckes hinter der Düse schließlich nicht mehr anwächst, sondern konstant bleibt. Das Rohr blockiert übrigens auch, wenn man die Wärmezufuhr über die in der Anmerkung zu Fig. 174 (Aufgabe 125·) erwähnte Grenze zu steigern versucht.

Aufgabe 128: a) $M_A = \dfrac{U_A}{\sqrt{\kappa R T_A}}$;

$$M_B = \sqrt{-\frac{1}{\kappa-1} + \sqrt{\frac{1}{(\kappa-1)^2} + \frac{2}{\kappa-1}\left(1 + \frac{\kappa-1}{2}M_A^2\right)M_A^2 \frac{p_A^2}{p_B^2}}}$$

$$T_B = T_A \frac{1 + \dfrac{\kappa-1}{2}M_A^2}{1 + \dfrac{\kappa-1}{2}M_B^2} \;;\quad U_B = M_B\sqrt{\kappa R T_B}\;;\quad \rho_B = \frac{p_B}{R T_B}$$

b) $\zeta_v = \dfrac{2(1 - p_B/p_A)}{\kappa M_A^2}$; $F_w = \dfrac{\pi}{4}d^2 p_A\left[(1 + \kappa M_A^2) - \dfrac{p_B}{p_A}(1 + \kappa M_B^2)\right]$

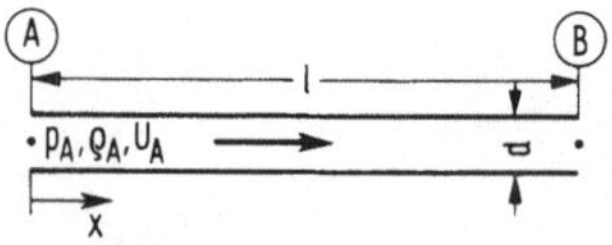

Fig. 176

Zahlenwerte: $d = 0,10$ m; $U_A = 120$ m/s; $T_A = 293$ K; $p_A = 1,25$ bar; $p_B = 1,0$ bar; $R = 296$ J/kgK; $\kappa = 1,4$. – a) $M_A = 0,344$; $M_B = 0,428$; $T_B = 289$K; $\rho_B = 1,17$ kg/m³; $U_B = 148$ m/s; b) $\zeta_v = 2,41$; $F_w = 158$ N

Aufgabe 129: a) $\dfrac{dp}{dx} = -\dfrac{\lambda}{d} \cdot \dfrac{\rho U^2}{2\left(1 - \dfrac{\rho U^2}{p}\right)} = -\dfrac{\lambda}{d} \cdot \dfrac{\rho U^2}{2(1 - \kappa M^2)}$

b) Der Term $\varrho\, dU/dx$ ist gegenüber dp/dx vernachlässigbar, wenn

$$\frac{\rho U^2}{p} = \kappa M^2 \ll 1$$

ist, wenn also die Machzahl der Strömung im Rohr genügend klein ist ($M \lessgtr 0,2$). Diese Bedingung ist bei den in Gasfernleitungen üblichen Geschwindigkeiten stets erfüllt.

c) $p(x) = p_A\sqrt{1 - \dfrac{\lambda \ell}{d}\dfrac{\rho_A U_A^2}{p_A} \cdot \dfrac{x}{\ell}}$

Für kleine Abstände x vom Rohranfang A kann man die Wurzel in eine Potenzreihe entwickeln und nach dem ersten Glied abbrechen:

$$p(x) \approx p_A \left(1 - \frac{\lambda\ell}{d} \cdot \frac{\rho_A U_A^2}{2p_A} \cdot \frac{x}{\ell}\right) = p_A - \frac{\lambda x}{d} \cdot \frac{\rho_A}{2} U_A^2$$

Setzt man $p(x) - p_A = -\Delta p(x)$, erhält man (vgl. Gl. (7.29) des Textbandes):

$$\Delta p(x) = \frac{\lambda x}{d} \cdot \frac{\rho_A}{2} U_A^2$$

Dies entspricht genau dem linearen Druckabfall, den ein inkompressibles Fluid mit konstanten Werten für ρ_A, U_A, d und λ erfährt. Die Dichteänderung in einer Gasströmung mit Reibung macht sich demnach erst in einiger Entfernung vom Rohranfang bemerkbar (Fig. 177).

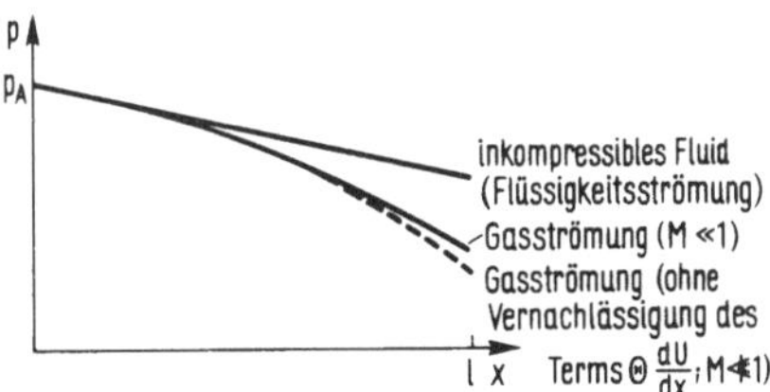

Fig. 177

d) $$U_A = \sqrt{\left(1 - \frac{p_B^2}{p_A^2}\right) \cdot \frac{d}{\lambda\ell} \frac{p_A}{\rho_A}}\,; \quad U_B = \frac{p_A}{p_B} U_A\,; \dot{m} = \rho_A U_A \cdot \frac{\pi}{4} d^2$$

Zahlenergebnisse: $U_A = 9{,}76$ m/s; $U_B = 17{,}6$ m/s, $\dot{m} = 263$ kg/s

e) Die „ungünstigste" Stelle ist das Rohrende B, weil dort die Machzahl am größten ist (vgl. Anmerkung zur Lösung von Aufgabe 127). Man erhält

$$M_B = \frac{U_B}{\sqrt{\kappa\, p_B/\rho_B}} = \frac{U_B}{\sqrt{\kappa\, p_A/\rho_A}} = 0{,}04 \; (\ll 1)$$

Die benutzte Vernachlässigung ist demnach voll gerechtfertigt.

Aufgabe 130. a) $\dot{V}_* = \frac{\pi}{4} d^2 \sqrt{\frac{d}{\lambda\ell} RT}$

b) Rohrleitungskennlinie $p_A/p_B = \sqrt{1 + \dot{V}_B^2/\dot{V}_*^2}$ in einem Diagramm zusammen mit der Gebläsekennlinie auftragen und Schnittpunkt bestimmen: $\dot{V}_B = 0{,}86$ m³/s; $p_A = 1{,}54$ bar; $\dot{V}_A = p_B\dot{V}_B/p_A = 0{,}56$ m³/s

c) $$\dot{m} = \frac{p_B \dot{V}_B}{RT} = 1{,}02 \text{ kg/s}$$

Tabelle wichtiger Druckverlustzahlen ζ

Die angegebenen Zahlenwerte gelten für turbulente Rohrströmung bei ungestörter Anströmung. Es handelt sich lediglich um Anhaltswerte, da spezielle Einflüsse (z.B. der Reynoldszahl, der Rauhigkeit) meist nicht erfaßt sind. Die Bezugsgeschwindigkeit ist durch einen Pfeil in den Skizzen gekennzeichnet.

Rohrkrümmer							
a) für 90°-Krümmer		R/d	1	2	4	6	10
	ζ glatt	0,21	0,14	0,11	0,09	0,11	
	ζ rauh	0,51	0,30	0,23	0,18	0,20	
b) für Umlenkungswinkel $\varphi \neq 90°$	φ	30°	60°	90°	120°	150°	180°
$\zeta = k \cdot \zeta_{90°}$	k	0,4	0,7	1,0	1,25	1,5	1,7

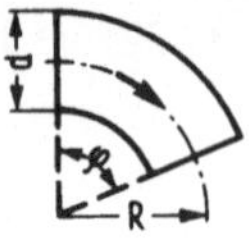

Kniestücke						
a) mit Kreisquerschnitt	δ	22,5°	30°	45°	60°	90°
	ζ glatt	0,07	0,11	0,24	0,47	1,13
	ζ rauh	0,11	0,17	0,32	0,68	1,27
b) mit Rechteckquerschnitt	δ	30°	45°	60°	75°	90°
	ζ (rauh)	0,15	0,52	1,08	1,48	1,6

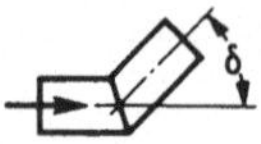

Diffusoren

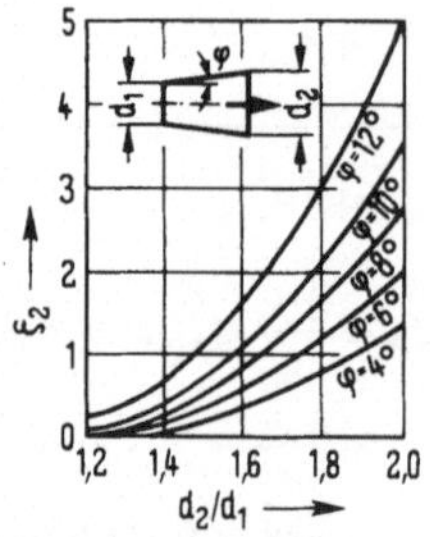

plötzliche Erweiterung (Carnotscher Stoßverlust)

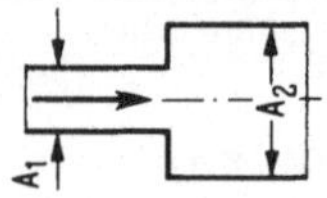

$$\xi_1 = \left(1 - \frac{A_1}{A_2}\right)^2$$

plötzliche Verengung

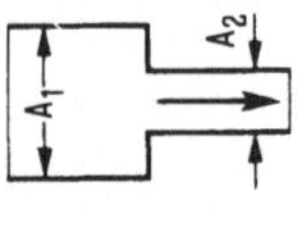

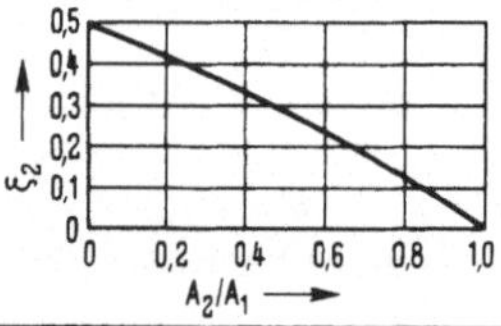

Rohreinläufe			
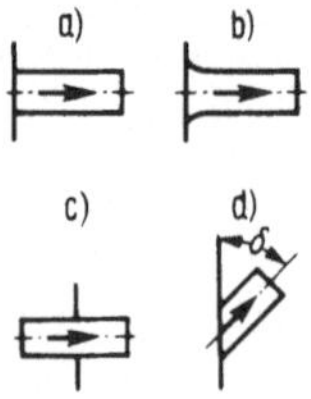 a) b) c) d)		Rohranschluß	ζ_e
	a)	scharf	0,5
		gebrochen	0,2
		schwach gerundet	0,1
	b)	gut abgerundet	≈ 0
	c)	vorspringend mit scharfer Kante	1
	d)	geneigt (scharf)	$0,5 + 0,3 \cos\delta + 0,2 \cos^2\delta$

Teubner-Ingenieurmathematik

Burg/Haf/Wille: **Höhere Mathematik für Ingenieure**

Band 1: **Analysis**
2. Aufl. 732 Seiten. DM 46,–

Band 2: **Lineare Algebra**
2. Aufl. 448 Seiten. DM 44,–

Band 3: **Gewöhnliche Differentialgleichungen, Distributionen, Integraltransformationen**
2. Aufl. 405 Seiten. DM 42,–

Band 4: **Vektoranalysis und Funktionentheorie**
580 Seiten. DM 47,–

Dorninger/Müller: **Allgemeine Algebra und Anwendungen**
324 Seiten. DM 48,–

v. Finckenstein: **Grundkurs Mathematik für Ingenieure**
2. Aufl. 460 Seiten. DM 48,–

Heuser/Wolf: **Algebra, Funktionalanalysis und Codierung**
168 Seiten. DM 36,–

Hoschek/Lasser: **Grundlagen der geometrischen Datenverarbeitung**
472 Seiten. DM 52,–

Kamke: **Differentialgleichungen, Lösungsmethoden und Lösungen**

Band 1: **Gewöhnliche Differentialgleichungen**
10. Aufl. 694 Seiten. DM 88,–

Band 2: **Partielle Differentialgleichungen erster Ordnung für eine gesuchte Funktion**
6. Aufl. 255 Seiten. DM 68,–

Köckler: **Numerische Algorithmen in Softwaresystemen**
410 Seiten. Buch mit MS-DOS-Diskette DM 58,–

Krabs: **Einführung in die lineare und nichtlineare Optimierung für Ingenieure**
232 Seiten. DM 38,–

Pareigis: **Analytische und projektive Geometrie für die Computer-Graphik**
303 Seiten. DM 42,–

Schwarz: **Numerische Mathematik**
2. Aufl. 496 Seiten. DM 48,–

Preisänderungen vorbehalten

B. G. Teubner Stuttgart

Unger
Einführung in die Regelungstechnik

Die Regelungstechnik als übergeordnete Disziplin erfordert ein Maß an Abstraktion, das dem Anfänger meist Schwierigkeiten bereitet. Das vorliegende Buch ist deshalb eine bewußt behutsame Einführung in die klassische Regelungstechnik. Es werden nur elementarste Kenntnisse der Mathematik und der Fachdisziplinen Technische Mechanik, Strömungslehre und Elektrotechnik vorausgesetzt. Auf diesen Grundlagen aufbauend, werden ohne Gedankenlücken Stück für Stück die Methoden der Regelungstechnik erarbeitet. Dabei wird auf Anschaulichkeit besonderen Wert gelegt und auf alle nicht unbedingt notwendigen Hilfsmittel verzichtet. Ohne Wesentliches aufgeben zu müssen, wird so die Laplace-Transformation fallengelassen und dafür der numerischen Simulation Vorrang eingeräumt, die den Weg zu anspruchsvollen Anwendungen freimacht. Zu allen Kapiteln des Buches stehen reichlich Aufgaben mit Angabe des Lösungsweges bereit.

Inhalt

Regelkreisstruktur – Stationäres Verhalten (Kennlinien, Gleichgewicht) – Zeitverhalten (Systeme mit und ohne Ausgleich, Verzögerung, Vorhalt, Totzeit, PID-Regler, Störungs- und Führungsverhalten, numerische Simulation) – Stabilität (Übertragungsfunktion, Frequenzgang, Stabilitätskriterien und Stabilitätskarten) – Reglerauswahl und Reglereinstellung

Von Prof. Dr.
Jochem Unger,
Technische Hochschule
Darmstadt

1990. II, 262 Seiten
mit 145 Bildern und
46 Aufgaben mit Lösungen.
12,7 x 18,8 cm.
Kart. DM 22,80
ISBN 978-3-519-33024-0

(Teubner Studienskripten,
Bd. 140)

Preisänderungen vorbehalten.

B. G. Teubner Stuttgart

Widerstandszahl λ für Kreisrohre

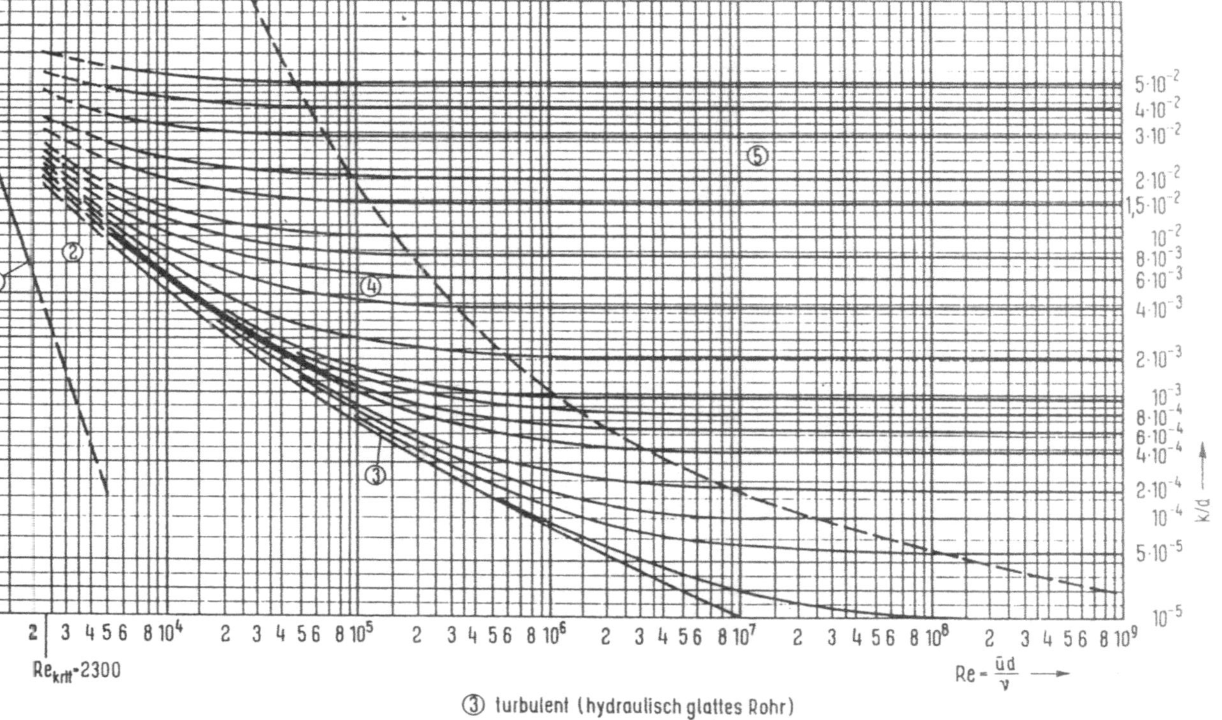